"十四五"职业教育河南省规划教材

信息技术项目化教程

主　编　李会凯　杨新芳
副主编　王会芳　王红伟
　　　　赵慧娜　黄　华

电子工业出版社
Publishing House of Electronics Industry
北京·BEIJING

内 容 简 介

本书以介绍计算机基础知识和计算机的基本操作为主，内容安排上着重强调新颖性与实用性，主要包括计算机软件与硬件认识、Windows 7 基本操作、Word 2010 文字编辑软件的应用、Excel 2010 数据处理软件的应用、PowerPoint 2010 演示文稿制作软件的应用、Internet 基础与应用。

本书适合作为高等职业院校开设的信息技术课、计算机应用基础课的教材，也可作为计算机等级考试的培训教材。

未经许可，不得以任何方式复制或抄袭本书之部分或全部内容。

版权所有，侵权必究。

图书在版编目（CIP）数据

信息技术项目化教程 / 李会凯，杨新芳主编. —北京：电子工业出版社，2020.8
ISBN 978-7-121-39483-6

Ⅰ. ①信… Ⅱ. ①李… ②杨… Ⅲ. ①电子计算机－高等职业教育－教材 Ⅳ. ①TP3

中国版本图书馆 CIP 数据核字（2020）第 163057 号

责任编辑： 祁玉芹
印　　刷： 中国电影出版社印刷厂
装　　订： 中国电影出版社印刷厂
出版发行： 电子工业出版社
　　　　　 北京市海淀区万寿路 173 信箱　邮编：100036
开　　本： 787×1092　1/16　印张：18　字数：438 千字
版　　次： 2020 年 8 月第 1 版
印　　次： 2024 年 8 月第 7 次印刷
定　　价： 39.80 元

凡所购买电子工业出版社图书有缺损问题，请向购买书店调换。若书店售缺，请与本社发行部联系，联系及邮购电话：(010) 88254888，88258888。

质量投诉请发邮件至 zlts@phei.com.cn，盗版侵权举报请发邮件至 dbqq@phei.com.cn。

本书咨询联系方式：(010) 68253127。

PREFACE 前 言

　　信息技术（Information Technology，简称 IT）是指在信息科学的基本原理和方法的指导下扩展人类信息功能的技术。一般而言，信息技术是以电子计算机和现代通信为主要手段实现信息的获取、加工、传递和利用等功能的技术总和。

　　走进大学，看到各专业仍然开设信息技术课，许多同学感到困惑不解：我们从小学到高中已经学了 10 多年信息技术课了，为何还要学呢？尽管中小学开设过信息技术课，但从教学内容而言，它偏重知识点的宽泛介绍而不是技能的训练；从学习的用途而言，它主要是为了应对高中毕业水平考试，偏离了培养学生信息素养与计算思维的目标。而大学则不同，大学开设信息技术课的目的主要是为学生专业课的学习提供信息处理能力方面的技术支撑，为大学生就业及将来工作提供办公自动化应用方面的技能；从教学内容来看，大学的信息技术课具有较强的针对性与实用性，更偏重于计算机的操作与 Office 办公软件的应用，旨在培养学生利用计算机解决学习、生活、工作中常见问题的能力。

　　近年来，随着信息技术产业的迅猛发展，计算机广泛应用于社会各个工作领域，特别是随着办公自动化程度的不断提高，熟练操作计算机和使用办公软件已经是高校学生必备的能力和素质。根据编者多年的教学经验，本书从分析职业岗位技能入手，从办公软件应用出发，以 Windows 7 操作系统和 Office 2010 办公软件为平台，以现代化企业办公中涉及的文件资料管理、文字编辑、数据处理和演示文稿制作软件的使用及 Internet 的应用等为主线，通过设计具体的工作任务，引导学生进行实战演练，着重培养学生的动手能力，最终提升学生的信息技术素养和职业化的办公能力。本教材具有以下几个特点：

　　（1）以实际任务为驱动，以工作过程为导向，通过真实的工作内容构建教学情景，教师在"做中教"，学生在"做中学"，实现"教、学、做"的统一。

（2）本书在内容设计上重点体现了知识的模块化、层次化和整体化；在内容选择上以计算机操作员国家职业标准和计算机应用基础课程标准为依据，按照先易后难、先基础后提高的顺序组织教学内容，符合初学者的认知规律。

（3）工作任务的设计突出职业场景，在给出任务描述和任务分析后提供任务的具体实现步骤，然后提炼出完成任务涉及的主要知识点，最后配有相应的训练任务作为巩固练习之用。

本书涉及的公司名称、个人信息、产品信息等内容均为虚构，如有雷同，纯属巧合。

本书的所有作者均为漯河职业技术学院的教师，李会凯、杨新芳任主编，王会芳、王红伟、赵慧娜、黄华任副主编。编写任务具体分工如下：李会凯编写了项目 1 和项目 2 的任务 1、任务 2，杨新芳编写了项目 3 的任务 4、项目 4 的任务 5 和项目 6 的任务 1、任务 2，王会芳编写了项目 3 的任务 3、项目 4 的任务 2 和项目 5 的任务 1，王红伟编写了项目 3 的任务 1、任务 2 和项目 4 的任务 1，赵慧娜编写了项目 4 的任务 4、项目 5 的任务 2 和项目 6 的任务 3，黄华编写了项目 2 的任务 3、任务 4 和项目 4 的任务 3。

由于编者水平有限，书中难免有疏漏与不妥之处，敬请各位读者批评指正。

编　者

2020 年 3 月

CONTENTS 目 录

走进计算机世界

任务 1　认识计算机

计算机是一种能够按照事先存储的程序，自动且高速地进行大量数值计算和各种信息处理的现代化智能电子设备。随着科技的发展，产生了一些计算机新技术，如云计算、大数据、VR、AR、MR、CR、AI、3D 打印和"互联网+"等。

1.1.1　任务描述

小张是某公司的新职员，公司为他配备了一台计算机，为了更好地使用计算机，他准备先认识计算机的主要部件，然后熟悉计算机的外部设备并将其连接到主机相应的端口上，最后，熟练掌握计算机的基本操作方法，如启动和关闭计算机。

1.1.2　任务分析

要完成本项工作任务，首先应该仔细观察计算机的外观，如电源按钮、复位按钮、状态指示灯和光盘驱动器等，以及主机箱后面板上的 USB 接口、网线接口、并行和串行接口、音箱与话筒接口等；其次观察计算机内部（在关机状态下），认识主板、主板上的总线接口、接口上插入的适配卡，认识中央处理器（CPU）和内存，了解 CPU 的型号和内存的容量等主要性能指标；接着学会连接常用的外部设备到主机，如连接键盘、鼠标、显示器、打印机等；最后进行计算机的启动和关闭操作。

1.1.3　任务实施

常见的计算机如图 1-1 所示，下面以台式计算机为例进行介绍。在主机箱内有主板、CPU、内存、硬盘、光驱、电源等基本组成部件及显卡、声卡、网卡等一些扩展部件。

计算机的组成

（a）台式计算机

（b）笔记本电脑

图 1-1　常见的计算机

1．观察主机箱及其内部设备

（1）主机箱。

主机箱主要用来放置和固定各种计算机配件，起承托和保护作用，同时能对电磁辐射起到一定的屏蔽作用。主机箱前面的面板上一般有电源开关按钮 POWER、复位按钮 RESET、电源指示灯、硬盘指示灯、光驱面板、USB 小面板，如图 1-2 所示。

（2）电源。

电源是计算机的动力来源，它决定整台计算机的稳定性，直接影响各部件的质量、寿命及性能，如图 1-3 所示。选择电源时应该考虑其功率、品牌、做工、认证标志等。目前常见的计算机电源按其应用的机箱不同可以分为 ATX 电源和 BTX 电源两种。

图 1-2　主机箱

图 1-3　电源

（3）主板。

主板（母板）是计算机内最大的一块集成电路板，大多数设备都通过它连在一起，它是整个计算机的组织核心。目前国内生产主板的厂家很多，现在的一线品牌有华硕、技嘉、微星等，主板的兼容性、扩展性及基本输入/输出系统技术是衡量主板性能的重要指标。从主机箱的背面可以看到主板和其他部件（主要是外部设备）的主要接口，如图 1-4 所示。

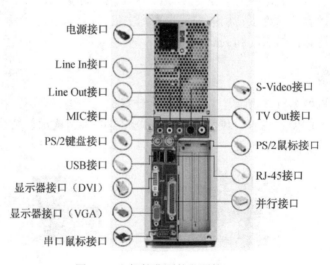
图 1-4　主机箱背面的主要接口

主板上主要包括 CPU 插座、内存插槽、显卡插槽、总线扩展插槽及各种串行和并行接口等，如图 1-5 所示。

图 1-5　主板

（4）CPU。

CPU 是主机的心脏，统一指挥调度计算机的所有工作。CPU 的运行速度直接决定整台计算机的运行速度。目前生产 CPU 的公司主要有 Intel 和 AMD。常见的 CPU 如图 1-6 所示。

（a）Intel 酷睿 i9 9900KS　　　　（b）AMD 锐龙 9 3900X

图 1-6　CPU

值得一提的是多核处理器：多核处理器是指在一个处理器上集成多个运算核心，而不是主机内有多个 CPU。

（5）内存储器。

内存储器（内存条）是计算机的记忆装置，是计算机工作过程中存储数据信息的地方。内存越大，计算机的处理能力就越强，如图 1-7 所示。

图 1-7　金士顿 16GB DDR4 2666

（6）硬盘。

硬盘（Hard Disk）是存储程序和数据的设备，平时用于存储文件，如图 1-8 所示。硬盘容量越大，存储的信息就越多。

（7）光盘驱动器。

光盘驱动器（光驱）主要用于读取光盘的数据，如图 1-9 所示。

（a）普通硬盘　　　（b）固态硬盘

图 1-8　硬盘　　　　　　　　　　　　　　　　图 1-9　光盘驱动器

（8）显卡。

显示适配卡（显卡）是显示器与主机相连的接口设备，其作用是将主机的数字信号转换为模拟信号，并在显示器上显示出来。由于显示器的种类很多，所以显卡的类型也有多种。一般用户使用集成在主板上的显卡即可，对显示质量要求较高的用户（如计算机辅助设计人员、大型游戏玩家等）可以选择质量较好的独立显卡。独立显卡如图 1-10 所示。

（9）声卡。

声卡是多媒体技术中最基本的组成部分，是实现声波与数字信号相互转换的一种硬件，如图 1-11 所示。

（10）网卡。

网卡是一块被设计用来允许计算机在计算机网络中进行通信的硬件设备，如图 1-12 所示。它一方面负责接收网络上传递的数据包，解包后将数据通过主板上的总线传输给本地计算机；另一方面将本地计算机上的数据打包后送入网络。

图 1-10　独立显卡　　　　　图 1-11　声卡　　　　　图 1-12　网卡

2. 观察计算机的外部设备

（1）显示器。

显示器是计算机所必备的输出设备，用来显示计算机的输出信息。显示器分为阴极射线管（CRT）显示器和液晶显示器（LCD）两类，如图 1-13 所示。

（a）CRT 显示器　　　　　　　　　（b）LCD

图 1-13　显示器

（2）键盘。

键盘是计算机不可缺少的输入设备，如图 1-14 所示。目前普遍使用的有 101 键、104 键和 108 键等几种。

常用的键盘接口类型有两种：一种是 PS/2（也就是通常说的圆口）接口，如图 1-15 所示；另一种是 USB 接口，如图 1-16 所示，它支持热插拔，有即插即用的功能。

图 1-14　键盘　　　　　图 1-15　PS/2 接口　　　　　图 1-16　USB 接口

（3）鼠标。

鼠标是计算机不可缺少的设备，如图 1-17 所示。常见的鼠标接口有 PS/2 和 USB 两种。

（a）有线鼠标　　　　　　　（b）无线鼠标

图 1-17　鼠标

（4）其他外部设备。

计算机可以连接很多外部设备（外设），如打印机、音箱、调制解调器、摄像头、绘图仪、扫描仪、数字照相机（俗称数码照相机）和数码摄像机等。其中，打印机是打印文字和图像的设备，常见的打印机有针式打印机（财务、会计用）、喷墨打印机和激光打印机3 种，如图 1-18 所示。

（a）针式打印机　　　　　　（b）喷墨打印机　　　　　　（c）激光打印机

图 1-18　打印机

摄像头是计算机录入图像的设备，如图 1-19 所示；数字照相机可将照片输入计算机，如图 1-20 所示。

图 1-19　摄像头　　　　　　　　　　图 1-20　数字照相机

3．启动和关闭计算机

下面以 Windows 7 操作系统为例介绍启动和关闭计算机的方法。

开机的操作步骤如下。

（1）打开显示器、打印机等外设电源开关。

（2）打开主机电源，计算机进行自检。

（3）计算机自检后自动引导 Windows 7 操作系统，在登录界面单击一个用户图标，输入用户名和密码，如图 1-21 所示，进入 Windows 7 操作系统的桌面。

图 1-21　登录界面

关机的操作步骤如下。

（1）单击"开始"按钮 ，在打开的"开始"菜单中单击"关机"按钮。

（2）关闭计算机系统。

（3）依次关闭显示器及外设电源。

1.1.4　知识储备

1. 计算机的产生和发展

1946 年 2 月，世界上出现了第一台电子数字计算机 ENIAC，用于计算弹道轨迹，它占地面积约为 170m^2。1958 年，晶体管计算机诞生了，它属于第二代电子计算机，只要几个大一点的柜子就可将它容下，运算速度也大大提高了。1965 年，第三代中小规模集成电路计算机出现了。1971 年，采用大规模集成电路和超大规模集成电路制成的"克雷一号"，属于计算机的第四代，一直以来，计算机不断向着小型化、微型化、低功耗、智能化、系统化的方向更新换代。到了 20 世纪 90 年代，计算机向智能方向发展，可以进行思维、学习、记忆、网络通信等。

大型计算机的设计和制造能力以及安装台数在一定程度上体现一个国家的综合国力，它是解决军事、科研、气象、航天、银行、电信等高强度计算或存储问题的强有力工具。20 世纪 90 年代以来，大型计算机常用于大型事务处理系统，实现网络资源共享的服务器一般也采用大型计算机，在电子商务系统中，也需要大型计算机作为电子商务服务器提供高性能、提高 I/O 处理能力。2009 年，中国第一台国产每秒千万亿次的"天河一号"计算机问世，它使中国成为继美国之后世界上第二个研制出千万亿次超级计算机的国家。

2．计算机的特点

计算机的特点如下。

（1）能在程序控制下自动地运行程序。

（2）运算速度快。

（3）运算精度高。

（4）具有运算和逻辑判断能力。

（5）存储容量大，记忆能力强。

（6）可靠性高。

3．计算机的应用领域

计算机的应用领域主要有以下几方面。

（1）科学计算（数值计算）。科学计算一直是计算机应用的一个重要领域，如高能物理、工程设计、地震预测、气象预报、航天技术等。

（2）过程检测与控制（自动控制）。计算机对工业生产过程中的某些信号进行自动检测，并对检测数据进行处理。

（3）信息管理（数据处理）。信息管理是目前计算机应用最广泛的一个领域，如企业管理、物资管理、报表统计、账目计算、信息情报检索等。

（4）计算机辅助系统。如计算机辅助设计（CAD）、计算机辅助制造（CAM）、计算机辅助测试（CAT）、计算机辅助教学（CAI）等。

（5）办公自动化。用计算机进行各类办公业务的统计、分析和辅助决策。

（6）人工智能和模式识别。用计算机模拟人类的智能活动，最具代表性且应用最成功的两个领域是专家系统和机器人。

（7）计算机网络。计算机网络是计算机技术和通信技术相结合的产物，利用计算机网络可以实现全球信息查询、邮件传送、电子商务等功能。

4．计算机系统的组成与功能

一个完整的计算机系统包括硬件系统和软件系统两大部分。计算机硬件系统是指构成计算机所有实体部件的集合，它们都是看得见摸得着的，是计算机进行工作的物质基础；计算机软件系统是指在硬件设备上运行的各种程序及有关资料。人们把不装备任何软件的计算机称为裸机。

微型计算机系统的基本组成如图 1-22 所示。

（1）计算机硬件系统。

计算机硬件系统主要包括主机和外部设备两大类，由运算器、控制器、存储器、输入设备、输出设备五大基本部件组成。

① 运算器。运算器主要完成各种算术运算和逻辑运算，是对信息加工和处理的部件，由运算器、寄存器、累加器等组成。

② 控制器。控制器用来协调和指挥整个计算机系统的操作，它读取指令并进行翻译和分析，再对各部件进行相应的控制。

在微型计算机中，运算器和控制器集成在一起构成了中央处理器（CPU），它是计算机系统的核心，能够处理的数据位数是 CPU 的一个最重要的性能标志。人们通常所说的 16 位机、32 位机、64 位机即指 CPU 能同时处理 16 位、32 位、64 位的二进制数据。

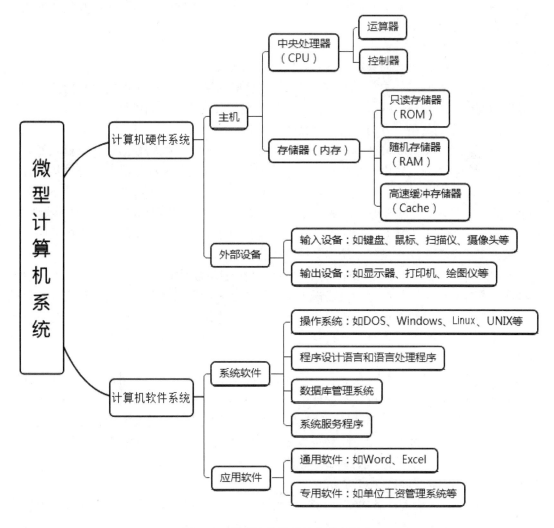

图 1-22　微型计算机系统的基本组成

③ 存储器。存储器是计算机的存储部件，用来存放信息。存储器的工作速率相对于 CPU 的运算速率来讲要低很多。存储器有内存储器和外存储器两种，内存储器能直接和 CPU 交换数据，虽然容量小，但存取速度快，一般用于存放那些正在处理的数据或正在运行的程序；外存储器是间接和 CPU 交换数据的，虽然存取速度慢，但存储容量大，价格低廉，一般用来存放暂时不用的数据。

内存储器按其工作方式的不同，可分为随机存储器（RAM）和只读存储器（ROM）。RAM 允许对存储单元进行存取数据操作。在计算机断电后，RAM 中的信息会丢失。由于 ROM 中的信息是厂家在制造时用特殊方法写入的，所以 ROM 中的信息可以读出，但不能向其写入数据，而且断电后其中的数据也不会丢失。ROM 中一般存放重要的、经常使用的程序或数据，从而可以避免这些程序和数据受到破坏。

④ 输入设备。输入设备是外界向计算机传送信息的装置，如键盘和鼠标，根据需要还可以配置一些其他输入设备，如光笔、数字化仪、扫描仪等。

⑤ 输出设备。输出设备是能将计算机中的数据信息传送到外部媒介，并转化成为人们所认识的表示形式的装置。

（2）计算机软件系统。

计算机软件系统可分为系统软件和应用软件两大类。

① 系统软件。系统软件可以看作用户与计算机的接口，它为应用软件和用户提供了控制和访问硬件的手段，这些功能主要由操作系统完成。此外，编译系统和各种工具软件也属于此类，它们从另一方面辅助用户使用计算机。

a．操作系统（Operating System, OS）。操作系统是管理、控制和监督计算机软硬件资源协调运行的程序系统，由一系列具有不同控制和管理功能的程序组成，它是直接运行在计算机硬件上的、最基本的系统软件，是系统软件的核心。操作系统通常应包括下列五大功能：处理器管理、作业管理、存储器管理、设备管理、文件管理。操作系统的种类繁多，根据其功能和特性分为批处理操作系统、分时操作系统和实时操作系统等；根据同时管理用户数的多少分为单用户操作系统和多用户操作系统。

b．程序设计语言和语言处理程序。人们要利用计算机解决实际问题，一般首先要编制程序。程序设计语言一般分为机器语言、汇编语言和高级语言 3 类。机器语言是计算机唯一能直接识别和执行的程序语言。如果要在计算机上运行高级语言程序就必须配备程序语言翻译程序。翻译程序本身是一组程序，不同的高级语言都有相应的翻译程序。对源程序进行解释和编译任务的程序分别称为解释程序和编译程序。

c．服务程序。服务程序能够提供一些常用的服务性功能，它们为用户开发程序和使用计算机提供了方便，像计算机上经常使用的诊断程序、调试程序、编辑程序均属此类。

d．数据库管理系统（DBMS）。数据库是指按照一定联系存储的数据集合，可为多种应用共享。数据库管理系统则是能够对数据库进行加工、管理的系统软件。数据库管理系统不但能够存放大量的数据，更重要的是能迅速、自动地对数据进行检索、修改、统计、排序、合并等操作，以得到所需的信息。

② 应用软件。为解决各类实际问题而设计的程序系统称为应用软件，如文字处理软件 Word、表格处理软件 Excel、演示文稿软件 PowerPoint 等。

5．计算机的工作原理

存储程序控制原理是 1946 年由美籍匈牙利数学家冯·诺依曼提出的，所以又称之为冯·诺依曼原理。该原理确立了现代计算机的基本组成和工作方式，直到现在，计算机的设计与制造依然沿用冯·诺依曼体系结构，其基本内容如下。

（1）采用二进制形式表示数据和指令。

（2）将程序（数据和指令序列）预先存放在主存储器中（程序存储），使计算机在工作时能够自动高速地从存储器中取出指令，并加以执行（程序控制）。

（3）由运算器、控制器、存储器、输入设备、输出设备五大基本部件组成计算机硬件体系结构。

计算机的工作原理如图 1-23 所示。

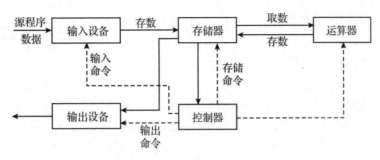

图 1-23　计算机的工作原理

（1）将程序和数据通过输入设备送入存储器。

（2）启动运行后，计算机从存储器中取出程序指令送到控制器中进行识别，分析该指令要做什么。

（3）控制器根据指令的含义发出相应的命令（如加法、减法），将存储单元中存放的操作数据取出，送往运算器进行运算，再把运算结果送回存储器指定的单元。

（4）运算任务完成后，根据指令将结果通过输出设备输出。

6. 常用的计算机术语

（1）数据。数据是指可由计算机进行处理的对象，如数字、字母、符号、文字、图形、声音、图像等。在计算机中数据是以二进制的形式进行存储和运算的，它有 3 种计量单位：位、字节和字。

（2）位（bit）。数据的最小单位为二进制的 1 位，用 0 或 1 来表示。

（3）字节（Byte）。通常将 8 位二进制数编为一组，称为一个字节。从键盘上输入的每个数字、字母、符号的编码用一个字节来存储。一个汉字的机内编码由两个字节来存储。

（4）存储容量。存储容量是指计算机存储信息的容量，它的计算单位是 B、KB、MB、GB、TB、PB 等。常用的数据单位如表 1-1 所示。

表 1-1　常用的数据单位

数值换算	单位名称
1 024B=1KB	千字节（KiloByte）
1 024KB=1MB	兆字节（MegaByte）
1 024MB=1GB	吉字节（GigaByte）
1 024GB=1TB	太字节（TeraByte）
1 024TB=1PB	拍字节（PetaByte）
1 024PB=1EB	艾字节（ExaByte）
1 024EB=1ZB	泽字节（ZettaByte）
1 024ZB=1YB	尧字节（YottaByte）

7．计算机中的数制

数制也称计数制，是指用一组固定的符号和统一的规则来表示数值的方法。计算机是信息处理的工具，任何信息都必须转换成二进制形式数据后才能由计算机进行处理、存储和传输。常用的数制有十进制、二进制、八进制和十六进制，另外时间单位的分、秒采用六十进制，小时采用二十四进制。

在计算机的数制中，要掌握 3 个概念，即数码、基数和位权。数码是指一个数制中表示基本数值大小的不同数字符号，如八进制有 8 个数码：0,1,2,3,4,5,6,7。基数是指一个数值所使用数码的个数，如八进制的基数为 8，二进制的基数为 2。处在不同位置上的相同数字所代表的值不同，一个数字在某个位置上所表示的实际数值等于该数值与这个位置的因子的乘积，而该位置的因子由所在位置相对于小数点的距离来确定，简称为位权。例如，八进制的 123，其中 1 的位权是 $8^2=64$，2 的位权是 $8^1=8$，3 的位权是 $8^0=1$。同时数制有如下 3 个特点。

（1）数制的基数确定了所采用的进位计数制。对于 N 进位数制，有 N 个数字符号。如十进制中有 10 个数字符号：0～9，二进制有 2 个符号：0 和 1，八进制有 8 个符号：0～7，十六进制有 16 个符号：0～9 和 A～F。

（2）逢 N 进一。如十进制中逢十进一，八进制中逢八进一，二进制中逢二进一，十六进制中逢十六进一。

（3）采用位权表示方法。位权与基数的关系是：位权的值恰是基数的整数次幂。例如，十进制的单位值为 $10^0, 10^1, 10^2, 10^3, \cdots$，二进制的单位值为 $2^0, 2^1, 2^2, 2^3, \cdots$

一般用"（ ）$_{角标}$"来表示不同进制的数。例如，十进制数用（ ）$_{10}$ 表示，二进制数用（ ）$_2$ 表示等。在程序设计中，为了区分不同进制，常在数字后加一个英文字母后缀。十进制数在数字后面加字母 D 或不加字母也可以，如 6659D 或 6659；二进制数在数字后面加字母 B，如 1101101B；八进制数在数字后面加字母 O，如 1275O；十六进制数在数字后面加字母 H，如 CFE7BH。在了解了数制的数码、基数、位权 3 个概念后，下面逐一介绍常用的几种数制。

（1）十进制。

十进制（Decimal Notation）有 10 个数码：0,1,2,3,4,5,6,7,8,9；基数为 10；加法运算时逢十进一，减法运算时借一当十。对于任意一个由 n 位整数和 m 位小数组成的十进制数 D，均可按权展开为：

$$D=D_{n-1}\times10^{n-1}+D_{n-2}\times10^{n-2}+\cdots+D_1\times10^1+D_0\times10^0+D_{-1}\times10^{-1}+\cdots+D_{-m}\times10^{-m}$$

（2）二进制。

二进制（Binary Notation）有两个数码：0 和 1；基数为 2；加法运算时逢二进一，减法运算时借一当二。对于任意一个由 n 位整数和 m 位小数组成的二进制数 B，均可按权展开为：

$$B=B_{n-1}\times2^{n-1}+B_{n-2}\times2^{n-2}+\cdots+B_1\times2^1+B_0\times2^0+B_{-1}\times2^{-1}+\cdots+B_{-m}\times2^{-m}$$

在计算机中，二进制并不符合人们的习惯，但是计算机内部却采用二进制表示信息，其主要原因如下。

① 电路简单。在计算机中，若采用十进制，则要求处理 10 种电路状态，相对于两种状态的电路来说，是很复杂的。而采用二进制表示，则逻辑电路只有"通""断"两个状态。

② 工作可靠。在计算机中，用两个状态代表两个数据，数字传输和处理方便、简单，不容易出错，因此电路更加可靠。

③ 简化运算。在计算机中，二进制运算法则很简单。例如，相加减的速度快，求积规则与求和规则均只有 3 个。

④ 逻辑性强。二进制只有两个数码，具有很强的逻辑性，正好代表逻辑代数中的"真"与"假"，而计算机的工作原理正是建立在逻辑运算基础上的。

（3）八进制。

八进制有 8 个数码：0,1,2,3,4,5,6,7；基数为 8；加法运算时逢八进一，减法运算时借一当八。对于任意一个由 n 位整数和 m 位小数组成的八进制数 O，均可按权展开为：

$$O=O_{n-1}\times 8^{n-1}+O_{n-2}\times 8^{n-2}+\cdots+O_1\times 8^1+O_0\times 8^0+O_{-1}\times 8^{-1}+\cdots+O_{-m}\times 8^{-m}$$

（4）十六进制。

十六进制有 16 个数码：0,1,2,3,4,5,6,7,8,9,A,B,C,D,E,F；基数为 16；加法运算时逢十六进一，减法运算时借一当十六。对于任意一个由 n 位整数和 m 位小数组成的十六进制数 H，均可按权展开为：

$$H=H_{n-1}\times 16^{n-1}+H_{n-2}\times 16^{n-2}+\cdots+H_1\times 16^1+H_0\times 16^0+H_{-1}\times 16^{-1}+\cdots+H_{-m}\times 16^{-m}$$

在 16 个数码中，A,B,C,D,E,F 这 6 个数码分别代表十进制的 10,11,12,13,14,15，这是国际上通用的表示法。

在上述内容的基础上，总结这几种常用数制的数码、基数（位权）、进制转换特点和通用公式，如表 1-2 所示。

表 1-2　常用数制的数码、基数（位权）、进制转换特点和通用公式

进　制	数　　码	基　数	特　点	通用公式
十进制	0,1,2,3,4,5,6,7,8,9	10	逢十进一	$D_{n-1}\times 10^{n-1}+D_{n-2}\times 10^{n-2}+\cdots+D_1\times 10^1+D_0\times 10^0+D_{-1}\times 10^{-1}+\cdots+D_{-m}\times 10^{-m}$
二进制	0,1	2	逢二进一	$B_{n-1}\times 2^{n-1}+B_{n-2}\times 2^{n-2}+\cdots+B_1\times 2^1+B_0\times 2^0+B_{-1}\times 2^{-1}+\cdots+B_{-m}\times 2^{-m}$
八进制	0,1,2,3,4,5,6,7	8	逢八进一	$O_{n-1}\times 8^{n-1}+O_{n-2}\times 8^{n-2}+\cdots+O_1\times 8^1+O_0\times 8^0+O_{-1}\times 8^{-1}+\cdots+O_{-m}\times 8^{-m}$
十六进制	0,1,2,3,4,5,6,7,8,9,A,B,C,D,E,F	16	逢十六进一	$H_{n-1}\times 16^{n-1}+H_{n-2}\times 16^{n-2}+\cdots+H_1\times 16^1+H_0\times 16^0+H_{-1}\times 16^{-1}+\cdots+H_{-m}\times 16^{-m}$

8．计算机中的数制转换

不同数制之间进行转换应遵循转换原则，即两个有理数如果相等，则有理数的整数部分和小数部分一定分别相等。数制转换主要分为 3 类，分别是二、八、十六进制数转换为十进制数；十进制数转换为二、八、十六进制数；八、十六进制数与二进制数之间的转换。常用的十进制、二进制、八进制和十六进制之间的对应关系如表 1-3 所示。

表 1-3　几种常用进制之间的对应关系

十进制	二进制	八进制	十六进制
0	0000	0	0
1	0001	1	1
2	0010	2	2
3	0011	3	3
4	0100	4	4
5	0101	5	5
6	0110	6	6
7	0111	7	7
8	1000	10	8
9	1001	11	9
10	1010	12	A
11	1011	13	B
12	1100	14	C
13	1101	15	D
14	1110	16	E
15	1111	17	F

（1）十进制数转换为二、八、十六进制数。

十进制数转换为二、八、十六进制数具有相同规律，且均分为整数部分和小数部分的转换。

① 整数部分的转换。整数部分的转换采用的是除基数（2、8 或 16）取余的方法。其转换原则是：将该十进制数除以基数得到一个商和余数（K_0），再将商除以基数又得到一个新的商和余数（K_1），如此反复，得到的商是 0 时得到余数（K_{n-1}），然后将所得到的各位余数，以最后余数为最高位，最初余数为最低位依次排列，即 $K_{n-1} K_{n-2} \cdots K_1 K_0$，这就是该十进制数对应的二、八、十六进制数。这种方法又称为"倒序法取余"。

【例 1-1】将十进制数（213）$_{10}$ 转换成二进制数。

解：计算过程如下所示。

$$
\begin{array}{ll}
 & \text{余数} \quad \text{低} \\
2\underline{|213} \cdots\cdots & (K_0) \quad 1 \quad \uparrow \\
2\underline{|106} \cdots\cdots & (K_1) \quad 0 \\
2\underline{|53} \cdots\cdots & (K_2) \quad 1 \\
2\underline{|26} \cdots\cdots & (K_3) \quad 0 \\
2\underline{|13} \cdots\cdots & (K_4) \quad 1 \\
2\underline{|6} \cdots\cdots & (K_5) \quad 0 \\
2\underline{|3} \cdots\cdots & (K_6) \quad 1 \\
2\underline{|1} \cdots\cdots & (K_7) \quad 1 \quad \text{高}
\end{array}
$$

则知计算结果为：（213）$_{10}$ =（11010101）$_2$

② 小数部分的转换。小数部分的转换采用乘基数取整法。其转换原则是：将十进制数的小数乘以基数，取乘积中的整数部分作为相应进制数小数点后最高位 K_{-1}，反复乘以

基数，逐次得到 $K_{-2}K_{-3}\cdots K_{-m}$，直到乘积的小数部分达到精确度要求为止，然后把每次乘积的整数部分由上而下依次排列起来（$K_{-1}K_{-2}\cdots K_{-m}$），就是所求的进制数。这种方法又称为"顺序法"。

对于既有整数又有小数部分的十进制数，将其整数和小数分别转换成相应进制数，然后再把两者连接起来即可。

【例 1-2】 将十进制数 $(0.514)_{10}$ 转换成相应的二进制数。

解： 计算过程如下所示。

```
0.514
×2
1.028 ……………………………………………1    (K₋₁)    高
×2
0.056 ……………………………………………0    (K₋₂)
×2
0.112 ……………………………………………0    (K₋₃)
×2
0.224 ……………………………………………0    (K₋₄)
×2
0.448 ……………………………………………0    (K₋₅)
×2
0.896 ……………………………………………0    (K₋₆)
×2
1.792 ……………………………………………1    (K₋₇)    低
```

计算结果为：$(0.514)_{10}=(0.1000001)_2$

（2）二、八、十六进制数转换成十进制数。

二、八、十六进制数转换成十进制数采用公式法，公式如表 1-2 所示。将二进制数转换成十进制数是以 2 为基数按权展开并相加；八进制数转换成十进制数则是以 8 为基数按权展开并相加；十六进制数转换为十进制数则是以 16 为基数按权展开并相加。

【例 1-3】 将 $(1101.101)_2$ 转换成十进制数。

解： $(1101.101)_2=1\times2^3+1\times2^2+0\times2^1+1\times2^0+1\times2^{-1}+0\times2^{-2}+1\times2^{-3}$

$=8+4+1+0.5+0.125$

$=(13.625)_{10}$

【例 1-4】 把 $(725)_8$ 转换成十进制数。

解： $(725)_8=7\times8^2+2\times8^1+5\times8^0$

$=448+16+5$

$=(469)_{10}$

【例 1-5】 将 $(1AC.8)_{16}$ 转换成十进制数。

解： $(1AC.8)_{16}=1\times16^2+A\times16^1+C\times16^0+8\times16^{-1}$

$=256+160+12+0.5$

$=(428.5)_{10}$

二进制转换为十进制

（3）八、十六进制数与二进制数之间的转换。

① 八进制数转换成二进制数。八进制数转换成二进制数所使用的转换原则是"一位拆三位"，即把一位八进制数对应于三位二进制数，然后按顺序连接即可。

【例1-6】将（54.14）$_8$转换为二进制数。

解： 计算过程如下所示。

5 101

4 100

. ...

1 001

4 100

则可知结果为：（54.14）$_8$=（101100.001100）$_2$

② 二进制数转换成八进制数。二进制数转换成八进制数可概括为"三位并一位"，即从小数点开始向左、右两边以每三位为一组，不足三位时补 0，然后每组改成等值的一位八进制数即可。

【例1-7】将（101110001.11001）$_2$转换成八进制数。

解： 计算过程如下所示。

101 5

110 6

001 1

. ...

110 6

010 2

则可知结果为：（101110001.11001）$_2$=（561.62）$_8$

③ 二进制数转换成十六进制数。二进制数转换成十六进制数的转换原则是"四位并一位"，即以小数点为界，整数部分从右向左，每四位为一组，若最后一组不足四位，则在最高位前面添 0 补足四位，然后从左边第一组起，将每组中的二进制数按权数相加得到对应的十六进制数，并依次写出即可；小数部分从左向右，每四位为一组，最后一组不足四位时，尾部用 0 补足四位，然后按顺序写出每组二进制数对应的十六进制数。

【例1-8】将（101100.0001101）$_2$转换成十六进制数。

解： 计算过程如下所示。

0010 2

1100 C

. ...

0001 1

1010 .... A

则可知结果为：（101100.0001101）$_2$=（2C.1A）$_{16}$

④ 十六进制数转换成二进制数。十六进制数转换成二进制数的转换原则是"一位拆四位"，即把一位十六进制数写成对应的四位二进制数，然后按顺序连接即可。

【例 1-9】将（Cl.B7）$_{16}$ 转换成二进制数。

解：计算过程如下所示。

C 1100

1 0001

. ...

B 1011

7 0111

则可知结果为：（Cl.B7）$_{16}$=（11000001.10110111）$_2$

9. 多媒体技术简介

多媒体技术是一门跨学科的综合技术，它使得高效而方便地处理文字、声音、图像和视频等多种媒体信息成为可能。不断发展的网络技术又促进了多媒体技术在教育培训、多媒体通信、游戏娱乐等领域的应用。

（1）多媒体的特征。

在日常生活中，媒体（Medium）是指文字、声音、图像、动画和视频等内容。多媒体（Multimedia）技术是指能够同时对两种或两种以上的媒体进行采集、操作、编辑、存储等综合处理的技术。多媒体技术集声音、图像、文字于一体，集电视录像、光盘存储、电子印刷和计算机通信技术之大成，将人类引入更加直观、更加自然、更加广阔的信息领域。

按照一些国际组织，如国际电话电报咨询委员会（CCITT，现 ITU）制定的媒体分类标准，可以将媒体分为感觉媒体、表示媒体、表现媒体、存储媒体和传输媒体 5 类。

多媒体技术具有交互性、集成性、多样性、实时性等特征，这也是它区别于传统计算机系统的显著特征。

① 交互性。多媒体技术的交互性是指人的行为与计算机的行为互为交流沟通的关系，是多媒体与传统媒体最大的不同。例如，电视系统虽然也是利用声、图、文的多种信息媒体结合的形式进行展示，但由于节目内容已事先安排且人们只能被动地接受，所以这个过程是单方向的，而不是双向交互性的。

② 集成性。多媒体技术是一种利用计算机技术来整合各种媒体系统的技术，是结合文字、图形、声音、图像和动画等各种媒体的一种应用。媒体依其属性的不同可分成文字、音频和视频。文字可分成字符与数字，音频可分为语言和音乐，视频可分为静止图像、动画和影像。多媒体系统将以上各部分集成在一起，经过多媒体技术处理，使它们能相互结合并发挥综合作用。

③ 多样性。多样性是指多媒体技术所具有的对处理信息的范围进行空间扩展和放大的能力。利用多媒体技术能将输入的单一信息加工为多媒体信息，增加信息的表现能力，丰富其显示和运行效果。多媒体信息不但能让人们看到文字，观察到静止的图像，还能听到声音和看到动态视频，使人们能够充分体验身临其境之感。这种信息空间的多样性使信息的表现方式有声有色、生动逼真且不单调。

④ 实时性。实时性是指在多媒体系统中声音及活动的视频图像是强实时的。多媒体系统提供了对这些媒体实时处理和控制的能力。多媒体系统除像一般计算机一样能够处理离散媒体（如文本、图像）外，它的一个基本特征就是能够综合地处理带有时间关系的媒

体，如音频、视频和动画，甚至是实况信息媒体。这意味着多媒体系统在处理信息时有着严格的时序要求和很高的速度要求。当系统应用扩大到网络范围时，这个问题将会更加突出，会对系统结构、媒体同步、多媒体操作系统及应用服务提出相应的实时化要求。在许多方面，实时性确实已经成为多媒体技术的关键。

（2）多媒体的组成元素。

从多媒体技术来看，多媒体是由文本、图形和图像、音频、动画及视频等基本元素组成的。多媒体应用中涉及大量不同类型、不同性质的媒体元素。这些媒体元素数据量大，而且同一种元素数据格式繁多，数据类型之间的差别极大。

① 文本。文本是多媒体中最基本也是应用最为普遍的一种媒体，包括字体、字形、字号、颜色和修饰效果等属性，是使用最广泛的媒体元素，也是信息最基本的表现形式。其最大优点是占用存储空间小。在人机交互中，文本主要有两种形式，即格式化文本和非格式化文本。TXT 格式的文本为非格式化文本，其字符大小是固定的，仅能以一种形式和类型使用，不具备文字处理和排版功能。DOC/DOCX 等格式的文本为格式化文本，可以进行格式编排，包括各种字体、大小、颜色、格式及段落等属性的设置。

② 图形和图像。多媒体中的图形和图像可以是人物画、景物照片或其他形式的图案。用它们来表达一个问题要比文字更具直观性，也更有吸引力。例如，利用图案介绍一个自然景观，就不会像文字说明那样给人一种呆板和缺乏想象力的感觉。

a．图形。图形也称矢量图形，是计算机根据数学模型计算生成的几何图形。图形是由直线、曲线、圆或曲面等几何形状形成的从点、线、面到三维空间的黑白或彩色几何图，构成图形的点、线和图片由坐标及相关参数定义，如用 Adobe Illustrator 绘制的图形等。矢量图形的优点是可以不失真地缩放、占用计算机存储空间小，但矢量图形仅能表现对象结构，在表现对象质感方面的能力较弱。常见的矢量图形的后缀名有.ai、.cdr 和.eps。

b．图像。图像是指由输入设备捕获的实际场景画面或以数字化形式存储的画面，是真实物体的影像。数字图像通常称为位图，是对图片逐行逐列进行采样（取样），并用许多像素点表示并存储的一种多媒体文件。图像主要用于表现自然景色、人物等，能表现对象的颜色细节和质感，具有形象、直观和信息量大的优点。但图像文件的数据量很大，需要利用视觉特征对图像数据进行压缩，去除人眼不敏感的冗余数据。目前最为流行且压缩效果较好的位图压缩格式为 JPEG，图像失真较小，其压缩比高达 30:1 及以上。Windows 中最常见的图像文件格式是 BMP、GIF、JPEG 和 TIF。

（a）BMP 文件。BMP 文件是一种与设备无关的图形文件格式，Windows 环境推荐使用这种文件。多数图形图像软件，特别是在 Windows 环境下运行的软件，都支持这种文件格式。BMP 文件有压缩和非压缩之分，一般作为图像资源使用的 BMP 文件都是非压缩的。BMP 文件格式支持黑白、16 色和 256 色的伪彩色图像，以及 RGB 的 24 位真彩色图像。Windows 的应用程序"画图"就是以 BMP 格式存取图形文件的。

（b）GIF 文件。GIF 文件格式是一种压缩图像存储格式，压缩比高，文件占用空间小，主要用于在不同平台上进行图像交流和传输。它同时支持静态、动态两种形式，在网页制作中受到普遍欢迎。

（c）JPEG 文件。JPEG 文件格式的最大特点是文件占用空间非常小，而且可以调整压缩比，非常适合处理大量图像的场合。它是一种有损压缩的静态图像文件存储格式，支持灰度图像、RGB 真彩色图像和 CMYK 真彩色图像。JPEG 文件显示比较慢，仔细观察图像的边缘可以看到不太明显的失真。

（d）TIF 文件。TIF 文件格式最初用于扫描仪和桌面出版业，是工业标准格式，支持所有图像类型。TIF 文件格式分成压缩和非压缩两大类。TIF 文件格式的压缩方法有好几种，而且是可以扩充的，因此要正确读出每一个压缩格式的 TIF 文件是非常困难的。由于非压缩的 TIF 文件具有良好的兼容性，而压缩存储时又有很大的选择余地，所以这种格式是许多图像应用软件所支持的主要文件格式之一。

③ 音频。在多媒体中，音频是指数字化后的声音，在多媒体项目中加入声音元素可以给人多感官刺激。声音和音乐（音频）的缺点是数据量庞大。例如，存储 1 秒的 CD 双声道立体声音乐需要的磁盘空间与存储 9 万个汉字所需的空间相同，因此必须进行压缩处理。在多媒体技术中，存储声音信息的常用文件格式主要有 WAV、MIDI、MP3、WMA 等。

a．WAV 格式。WAV 格式是微软公司开发的一种音频文件格式，被 Windows 及其应用程序广泛支持。其内容记录了对实际声音进行采样的数据，因而也称为变波形数据文件，但这种文件格式需要较大的存储空间，多用于存储简短的声音片段。

b．MIDI 格式。MIDI 也称为乐器数字接口，MIDI 文件占用的存储空间比 WAV 文件小得多。

c．MP3 格式。MP3 是使用 MPEG-1 压缩标准的声音文件格式，它的压缩比非常高，并能保持高音质。

d．WMA 格式。WMA 是微软公司发布的一种音频压缩格式，它采用减少数据流量但保持音质的方法来达到比 MP3 更高压缩率的目的。

e．APE 格式。APE 是近年来出现的一种音频文件格式，其特点是采用了无损压缩技术，文件占用空间较大（大约为 WAV 的一半），音质很好，可以和 CD 机的音质媲美。

④ 动画和视频。动画和视频技术的崛起，使人们摆脱了单纯的静态图像，能够在图形图像的基础上得到连续、生动的画面。人们可以通过动态的手段记录生活、工作和学习的瞬间，而且也越来越离不开动画和图像。

a．动画就是运动的图画，其实质是若干幅时间和内容连续的静态图像的顺序播放。用计算机实现的动画有两种，一种是造型动画，另一种是帧动画。造型动画的每帧由图形、声音、文字和色彩等造型元素组成，由脚本控制角色的表演和行为。帧动画是产生各种动画的基本方法，是由一幅幅连续的画面组成的图像序列。由于人的眼睛具有视觉暂留性，在亮度信号消失之后亮度感觉仍然可以保持 1/20～1/10 秒的时间，因此，一幅幅静态的画面连续播放就可以看到动态的图像画面效果。从物理意义上看，任何动态图像都是由多幅连续的图像序列构成的，每幅图像保持一个很小的时间间隔，沿着时间轴顺序地以人眼感觉不到的速度（25～30 帧/秒）换成另一幅图像，通过这样连续不断地转换就形成了运动的感觉。

（a）GIF 文件。GIF 文件可保存单帧或多帧图像，支持循环播放，除作为常用图形文件格式外，也常用作动画文件。GIF 文件具有容量小、传送速度快的特点，是网络唯一支持的动画图形格式，因此在网络上非常流行。

（b）SWF 文件。SWF 文件是 Macromedia 公司的 Flash 动画文件格式，需要用专门的播放器才能播放，所占内存空间小，在网页上广泛使用。

b．视频是由若干幅内容相互联系的图像连续播放形成的，主要来源于摄像机拍摄的连续自然场景画面，与动画一样是由连续的画面组成的，只是画面图像是自然景物的图像。计算机处理的视频信息必须是全数字化的信号，但在处理过程中要受到电视技术的影响。视频信息一般通过摄像机、录像机等设备存储到计算机硬盘。由于人们习惯于观看电视上的场景，所以在多媒体中加入一段动态视频信息就会更加生动。视频文件主要有 AVI、MOV、ASF 等格式。

（a）AVI 文件。AVI 是 Windows 系统采用的动画、动态图像文件格式，它采用了 Intel 公司的 Indeo 视频有损压缩技术，将视频信息和音频信息混合存储在同一个文件中，较好地解决了音频与视频信息的同步问题。

（b）MOV 文件。MOV 是 QuickTime for Windows 视频处理软件采用的视频文件格式。它采用先进的视频和音频处理技术，其图像画面的质量比 AVI 文件好。

（c）ASF 文件。ASF 是一种包含音频、视频、图像及控制命令脚本的数据格式，用于排列、组织、同步多媒体数据，以利于通过网络传输。任何压缩/解压缩运算法则（编解码器）都可用来编码 ASF 流。

10．鼠标的使用方法

鼠标的使用方法如下。

（1）指向。在不按鼠标键的情况下，在屏幕上移动鼠标指针，使它直接位于被选对象上称为指向。当用户要对某个对象进行操作时，首先要指向这个对象。

（2）单击。在当前指向的对象上，按下鼠标左键并立即释放。

（3）双击。两次快速单击。

（4）拖动。用鼠标指针指向对象，在按住鼠标左键的同时，移动鼠标指针，当指针移动到合适的位置后，释放鼠标左键。

（5）右击。按下鼠标右键并立即释放。右击后，通常会出现一个快捷菜单。

1.1.5 任务强化

（1）有一名新入学的大学生，想组装一台计算机，满足在校期间基本的学习及娱乐需求，准备投入 3200～3400 元。要求通过市场调研，给出一个基本配置清单，填入表 1-4 中。

表 1-4 计算机基本配置清单

配件名称	型　号	价　格	备　注
主板			
电源			
CPU			
内存			
硬盘			
显示器			
显卡			
声卡			
网卡			

配件名称	型　　号	价　格	备　注
光驱			
机箱			
键盘、鼠标			
音箱、耳机			
合计			

（2）如果你有一台计算机，你想安装什么软件？这些软件有什么作用？

任务 2　了解计算机新技术

随着计算机网络的发展，计算机技术不断创新发展，近年来云计算、大数据、VR、AR、MR、CR、AI、3D 打印和"互联网+"等计算机新技术及应用，不仅给信息技术领域带来重大影响，更对社会的发展起到积极的促进作用。

1.2.1　任务描述

李伟最近使用计算机时发现，网页中经常会推荐一些他曾经搜索或关注过的信息；在游乐园中玩一些"身临其境"项目。李伟觉得太神奇了，越来越多的新技术被应用到工作和生活中，由此对计算机新兴技术非常感兴趣，想弄明白是怎么回事，通过各种途径查阅资料，学习相关的知识，了解这些新技术及其应用。

1.2.2　任务分析

要完成这项任务，首先要了解云计算、大数据技术及应用；其次要明白近几年新兴计算机技术如 VR 等。

1.2.3　任务实施

李伟通过查阅资料后明白，原来网页中经常会推荐一些他曾经搜索或关注过的信息是云计算、大数据技术应用的结果，它将用户的使用习惯、搜索习惯记录到数据库中，应用独特的算法计算出用户可能对什么感兴趣或对什么有需求，然后将相同的类目推荐到用户眼前。"身临其境"的游乐项目是运用 VR、AR 等新技术来实现的。

1．云计算

云计算是国家战略性新兴产业，是基于互联网服务的增加、使用和交付模式。云计算通常涉及通过互联网来提供动态易扩展且经常是虚拟化的资源，是传统计算机和网络技术发展融合的产物。

云计算技术中主要包括 3 种角色，分别为资源的整合运营者、资源的使用者和终端客户。资源的整合运营者负责资源的整合输出，资源的使用者负责将资源转变为满足客户需求的应用，而终端客户则是资源的最终消费者。

云计算技术作为一项应用范围广、对产业影响深的技术，正逐步向各种产业渗透，产业的结构模式、技术模式和产品销售模式等都会随着云计算技术发生深刻的改变，进而影响人们的工作和生活。

2. 认识大数据

数据是指存储在某种介质上包含信息的物理符号。进入电子时代后，人们生产数据的能力和数量得到飞速的提升，而这些数据的增加促使了大数据的产生。大数据是指无法在一定时间范围内用常规软件工具进行捕捉、管理、处理的数据集合，对大数据进行分析不仅需要采用集群的方法获取强大的数据分析能力，还需要研究面向大数据的新数据分析算法。

针对大数据进行分析的大数据技术，是指为了传送、存储、分析和应用大数据而采用的软件和硬件技术，也可将其看作面向数据的高性能计算系统。从技术层面来看，大数据与云计算的关系密不可分，大数据采用分布式架构对海量数据进行分布式数据挖掘，这使它依托云计算的分布式处理、分布式数据库、云存储和虚拟化技术。

3. VR

VR（Virtual Reality）即虚拟现实，是一种可以创建和体验虚拟世界的计算机仿真系统。虚拟现实技术可以使用计算机生成一种模拟环境，通过多源信息融合的交互式三维动态视景和实体行为的系统仿真，带给用户身临其境的体验。

虚拟现实技术主要包括模拟环境、感知、自然技能和传感设备等方面。其中，模拟环境是指由计算机生成的实时动态的三维图像；感知是指一切人所具有的感知，包括视觉、听觉、触觉、力觉、运动感知，甚至包括嗅觉和味觉等；自然技能是指计算机对人体行为动作数据进行处理，并对用户输入做出实时响应；传感设备是指三维交互设备。图 1-24 所示为 VR 眼镜。

虚拟现实技术将人类带入了三维信息视角，通过虚拟现实技术，人们可以全角度观看电影、比赛、风景、新闻等，VR 游戏技术甚至可以追踪用户的工作行为，对用户的移动、步态等进行追踪和交互，如图 1-25 所示。

图 1-24　VR 眼镜

图 1-25　VR 游戏

1.2.4　知识储备

1. 云计算技术

云计算技术是硬件技术和网络技术发展到一定阶段出现的新技术，是对实现云计算模式所需的所有技术的总称。分布式计算技术、虚拟化技术、网络技术、服务器技术、数据中心技术、云计算平台技术、分布式存储技术等都属于云计算技术的范畴。云计算技术意味着计算能力也可作为一种商品通过互联网进行流通。

2. 云计算的特点

传统计算模式向云计算模式发展如同单台发电模式向集中供电模式的转变，云计算是将计算任务分布在由大量计算机构成的资源池上，使用户能够按需获取计算能力、存储空间和信息服务。与传统的资源提供方式相比，云计算主要具有以下特点。

（1）可扩展性高。云计算是一种由资源低效的分散使用到资源高效的集中化使用的转变。传统分散在不同计算机上的资源，其利用率非常低，通常会造成资源的极大浪费。而云计算将资源集中起来，资源的利用效率会大大提升。资源的集中化和资源需求的不断提高，也对资源池的可扩张性提出了要求，因此云计算系统只有具备优秀的资源扩张能力才能方便新资源的加入，有效满足对不断增长的资源需求。

（2）按需服务。对于用户而言，云计算系统的优点是可以适应自身对资源不断变化的需求。云计算系统按需向用户提供资源，用户只需为自己实际消费的资源量付费，而不必自己购买和维护大量固定的硬件资源。这不仅为用户节约了成本，还可促使应用软件的开发者创造出更多有趣和实用的应用。同时，按需服务让用户在服务选择上具有更大的空间，用户可以通过缴纳不同的费用来获取不同层次的服务。

（3）虚拟化。云计算利用软件来实现硬件资源的虚拟化管理、调度及应用，支持用户在任意位置、使用各种终端获取应用服务。通过"云"这个庞大的资源池，用户可以方便地使用网络资源、计算资源、数据库资源、硬件资源、存储资源等，大大降低了维护成本，提高了资源的利用率。

（4）可靠性和安全性高。在云计算中，用户数据存储在服务器端，应用程序在服务器端运行，计算由服务器端处理，数据被复制到多个服务器节点上。当某一个节点任务失败时，即可在该节点终止，再启动另一个程序或节点，保证应用和计算正常进行。

（5）网络化的资源接入。云计算系统的应用需要网络的支撑，才能为最终用户提供服务，网络技术的发展是推动云计算出现的首要动力。

3. 云计算的应用

随着云计算技术产品、解决方案的不断成熟，云计算的应用领域也不断发生扩展，衍生出了云制造、教育云、环保云、物流云、云安全、云存储、云游戏、移动云计算等各种功能，对医药医疗领域、制造领域、金融与能源领域、电子政务领域、教育科研领域的影响巨大，为数据存储、虚拟办公等方面也提供了非常大的便利。下面介绍常见的3种云计算应用。

（1）云安全。

云安全是云计算的重要分支，在反病毒领域获得了广泛应用。云安全技术可以通过网状的大量客户端对网络中软件的异常行为进行监测，获取互联网中木马和恶意程序的最新信息，自动分析和处理信息，并将解决方案发送到每一个客户端。

云安全融合了并行处理、网格计算、未知病毒行为判断等新兴技术和概念，理论上可以把病毒的传播范围控制在一定区域内，且整个云安全网络对病毒的上报和查杀速度非常快，在反病毒领域中意义重大。但所涉及的安全问题也非常广泛，对于最终用户而言，需要了解云安全技术在用户身份安全、共享业务安全和用户数据安全等方面的问题。

① 用户身份安全。用户登录到云端使用应用与服务，系统在确保使用者身份合法之后才为其提供服务，如果非法用户取得了用户身份，则会对合法用户的数据和业务产生危害。

② 共享业务安全。云计算通过虚拟化技术实现资源共享调用，可以提高资源的利用率，但同时共享也会带来安全问题。云计算不仅需要保证用户资源间的隔离，还要针对虚拟机、虚拟交换机、虚拟存储等虚拟对象提供安全保护策略。

③ 用户数据安全。数据安全问题包括数据丢失、泄露、篡改等，因此应对数据采取复制、存储加密等有效的保护措施，确保数据的安全。此外，账户、服务和通信劫持，不安全的应用程序接口，操作错误等问题也会对云安全造成隐患。

云安全系统的建立并非轻而易举，要想保证系统正常运行，不仅需要海量的客户端、专业的反病毒技术和经验、大量的资金和技术投入，还应提供开放的系统，让大量合作伙伴加入。

（2）云存储。

云存储是一种新兴的网络存储技术，可将存储资源放到云上供用户存取。云存储通过集群应用、网络技术或分布式文件系统等功能将网络中大量不同类型的存储设备集合起来协同工作，共同对外提供数据存储和业务访问功能。通过云存储，用户可以在任何时间、任何地点，将任何可联网的装置连接到云上存取数据。

在使用云存储功能时，用户只需要为实际使用的存储容量付费，不用额外安装物理存储设备，减少成本。但云存储也反映了一些可能存在的问题，例如，如果用户在云存储中保存重要数据，则数据安全可能存在潜在隐患，其可靠性和可用性取决于广域网（WAN）的可用性和服务提供商的预防措施等级。对于一些具有特定记录保留需求的用户，在采用云存储的过程中还需进一步了解和掌握云存储。

提示： 云盘也是一种以云计算为基础的网络存储技术，目前，各大互联网企业也在陆续开发自己的云盘，如百度云盘等。

（3）云游戏。

云游戏是一种以云计算技术为基础的在线游戏技术，云游戏模式中的所有游戏都在服务器端运行，并通过网络将渲染后的游戏画面压缩传送给用户。

云游戏技术主要包括云端完成游戏运行与画面渲染的云计算技术，以及玩家终端与云端间的流媒体传输技术。对于云游戏运营商而言，只需花费服务器升级的成本，而不需要不断投入巨额的新主机研发费用；对于游戏玩家而言，玩家的游戏终端无须拥有强大的图形运算与数据处理能力等，只需拥有基本的流媒体播放能力与获取玩家输入指令并发送给云端服务器的能力即可。

4. 大数据处理的基本流程

大数据处理的数据源类型多种多样，在不同的场合通常需要使用不同的处理方法。在处理大数据的过程中，通常需要经过采集、导入、预处理、统计分析、数据挖掘和数据展现等步骤。在合适的工具辅助下，对不同类型的数据源进行融合、取样和分析，按照一定的标准统一存储数据，并通过去噪等数据分析技术对其进行降维处理，然后进行分类或群集，最后提取信息，选择可视化方式将结果展示给终端用户。

（1）数据抽取和集成。数据的抽取和集成是大数据处理的第一步，从抽取数据中提取关系和实体，经过关联和聚合等操作，按照统一定义的格式对数据进行存储。如基于物化或数据仓库技术方法的引擎（Materialization or ETL Engine）、基于联邦数据库或中间件方法的引擎（Federation Engine or Mediator）和基于数据流方法的引擎（Stream Engine）均是现有主流的数据抽取和集成方式。

（2）数据分析。数据分析是大数据处理的核心步骤，在决策支持、商业智能、推荐系统、预测系统中应用广泛。在从异构的数据源中获取了原始数据后，将数据导入一个集中的大型分布式数据库或分布式存储集群，进行一些基本的预处理工作，然后根据自己的需求对原始数据进行分析，如数据挖掘、机器学习、数据统计等。

（3）数据解释和展现。在完成数据的分析后，应该使用合适的、便于理解的展示方式将正确的数据处理结果展示给终端用户，可视化和人机交互是数据解释的主要技术。

5．大数据的典型应用案例

在以云计算为代表的技术创新背景下，收集和处理数据变得更加简便，国务院在印发的《促进大数据发展行动纲要》中系统地部署了大数据发展工作，通过各行各业的不断创新，大数据也将创造更多价值，下面对大数据典型应用案例进行介绍。

（1）高能物理。高能物理是一个与大数据联系十分紧密的学科。科学家往往要从大量的数据中发现一些小概率的粒子事件，如比较典型的离线处理方式，由探测器组负责在实验时获取数据，而最新的 LHC 实验每年采集的数据高达 15PB。高能物理中的数据不仅海量，而且没有关联性，要从海量数据中提取有用的事件，就可以使用并行计算技术对各个数据文件进行较为独立的分析处理。

（2）推荐系统。推荐系统可以通过电子商务网站向用户提供商品信息和建议，如商品推荐、新闻推荐、视频推荐等。而实现推荐过程则需要依赖大数据，用户在访问网站时，网站会记录和分析用户的行为并建立模型，将该模型与数据库中的产品进行匹配后，才能完成推荐过程。为了实现这个推荐过程，需要存储海量的客户访问信息，并基于大量数据的分析，推荐出与用户行为相符合的内容。

（3）搜索引擎系统。搜索引擎系统是常见的大数据系统，为了有效地完成互联网上数量巨大的信息的收集、分类和处理工作，搜索引擎系统大多基于集群架构。搜索引擎系统的发展历程为大数据研究积累了宝贵的经验。

6．其他新兴技术

（1）AR。

增强现实技术（Augmented Reality，AR）是一种实时计算摄像机影像位置及角度，并赋予其相应图像、视频、3D 模型的技术。增强现实技术的目标是在屏幕上把虚拟世界套入现实世界，然后与之互动。虚拟现实技术是百分之百的虚拟世界，而增强现实技术则是以现实世界的实体为主体，借助数字技术让用户可以探索现实世界并与之交互。虚拟现实看到的场景、人物都是虚拟的，增强现实技术看到的场景、人物半真半假，现实场景和虚拟场景的结合需借助摄像头进行拍摄，在拍摄画面的基础上结合虚拟画面进行展示和互动。

增强现实技术包含多媒体、三维建模、实时视频显示及控制、多传感器融合、实时跟踪及注册、场景融合等多项新技术。增强现实技术与虚拟现实技术的应用领域类似，如尖端武器、飞行器的研制与开发、数据模型的可视化、虚拟训练、娱乐与艺术等。但增强现实技术对真实环境进行增强显示输出的特性，使其在医疗、军事、古迹复原、工业维修、网络视频通信、电视转播、娱乐游戏、旅游展览、建设规划等领域的表现更加出色。

（2）MR。

混合现实（Mixed Reality，MR）技术可以看作 VR 技术和 AR 技术的集合，VR 技术是纯虚拟数字画面，AR 技术在虚拟数字画面上加上裸眼现实，MR 技术则是数字化现实加上虚拟数字画面，它结合了 VR 技术与 AR 技术的优势。利用 MR 技术，用户不仅可以看到真实世界，还可以看到虚拟物体，将虚拟物体置于真实世界中，让用户与虚拟物体进行互动。

（3）CR。

影像现实（Cinematic Reality，CR）是 Google 投资的 Magic Leap 提出的概念，通过光波传导棱镜设计，多角度将画面直接投射于用户的视网膜，直接与视网膜交互，产生真实的影响和效果。CR 技术与 MR 技术的理念类似，都是物理世界与虚拟世界的集合，所完成的任务、应用的场景、提供的内容，都与 MR 技术相似，与 MR 技术的投射显示技术相比，CR 技术虽然投射方式不同，但本质上仍是 MR 技术的不同实现方式。

（4）AI。

人工智能（Artificial Intelligence，AI）是计算机科学的一个分支，是研究、开发用于模拟、延伸和扩展人的智能的理论、方法、技术及应用系统的一门新兴技术科学。具体来说，人工智能技术的应用就是研究智能的实质，并生产出一种新的能模拟人类做出反应的智能机器，如机器人、语言识别、图像识别、自然语言处理和专家系统等。人工智能涉及计算机科学、心理学、哲学和语言学等学科，几乎包括自然科学和社会科学的所有学科。人工智能与思维科学的关系是实践和理论的关系，人工智能处于思维科学的技术应用层次，是一个应用分支。人工智能可以模拟人的意识、思考信息的过程，它不是人的智能，但能像人一样思考，也可能超过人的智能。

人工智能在现代社会中的应用主要表现在机器视觉、指纹识别、人脸识别、视网膜识别、虹膜识别、掌纹识别、专家系统、自动规划、智能搜索、定理证明、博弈、自动程序设计、智能控制、机器人学、语言和图像理解、遗传编程等方面。

人工智能在计算机上的实现主要有以下两种方法。

① 工程学方法（Engineering Approach）。即采用传统的编程技术，使系统呈现智能效果，不考虑所用方法是否与人或生物相同，如文字识别、计算机下棋等。

② 模拟法（Modeling Approach）。该方法不仅注重效果，还要求实现方法与人或生物机体所用的方法相同或类似，例如，遗传算法和人工神经网络。遗传算法模拟人类或生物的遗传进化机制，而人工神经网络则是模拟人类或生物大脑中神经细胞的活动方式。

采用工程学方法时，需要人工详细编写程序逻辑，如果内容复杂，角色数量和活动空间增加，相应的逻辑就会更复杂（按指数式增长），人工编程会非常烦琐，容易出错。若采用模拟法，则编程者为每一个角色设计一个智能系统进行控制，这个智能系统刚开始能完成的操作非常简单，但能渐渐地适应环境，应付各种复杂情况。利用模拟法实现人工智能，要求编程者具有生物学的思考方法，入门难度大，但应用范围广，且无须详细规定角色的活动规律，应用于复杂问题时，通常会比工程学方法更省力。

（5）3D 打印。

3D 打印技术是一种快速成型技术，以数字模型文件为基础，运用特殊蜡材、粉末状金属或塑料等可黏合材料，通过逐层打印的方式来构造三维物体。

3D 打印需借助 3D 打印机来实现，3D 打印机的工作原理是把数据和原料放进 3D 打印机中，机器按照程序把产品一层一层地打印出来。可用于 3D 打印的介质种类非常多，如塑料、金属、陶瓷、橡胶类物质等，还能结合不同介质，打印出不同质感和硬度的物品，如图 1-26 所示。

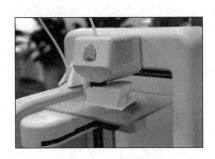

图 1-26　3D 打印

3D 打印技术作为一种新兴的技术，在模具制造、工业设计等领域应用广泛，可在产品制造的过程中直接使用 3D 打印技术打印出零部件。同时，3D 打印技术在珠宝、鞋类、工业设计、建筑、工程施工、汽车、航空航天、医疗、教育、地理信息系统、土木工程等领域都有所应用。

（6）"互联网+"。

"互联网+"即"互联网+各个传统行业"的简称，它利用信息通信技术和互联网平台，让互联网与传统行业进行深度融合，创造出新的发展业态。"互联网+"是一种新的经济发展形态，它充分发挥了互联网在社会资源配置中的优化和集成作用，将互联网的创新成果深度融合于经济、社会的各领域中，以提升全社会的创新力和生产力，形成更广泛的以互联网为基础设施和实现工具的新经济发展形态。

"互联网+"是从当前信息化发展的核心特征中提取出来的，并与工业、商业和金融业等服务行业全面融合。实现这一融合的关键在于创新，只有创新才能让其具有真正价值和意义，因此，"互联网+"是创新 2.0 下的互联网发展新业态，是知识社会创新 2.0 推动下的经济社会发展新形态的演进。

①　"互联网+"的主要特征。

"互联网+"主要有以下几项特征。

a．跨界融合。利用互联网与传统行业进行变革、开放和重塑融合，使创新的基础更坚实，实现群体智能，缩短研发到产业化的路程。

b．创新驱动。创新驱动发展是互联网的特质，适合我国目前经济发展方式，而用互联网思维来变革、求发展，也更能发挥创新的力量。

c．重塑结构。在新时代的信息革命、全球化中，互联网行业打破了原有的各种结构，使得权力、议事规则、话语权不断在发生变化。互联网+社会治理、虚拟社会治理与传统的社会结构有很大的不同。

d．尊重人性。对人性最大限度的尊重、对人体验的敬畏和对人创造性发挥的重视是互联网经济的根本所在。

e．开放生态。生态的本身是开放的，而"互联网+"就是要把孤岛式创新连接起来，让研发由市场决定，让创业者有机会实现价值。

f．连接一切。连接是有层次的，可连接性也可能有差异，导致连接的价值相差很大，但连接一切是"互联网+"的目标。

g．法制经济。"互联网+"是建立在以市场经济为基础的法制经济之上的，它更加注重对创新的法律保护，增加了对知识产权的保护范围，使全世界对于虚拟经济的法律保护更加趋向于共通。

② "互联网+"对消费模式的影响。

互联网与传统行业的融合，对消费者主要有以下影响。

a．满足了消费需求，使消费具有互动性。在"互联网+消费"模式中，互联网为消费者和商家搭建了快捷且实用的互动平台，供给方直接与需求方互动，省去中间环节，直接形成消费流通环节。同时，消费者还可通过互联网直接将自身的个性化需求提供给供给方，亲自参与到商品和服务的生产中，生产者则根据消费者对产品外形、性能等要求提供个性化商品。

b．优化了消费结构，使消费更具有合理性。互联网提供的快捷选择、快捷支付的舒适性，让消费者的消费习惯进入享受型和发展型消费的新阶段。同时，互联网信息技术有利于实现空间分散、时间错位之间的供求匹配，从而可以更好地提高供求双方的福利水平，优化升级基本需求。

c．扩展了消费范围，使消费具有无边界性。首先，消费者在商品服务的选择上没有了范围限制，互联网有无限的商品来满足消费者的需求；其次，互联网消费突破了空间的限制；再次，消费者的购买效率得到了充分的提高；最后，互联网提供的信息是无边界的。

d．改变了消费行为，使消费具有分享性。互联网的时效性、综合性、互动性和使用便利性使得消费者能方便地分享商品的价格、性能、使用感受，这种信息体验对消费模式转型也发挥着越来越重要的作用。

e．丰富了消费信息，使消费具有自主性。互联网把产品、信息、应用和服务连接起来，使消费者可以方便地找到同类产品的信息，并根据其他消费者的消费心得、消费评价做出是否购买的决定，强化了消费者自由选择、自主消费的权益。

③ "互联网+"的典型应用案例。

a．"互联网+"是为了促进更多的互联网创业项目诞生的，从而无须再耗费人力、物力和财力去研究与实施行业转型。

b．"互联网+通信"。互联网与通信行业的融合产生了即时通信工具，如QQ、微信等。互联网的出现并不会彻底颠覆通信行业，反而会促进运营商进行相关业务的变革升级。

c．"互联网+购物"。互联网与购物进行融合产生了一系列的电商购物平台，如淘宝、京东等。互联网的出现让消费者能够更加舒适地消费，足不出户便能买到自己需要的物品。

d．"互联网+饮食"。互联网与饮食行业的融合产生了一系列美食App，如美团、大众点评等。

e．"互联网+出行"。互联网与交通行业的融合产生了低碳交通工具，如摩拜等。虽然这种低碳交通工具目前在全世界不同的地方仍存在争议，但通过把移动互联网和传统的交通出行相结合，改善了出行方式，增加了车辆的使用率，推动了互联网共享经济的发展。

f. "互联网+交易"。互联网与金融交易行业融合，产生了快捷支付工具，如支付宝、微信支付等。

g. "互联网+企业政府"。互联网将交通、医疗、社保等一系列政府服务融合在一起，让原来需要繁杂手续才能办理的业务通过互联网完成，这既节省了时间，也提高了效率。例如，阿里巴巴和腾讯等互联网公司通过自有的云计算服务逐渐为地方政府搭建政务数据后台，形成了统一的数据池，实现对政务数据的统一管理。

1.2.5 任务强化

（1）进入天猫、京东等购物平台，搜索自己喜爱的商品，体验一下网站是否在利用云计算、大数据技术推送同类商品。

（2）在网上查看 VR、AR、MR、CR、AI、3D 打印等计算机新技术的典型应用，无人驾驶汽车的实现需要哪些技术？

项目练习题

一、选择题

1. 1946 年电子计算机 ENIAC 问世后，冯·诺伊曼在研制 EDVAC 计算机时，提出两个重要的改进，它们是（   ）。

    A．引入 CPU 和内存储器的概念　　　　B．采用机器语言和十六进制

    C．采用 ASCII 编码系统　　　　　　　D．采用二进制和存储程序控制的概念

2. 按照冯·诺伊曼体系结构组成微型计算机的基本硬件的五部分是（   ）。

    A．外设、CPU、寄存器、主机、总线

    B．CPU、内存、外存、键盘、打印机

    C．运算器、控制器、存储器、输入设备、输出设备

    D．运算器、控制器、主机、输入设备、输出设备

3. 微型计算机中的外存主要包括（   ）。

    A．RAM、ROM、软盘、硬盘　　　　B．软盘、硬盘、光盘

    C．软盘、硬盘　　　　　　　　　　　D．硬盘、CD-ROM、DVD

4. 计算机的总线是计算机各部件间传递信息的公共通道，它分为（   ）。

    A．数据总线和控制总线　　　　　　　B．数据总线、控制总线和地址总线

    C．地址总线和数据总线　　　　　　　D．地址总线和控制总线

5. 计算机上最常用的键盘与鼠标都是输入设备，它们的接口最常见的有两种，一种是 USB 接口，另一种是（   ）。

    A．com 接口　　　　　　　　　　　　B．VGA 接口

    C．PS/2 接口　　　　　　　　　　　　D．IDE 接口

6. 二进制数 111+1 等于（   ）B。

    A. 10000   B. 100

    C. 1111   D. 1000

7. 能直接与 CPU 交换信息的存储器是（   ）。

    A. 硬盘存储器   B. 光盘驱动器

    C. 内存储器   D. 软盘存储器

8. 多媒体信息不包括（   ）。

    A. 动画、影像   B. 文字、图像

    C. 声卡、光驱   D. 音频、视频

9. 下列不属于云计算特点的是（   ）。

    A. 高可扩展性   B. 按需服务

    C. 高可靠性   D. 非网络化

10. AR 技术是指（   ）。

    A. 虚拟现实技术   B. 增强现实技术

    C. 混合现实技术   D. 影像现实技术

11. 人工智能涉及（   ）学科知识。

    A. 计算机科学   B. 心理学

    C. 哲学   D. 语言学

二、填空题

1. 微型计算机的内存是由_____和_____两部分组成的。

2. 软件可分为_____软件和_____软件。

3. 在计算机中存储容量的计量单位是_____。

4. 1YB=____ZB=____PB=____TB=____GB=____MB=____KB=____B。

5. $(99)_{10}$=（   ）$_2$=（   ）$_8$=（   ）$_{16}$。

6. 与二进制数 101101 等值的十六进制数为_____。

7. 在多媒体技术中，存储声音信息常用的文件格式主要有_____、_____、_____和_____等。

8. 人工智能在计算机上的实现主要有_____和_____两种方式。

9. 随着计算机技术及光学成像技术的发展，集成了人工智能、机器学习、_____处理等技术的人脸识别技术也逐渐成熟。支付宝刷脸支付已经成为人们较为常见的移动支付方式之一，这就是人脸识别技术在日常生活中应用的一个缩影。

10. 现在人们自己组装台式计算机时，为了追求快速启动，一般不选用机械硬盘，而是选用_____硬盘。

Windows 7 操作系统的使用

任务 1　认识 Windows 7 操作系统

操作系统是一种系统软件，它通过与应用软件、设备驱动程序和实用程序的交互与协同来管理计算机资源。数以千计的软件，有的为个人用户使用设计，也有的为企业使用设计。

2.1.1　任务描述

小张是某公司的新职员，公司为他配置了一台计算机，已经安装了 Windows 7 操作系统。由于小张对新系统不熟悉，所以他准备熟悉系统界面，掌握启动和退出应用程序的方法，同时为了使屏幕赏心悦目且使用方便，小张准备对桌面背景、屏幕保护程序和外观等重新进行设置。

2.1.2　任务分析

本任务要求对计算机进行显示属性的设置，以达到美观实用的效果，要求掌握应用程序的启动和退出方法，具体应进行如下操作。

（1）设置"开始"菜单的显示。

（2）设置桌面主题。

（3）设置桌面小工具。

（4）启动与退出应用程序。

2.1.3　任务实施

1．个性化设置

对计算机的个性化设置可反映出使用者的风格和个性。可以通过更改计算机的主题、颜色、声音、桌面背景、屏幕保护程序、字体大小和用户账户图片来为计算机添加个性化设置，还可以为桌面选择特定的小工具。下面就来设置几种个性化的显示。

设置个性化桌面

（1）设置"开始"菜单的显示。

右击任务栏的"开始"按钮，在弹出的快捷菜单中选择"属性"命令，打开"任务栏和「开始」菜单属性"对话框，默认打开"「开始」菜单"选项卡，如图2-1所示，单击"自定义"按钮，打开"自定义「开始」菜单"对话框，可以看到在众多的项目中，"控制面板"有3个选项：不显示此项目；显示为菜单；显示为链接。例如，要将"控制面板"的显示设置为"显示为菜单"，如图2-2所示，两次单击"确定"按钮后回到"开始"菜单，可以看到"控制面板"显示在菜单命令中了。

在"「开始」菜单"选项卡中的"隐私"选项组中，可以设置"开始"菜单的历史记录。如图2-1所示，默认是选中状态，如果不希望自己经常使用的程序在"开始"菜单中出现，可以取消选中，确定后再打开"开始"菜单，历史记录就都不见了。

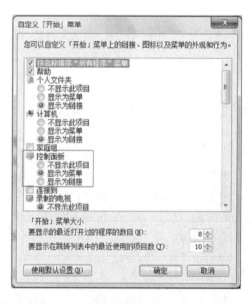

图2-1　"「开始」菜单"选项卡　　图2-2　"自定义「开始」菜单"对话框

提示： 打开"开始"菜单，在菜单右上角会看到用户名和一个代表该用户的图片。如果想要更改用户账户的图片，可单击图片，在弹出的"用户账户"窗口中单击"更改图片"链接，为该账户选择一个新的图片。

（2）设置桌面主题。

在Windows 7操作系统中可通过创建自己的主题，包括更改桌面背景、窗口边框颜色、声音和屏幕保护程序来满足用户个性化的要求。

单击"开始"按钮，在打开的菜单中选择"控制面板"命令，打开"控制面板"窗口，单击"外观和个性化"链接，接着在打开的窗口中单击"个性化"链接，打开如图2-3所示的窗口，在"更改计算机上的视觉效果和声音"面板中单击"桌面背景"链接，在弹出的"选择桌面背景"面板中选择Windows自带的图片或者使用自己的图片。这里选择"场景"中的一系列图片，如图2-4所示，单击"保存修改"按钮就完成了桌面背景的设置。桌面背景可以使用单张的图片或幻灯片放映（一系列不停变换的图片）。

图 2-3　更改计算机上的视觉效果和声音

图 2-4　选择桌面背景

更换好桌面背景后，如果想要使窗口边框、任务栏和"开始"菜单的颜色与当前主题的颜色关联，在图 2-3 所示的窗口中单击"窗口颜色"链接，在打开的"更改窗口边框、「开始」菜单和任务栏的颜色"面板中选择要使用的颜色，如图 2-5 所示，调整好色彩的透明度和浓度，然后单击"保存修改"按钮完成设置。

图 2-5　更改窗口边框、「开始」菜单和任务栏的颜色

　　如果想要更改计算机在发生事件时发出的声音，可在图 2-3 所示的窗口中单击"声音"链接，打开"声音"对话框，在"声音"选项卡中的"声音方案"下拉列表框中选择要使用的声音方案，在"程序事件"列表框中选择不同的事件，如图 2-6 所示，然后单击"测试"按钮可听到该方案中每个事件的声音。Windows 7 中附带了多种针对常见事件的声音方案，某些桌面主题有它们自己的声音方案。计算机在发生某些事件时播放声音是指用户正在执行某个操作，如登录到计算机或收到新电子邮件时发出的警报等。

　　如果想要添加或更改屏幕保护程序，可在图 2-3 所示的窗口中单击"屏幕保护程序"链接，打开"屏幕保护程序设置"对话框，如图 2-7 所示，在"屏幕保护程序"下拉列表框中选择要使用的屏幕保护程序，单击"确定"按钮完成设置。

图 2-6　"声音"对话框

图 2-7　"屏幕保护程序设置"对话框

（3）设置桌面小工具。

Windows 7 附带的桌面小工具包括日历、时钟、天气、幻灯片放映和图片拼图板等，如图 2-8 所示，它们能够显示不断更新的标题或图片幻灯片等信息，而不需要打开新的窗口。

图 2-8　桌面小工具

向桌面添加小工具的方法很简单，在桌面上右击，在弹出的快捷菜单中选择"小工具"命令，在打开的窗口中双击想要添加的小工具图标即可将其添加到桌面。单击"联机获取更多小工具"链接，可在 Windows 网站上的个性化库中找到更多小工具。

在添加的桌面小工具上右击还可以自定义小工具，如设置选项、调整大小、前端显示、移动位置等。

2．启动与退出应用程序

在日常使用计算机的过程中，最常进行的操作就是通过 Windows 7 这个操作平台运行各种应用程序（这里以 Windows Media Player 的使用为例）。

从"开始"菜单启动应用程序。例如，单击"开始"按钮 打开"开始"菜单，然后选择"所有程序"→"Windows Media Player"命令，系统将打开"Windows Media Player"窗口，如图 2-9 所示。

图 2-9　"Windows Media Player"窗口

在使用完应用程序之后，应关闭应用程序以释放应用程序占用的系统资源。例如，要退出 Windows Media Player 播放器，可单击窗口左上角的控制菜单图标 ，在弹出的下拉菜单中选择"关闭"命令即可，如图 2-10 所示；也可以直接单击窗口右上角的 按钮来退出应用程序。

另外，常用的启动应用程序的方法还有两种：一种是在桌面上建立应用程序的快捷方式图标，直接在桌面上双击即可启动；另一种是进入应用程户所在的目录，选中该应用程序的可执行文件，双击该文件的图标即可启动应用程序。

图 2-10　退出应用程序

2.1.4　知识储备

1．Windows 7 用户界面

现在计算机基本上都提供了图形用户界面（Graphical User Interface，GUI），单击或用其他输入设备（如键盘）来选择菜单选项和操作屏幕上显示的图形对象。界面中的每个图形对象都代表一种计算机任务、命令或现实世界对象，如图 2-11 所示，其中包含了图形用户界面上的图标、菜单、窗口和任务栏。

Windows 7 窗口的操作

矩形窗口是不同的程序显示文档、图形或其他数据的工作区

图标可以代表程序、文档、数据文件、实用程序、存储区域等

"开始"菜单提供了运行程序、查找文件、设置系统参数和获得帮助的选项

任务栏包括"开始"按钮和"通知"区域

图 2-11　Windows 7 显示的基本用户界面

较早的计算机使用的是命令行界面，它需要用户输入熟记的命令来运行程序和完成任务。多数操作系统都允许用户访问命令行用户界面，有经验的用户和系统管理员有时更喜欢使用命令行界面进行故障检查和系统维护。图 2-12 所示为命令行界面。

图 2-12　命令行界面

2．窗口和对话框

（1）窗口。

运行程序时，会打开程序窗口，在程序窗口执行某一命令时会弹出对应的窗口或对话框。例如，双击桌面上的"计算机"图标，可打开图 2-13 所示的"计算机"窗口。下面就以"计算机"窗口为例介绍"窗口"的结构。

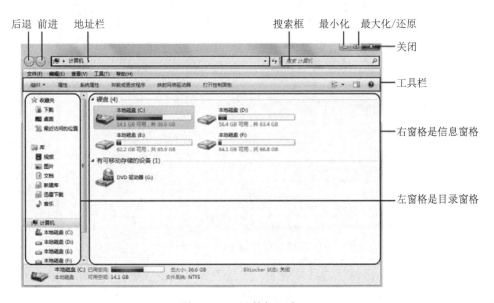

图 2-13　"计算机"窗口

Windows 7 中虽然依旧沿用了 Windows 窗体式设计，但仔细观察会发现窗口的设计较 Windows 之前的版本发生了很大变化，这使得窗口功能更为强大。这些重大改进让用户　能更方便地管理和搜索文件。Windows 7 将 Windows XP 中的资源管理器有机地融合在窗口中，在任一窗口中都可以搜索和管理文件。

窗口的右上角是每个窗口都会有的"最小化""最大化/还原""关闭"按钮。单击"最大化"按钮可以看到窗口占满整个屏幕,并且"最大化"按钮变成"还原"按钮,此时窗口不能移动,再单击"还原"按钮,窗口恢复到最大化之前的状态。单击"最小化"按钮,窗口缩小到任务栏上,成为一个小标签,单击任务栏上对应的标签,可以将窗口恢复到原来的位置上。单击"关闭"按钮可以关闭窗口。

窗口左上角是醒目的"前进"与"后退"按钮,它们给出了可能的前进方向;其旁边的向下三角按钮给出了浏览的历史记录;其右侧的地址栏给出了当前目录的位置,其中的各项均可单击帮助用户直接定位到相应层次;再右侧是功能强大的搜索框,在这里可输入想要查询的搜索项。

窗口的第三行是工具栏,其中"组织"选项用来进行相应的设置与操作,其他选项将根据文件夹具体位置的不同,给出其他相应命令项。例如,浏览图片目录时会出现"放映幻灯片"选项;浏览音乐或视频文件目录时,则会出现"播放"选项。

与 Windows XP 相比,Windows 7 的默认窗口隐藏了菜单栏,如果想要在窗口中显示菜单风格,只需要按"Alt"键即可(再次按"Alt"键可将其隐藏)。要想更改默认设置,总是显示菜单栏,可依次展开工具栏中的"组织"→"布局"→"菜单栏"选项,选中"菜单栏"复选框设置即可,如图 2-14 所示。

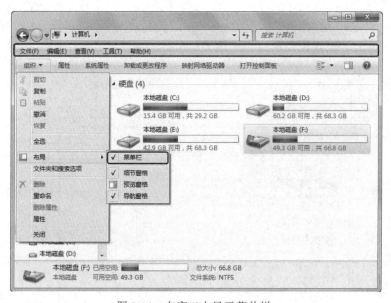

图 2-14　在窗口中显示菜单栏

主窗口的左侧窗格是树状的目录列表,目录列表可折叠或展开。单击目录列表中的某一项,右边信息窗格将显示该项中的全部内容。

提示:Windows 窗口的大小不但可通过"最小化""最大化/还原"按钮来调整 3 种显示状态,还可以将鼠标指针放在窗口边缘,通过按住鼠标左键拖动来自由调整窗口的大小。

（2）对话框。

对话框与窗口最大的区别是没有"最大化""最小化"按钮，大多数对话框都不能改变其大小。对话框中包括标题栏、选项卡、文本框、列表框、选项区域（组）、复选框、单选按钮等组成元素。对话框是人机交流的一种方式，用户在对话框中进行各项设置，确定后计算机就会执行相应的命令。例如，在任务栏中右击，在弹出的快捷菜单中选择"属性"命令，打开"任务栏和「开始」菜单属性"对话框，如图 2-15 所示。单击选项卡标签可在不同选项卡之间切换，设置选项卡中的选项，单击"确定"按钮后设置的选项就会生效。

图 2-15　"任务栏和「开始」菜单属性"对话框

熟练掌握窗口和对话框的操作，能有效地提高工作效率。

3．常见的操作系统

目前，常见的操作系统有 DOS、UNIX、Linux、Windows、Macintosh 等。其中，Windows、Linux、Macintosh 的特点如下。

（1）Windows。图形化界面，容易操作，兼容性好，扩展能力好，稳定性一般。一般用于家庭个人用户。现在 Windows XP、Windows 7、Windows 8 等版本应用较为广泛。

（2）Linux。Linux 分为图形和命令行操作模式，操作较复杂，是真正的多用户操作系统，稳定性强，具有极强的扩展能力，一般用于服务器。

（3）Macintosh。Macintosh 简称苹果操作系统，界面比较华丽，操作较为简单，但它的扩展性不是很好，兼容性也一般。

4．操作系统的工作原理

操作系统通过与应用软件、设备驱动程序和硬件之间的交互来管理计算机资源。那么，操作系统是如何工作的呢？下面以打印文档为例来说明操作系统的工作方式，如图 2-16 所示。

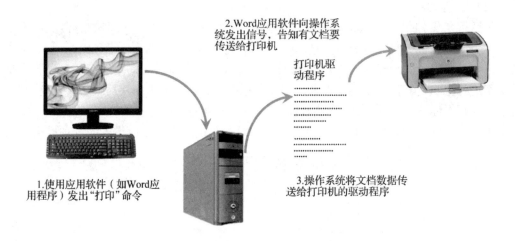

2.Word应用软件向操作系统发出信号，告知有文档要传送给打印机

打印机驱动程序

1.使用应用软件（如Word应用程序）发出"打印"命令

3.操作系统将文档数据传送给打印机的驱动程序

图 2-16　打印文档命令的执行过程

当用户使用某应用软件发出"打印"命令后，应用软件就会命令操作系统执行"打印"命令，操作系统再命令设备驱动程序，最后由设备驱动程序驱动硬件，硬件就会开始工作，完成指定任务。打印文档的命令会经过包括操作系统在内的多层软件的接力传递，直到到达打印机完成打印为止。

5．帮助系统

在设置和使用计算机的过程中，可能会遇到很多问题，都可以在帮助和支持中心找到解决办法。

单击"开始"按钮，在弹出的菜单中选择"帮助和支持"命令，打开"Windows帮助和支持"窗口，如图 2-17 所示。在该窗口中可以通过在搜索框中输入关键字搜索问题；也可以通过浏览器帮助主题来查询相关问题。

图 2-17　"Windows 帮助和支持"窗口

2.1.5　任务强化

对计算机进行如下设置。

（1）将桌面背景设置成纯白色，观测有没有黑色的像素点；再将桌面背景设置成纯黑色，观测有没有白色的像素点。观测的同时要注意，可以将桌面左边的图标全部选中后拖动到右边的位置，这样可以检测到左边的像素点，检测一下显示器的好坏。

（2）打开"画图"程序，画一幅简单的图画，并保存到 D 盘，命名为"我的图片"，再将该图设置为 Windows 7 操作系统的桌面背景。

（3）设置屏幕保护程序为"三维文字"，等待时间为 1min。

（4）将 Windows 7 窗口的标题栏设置为粉红色，标题栏中的文字设置为蓝色。

（5）打开控制面板。

（6）安装本地打印机，将此打印机设置为默认打印机。设置打印机的纸张为 A4，方向为横向，每张纸打印 2 页。另外，将此打印机设置为共享打印机，共享名为"信息工程学院"。

任务 2　管理文件

计算机上的各种信息以文件的形式保存在磁盘上。在日常工作中，为了便于使用信息，需要经常对磁盘上的文件进行维护和整理，如文件或文件夹的复制、移动、删除等操作，把计算机中的内容整理得井井有条。

2.2.1　任务描述

小张是公司的宣传员，现在要为公司制作一个宣传画册，从公司各部门的相关人员处收集来的资料很多，包括一些宣传文档、图片和视频等。但随着工作的不断深入，用到的素材越来越多，这些随意存放的文件显得杂乱无章，有时需要的素材文件又不易找到，这使小张心烦意乱，因此，他决定对这些文件进行有序管理，但对于没有文件管理经验的他来说，又不知如何才能办到。现在，就用 Windows 7 中关于文件管理的知识，帮助小张来分类和管理这些杂乱无章的资料。

2.2.2　任务分析

本工作任务要求对几个简单的办公文件进行整理。进行文件管理一定要做到两点：第一，要对文件进行分类存放；第二，要对重要的文件做好备份工作。备份就是把重要的文件复制一份存放在其他地方，以防原文件丢失。为此，提出以下解决方案。

（1）以 D 盘为数据盘。注意不要将数据文件存放在 C 盘，因为 C 盘一般作为系统盘，专门用于安装系统程序和各种应用软件。

（2）在 D 盘建立多个文件夹，用来存放公司宣传文件、临时工作等不同类型的文件；文件夹或文件最好用中文命名，做到一目了然。

（3）对于重要的文件，如正在制作的公司宣传文件等，每次必须把文件的最新结果复制一份存放在另一个磁盘或 U 盘中，作为备份文件。

（4）在桌面上为经常访问的文件建立快捷方式，以方便使用。

（5）经常清理计算机中的垃圾文件，定期清理回收站。

2.2.3　任务实施

1．建立文件夹

首先，在 D 盘下建立一个新的文件夹"产品宣传"，具体步骤如下。

（1）双击"计算机"图标，在打开的窗口中双击 D 盘驱动器图标，打开 D 盘窗口。

（2）在"文件"菜单中选择"新建"→"文件夹"命令，在文件夹图标下输入"产品宣传"，按"Enter"键或在空白区域单击即可完成创建。

然后用同样的方法在"产品宣传"文件夹中建立"图片"和"文档"子文件夹。

2．移动文件

把文件"公司简介"等相关文字材料移动到"D:\产品宣传\文档"文件夹中；将产品的图片等文件移动到"D:\产品宣传\图片"文件夹中。

（1）选中存放在 D 盘的"公司简介.txt"文件，然后选择"编辑"→"剪切"命令将文件放到剪贴板上。

（2）双击"产品宣传"文件夹图标打开该文件夹，再双击"文档"文件夹图标，在打开的窗口中选择"编辑"→"粘贴"命令。

用同样的方法将其他文件及图片分别移动到指定的文件夹中。

3．将文件夹"产品宣传"复制到 E 盘作为数据备份

（1）选中"D:\产品宣传"文件夹，选择"编辑"→"复制"命令。

（2）单击"返回到计算机"按钮，双击 E 盘图标打开 E 盘，选择"编辑"→"粘贴"命令。

文件和文件夹的
基本操作

4．为"E:\产品宣传"文件夹改名

选中 E 盘中的"产品宣传"文件夹，选择"文件"→"重命名"命令，原文件夹名称处于可编辑状态，输入"宣传画册原始材料"文字，在窗口任意空白位置单击或按"Enter"键即可。

5．将文件夹设置为只读属性

打开 E 盘，右击"宣传画册原始材料"文件夹，在弹出的快捷菜单中选择"属性"命令，打开文件夹属性对话框，选中"只读"复选框将文件属性设置为只读属性，如图 2-18 所示。

6．建立快捷方式

小张在制作宣传画册时，经常要打开 D 盘"产品宣传"文件夹中的"宣传画册.docx"文件，觉得很麻烦，因此想在桌面上为文件"宣传画册.docx"建立快捷方式，以便快速打开这个文件，具体操作如下。

（1）双击"计算机"图标，在打开的窗口中双击 D 盘驱动器图标，再在打开的窗口中双击"产品宣传"文件夹。

（2）右击"宣传画册.docx"文件，在弹出的快捷菜单中选择"发送到"→"桌面快捷方式"命令，如图 2-19 所示。

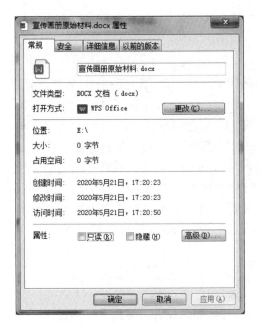

图 2-18　文件夹属性对话框　　　　图 2-19　选择"桌面快捷方式"命令

7．删除"E:\宣传画册原始材料\公司的联系方式.txt"文件

（1）双击"计算机"图标，在打开的窗口中双击 E 盘驱动器图标，再在打开的窗口中双击"宣传画册原始材料"文件夹，选中"公司的联系方式.txt"文件。

（2）选择"文件"→"删除"命令将该文件删除。或者右击该文件，在弹出的快捷菜单中选择"删除"命令删除该文件。

2.2.4　知识储备

1．文件和文件夹的概念

文件就是用户赋予了名字并存储在磁盘上的信息的集合，它可以是用户创建的文档，也可以是可执行应用程序，还可以是一张图片、一段声音等。文件夹是系统组织和管理文件的一种形式，是为方便用户查找、维护和存储而设置的，用户可以将文件分门别类地存放在不同的文件夹中。

任何一个文件都有文件名，文件名一般由主文件名和扩展名两部分组成，主文件名一般代表文件内容的标识，扩展名代表文件的类型。

例如，"公司简介.docx"文件的主文件名为"公司简介"（通过文件名大致可以了解文件的内容），扩展名为.docx。

文件的命名规则如下。

（1）文件名、文件夹名不能超过 255 个字符。

（2）不能包含字符：/、\、:、*、?、"、<、>、|。

（3）同一个文件夹中的文件、文件夹不能同名。

（4）文件的扩展名表示文件的类型，通常为 1～3 个字符，如.bmp（位图文件）、.exe

（可执行文件）、.c（C 语言程序文件）、.txt（文本文件）。

（5）文件和文件夹名不区分大小写字母。

2. 路径

明确一个文件，不仅要给出该文件的文件名，还应给出该文件的路径——可查找路径。路径是指从根目录（或当前目录）开始，到达指定的文件所经过的一组目录名（文件夹名）。盘符与文件夹名之间以"\"分隔，文件夹与下一级文件夹之间也以"\"分隔，文件夹与文件名之间仍以"\"分隔。例如，"E:\歌曲\我的 MP3 音乐\天堂.mp3"表示存储在 E 盘→"歌曲"文件夹→"我的 MP3 音乐"子文件夹中的"天堂.mp3"文件。该路径指明了文件所在的盘符和所在具体位置的完整路径，为绝对路径。如果用户现在的位置是在 E 盘"歌曲"文件夹窗口，想找到"天堂.mp3"这首歌，只要从当前位置开始，向下找到"我的 MP3 音乐"子文件夹，再向下找到"天堂.mp3"即可，表示为"我的 MP3 音乐\天堂.mp3"。这种以当前文件夹开始的路径称为相对路径。

注意： 在同一个文件夹中，不允许两个文件（子文件夹）同名；在不同的路径中，允许同名。

----

3. Windows 资源管理器

在计算机上对文件的操作和管理还可以在 Windows 资源管理器中进行。资源管理器窗口分为左窗格和右窗格，中间有左右分隔条，拖动分隔条可改变左右窗格的大小。其中，左窗格列出了所有连接在计算机上的存储设备及一些重要的系统对象，如"桌面"和"计算机"。单击相应图标左边的右向三角按钮可以展开，显示层次结构中的下一级结构（通常是一些程序或文件夹），同时，图标所对应的内容就会显示在右边的窗格里，如图 2-20 所示。

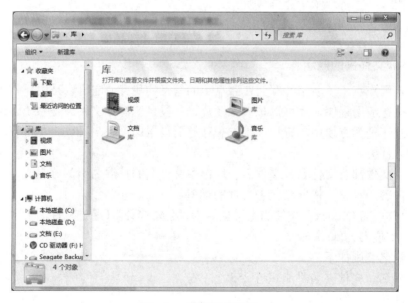

图 2-20　资源管理器窗口

在 Windows 资源管理器中可以更好地组织和管理文件。在以前版本的 Windows 中，管理文件意味着在不同的文件夹和子文件夹中组织这些文件，在 Windows 7 中引进了库的概念，管理文件更方便。库文件中包含文档库、音乐库、图片库和视频库，可用于管理文档、音乐、图片、视频在其他文件的位置。库类似于文件夹，打开库时将看到一个或多个文件，但与文件夹不同的是，库可以收集存储在多个位置的文件，并将其显示为一个集合，而无须从其存储位置移动这些文件。例如，如果计算机的不同驱动器上的文件夹中都有音乐文件，只要将其他驱动器上的音乐文件包含到音乐库中，就可以使用音乐库同时访问所有音乐文件，如图 2-21 所示。

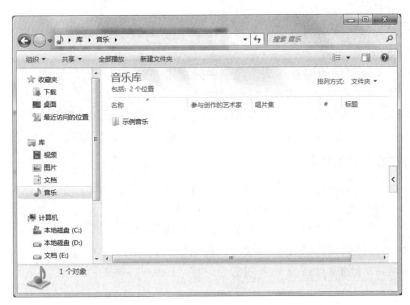

图 2-21　Windows 资源管理器的音乐库

除了 4 个默认的库，还可以为其他集合创建新库，单击工具栏中的"新建库"按钮，输入库的名称（如 PPT），按"Enter"键确认即可。若要将文件复制、移动或保存到库，必须首先在库中包含一个文件夹，以便让库知道存储文件的位置。此文件夹将自动成为该库的默认保存位置。例如，要将 E 盘中的"产品展示 PPT"文件夹包含到新建的 PPT 库中，打开 Windows 资源管理器，依次展开"计算机"→"本地磁盘（E:）"→"产品展示 PPT"选项，在工具栏中单击"包含到库中"，然后选择 PPT 库，就将计算机中的文件夹包含到库中了，如图 2-22 所示。

在资源管理器中，可以使用"排列方式"菜单以不同的方式排列库中的项目，如按文件夹、修改日期或类型等属性来排列文件，以便查看文件。该菜单位于任意打开的"库"面板的文件列表上方。

图 2-22　将计算机中的文件夹
包含到 PPT 库中

4．文件和文件夹的选定

（1）选定单一文件或文件夹。

要选定单一文件或文件夹，直接单击要选定的文件或文件夹即可。

（2）同时选定多个文件或文件夹。

同时选定多个文件或文件夹有以下几种情况。

① 选定当前窗口显示的全部文件和文件夹。选择"编辑"→"全部选定"命令，或者按"Ctrl+A"组合键即可。

② 选定连续排列的一组文件和文件夹。单击该组的第一个对象，再将鼠标指针移到该组的最后一个对象上，按住"Shift"键的同时单击即可锁定。

③ 选定多个不连续的文件和文件夹。按住"Ctrl"键的同时，单击要选定的各对象即可。

④ 利用"编辑"菜单的"反向选择"命令，可以选定全区域内没有选定的对象，而取消已经选择的对象。

⑤ 选择一个区域中的所有对象。在空白处单击并按住鼠标左键拖动，会出现虚框，凡是被虚框框住的文件或文件夹都处于选中状态。

要取消选定文件或文件夹，可在空白区域单击取消所有选定；若取消某个文件或文件夹的选定，可按住"Ctrl"键的同时单击要取消选定的文件或文件夹。

5．文件或文件夹的打开

在"计算机"或"资源管理器"窗口中打开文件或文件夹的方法有如下4种。

（1）选中要打开的文件或文件夹图标后，选择"文件"→"打开"命令即可。

（2）直接在要打开的文件或文件夹的图标上双击即可。

（3）右击要打开的文件或文件夹图标，弹出快捷菜单，从中选择"打开"命令即可。

（4）选中要打开的文件或文件夹图标后，按"Enter"键即可。

6．新建文件和文件夹

新建文件和文件夹有以下两种方法。

（1）打开要创建文件夹或文件的驱动器或文件夹，选择"文件"→"新建"命令打开其级联菜单，级联菜单中包含多个命令，利用它们可以在所选驱动器或文件夹中建立文件夹、快捷方式、文本文件、Word 文件、Excel 工作表等。

（2）在窗口空白处右击，在弹出的快捷菜单的"新建"子菜单中，包含与"文件"→"新建"子菜单中同样的子命令，利用它们也可以在所选驱动器或文件夹中建立文件和文件夹。

7．查看、复制或移动文件和文件夹

在窗口中，可以通过"视图"按钮来更改文件和文件夹图标的大小和外观。例如，想要查看该窗口中文件的详细信息，可在窗口中单击工具栏中的"视图"下拉按钮，打开如图 2-23 所示的下拉列表。选择"详细信息"选项，可查看文件的修改日期、文件类型和大小等详细信息。单击某个视图或移动左边的滑块都可更改文件和文件夹图标的大小。

图 2-23　"视图"下拉列表

　　要想复制或移动文件或文件夹，首先在窗口中选中要操作的文件或文件夹并右击，在弹出的快捷菜单中选择"复制"或"剪切"命令，右击目标位置，在弹出的快捷菜单中选择"粘贴"命令即可完成文件或文件夹的复制和移动操作。

　　可以使用同样的方法复制任意类型的信息。例如，可以将全部文件从一个文件夹复制并粘贴到另一个文件夹，也可以将声音和图片等文件复制、粘贴到目标位置。

　　提示：复制、移动文件更快捷的方式是选中文件后，按"Ctrl+C"（复制）、"Ctrl+X"（剪切）和"Ctrl+V"（粘贴）组合键来完成相应的操作。

8．显示与隐藏文件或文件夹

　　尽管可以通过隐藏文件使他人无法发现该文件，但隐藏文件并不是安全保护隐私文件的最好方式。可以通过文件加密和设置文件访问权限的方式来保护机密或隐私文件。

　　隐藏文件是普通文件，设置隐藏后依然存在于硬盘上并占用硬盘的空间。可以通过更改文件属性来使文件处于隐藏状态或取消隐藏状态。在需要隐藏的文件图标上右击，在弹出的快捷菜单中选择"属性"命令，打开"新建文件夹 属性"对话框，如图 2-24 所示，在"常规"选项卡中选中"属性"选项组中的"隐藏"复选框，然后单击"确定"按钮，文件即被隐藏起来。

　　如果某个文件处于隐藏状态，希望将其显示出来，则需要显示全部隐藏文件才能看到该文件。显示隐藏文件和文件夹的方法如下：单击"开始"按钮，在弹出的菜单中选择"控制面板"→"外观和个性化"→"文件夹选项"命令，打开"文件夹选项"对话框，如图 2-25 所示，切换到"查看"选项卡，在"高级设置"列表框中选中"显示隐藏的文件、文件夹和驱动器"单选按钮，然而单击"确定"按钮，计算机中全部隐藏的文件就会都显示出来。再回到文件夹中查看，刚才隐藏的文件夹呈虚化显示，要取消其隐藏的属性，可右击文件夹，从弹出的快捷菜单中选择"属性"命令，在"属性"对话框中清除"隐藏"复选框即可。

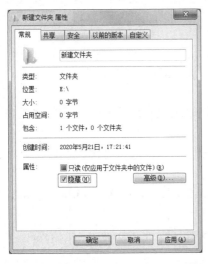

图 2-24　"新建文件夹 属性"对话框

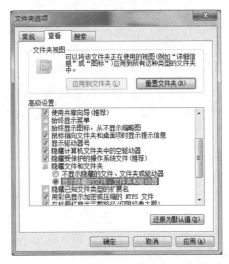

图 2-25　"文件夹选项"对话框

9. 文件和文件夹的移动

（1）在"计算机"或资源管理器窗口中利用菜单或工具栏移动文件或文件夹。

① 在"计算机"或资源管理器窗口（左窗格或右窗格）中选中要移动的文件或文件夹。

② 选择"编辑"→"剪切"命令，或者在窗口工具栏中单击"剪切"按钮，或者直接右击要移动的文件或文件夹，在弹出的快捷菜单中选择"剪切"命令，将要移动的对象放入"剪贴板"。

③ 在左窗格选中目标驱动器或文件夹，选择"编辑"→"粘贴"命令，或者在窗口工具栏中单击"粘贴"按钮，或者直接右击目标驱动器或文件夹，在弹出的快捷菜单中选择"粘贴"命令，即可完成文件或文件夹的移动。

（2）在资源管理器窗口中利用鼠标拖动的方法移动文件或文件夹。

在资源管理器窗口中选中要移动的文件或文件夹，当在同一驱动器的不同文件夹之间移动时，直接拖动到目标文件夹图标上即可；当在不同的驱动器之间移动时，按住"Shift"键的同时拖动选中的文件或文件夹到目标驱动器或文件夹的图标上即可。

（3）利用组合键移动文件或文件夹。

① 选中要复制的文件或文件夹，按"Ctrl+X"组合键进行剪切。

② 选定目标位置，按"Ctrl+V"组合键完成粘贴。

10. 文件或文件夹的重命名

重命名文件或文件夹有以下 3 种方法。

（1）在"计算机"或资源管理器窗口中选中要重命名的文件或文件夹，执行"文件"→"重命名"命令，文件或文件夹名称处于可编辑状态，输入新的文件或文件夹名称后，在空白处单击即可。

（2）在"计算机"或资源管理器窗口中，在要重命名的文件或文件夹上右击，在弹出的快捷菜单中选择"重命名"命令，之后的操作同步骤（1）。

（3）在"计算机"或资源管理器窗口中，单击要重命名的文件或文件夹，使其处于选中状态，再单击其名称，此时文件或文件夹的名称处于可编辑状态，直接输入新名称后，按"Enter"键或在任意空白处单击即可。

11. 文件或文件夹的删除与还原

文件或文件夹的删除与还原的方法有以下几种。

（1）在"计算机"或资源管理器窗口中选中要删除的文件或文件夹，选择"文件"→"删除"命令。

（2）在"计算机"或资源管理器窗口中选中要删除的文件或文件夹，直接按"Delete"键删除。

（3）在"计算机"或资源管理器窗口中，在要删除的文件或文件夹图标上右击，在弹出的快捷菜单中选择"删除"命令。

（4）在"计算机"或资源管理器窗口中选中要删除的文件或文件夹，单击窗口工具栏中的"删除"按钮。

以上操作都会出现确认文件或文件夹删除对话框，单击"是"按钮即可删除文件或文件夹。

（5）在资源管理器窗口中选中要删除的文件或文件夹，直接将它们拖到回收站。

注意： 在执行以上操作时，若同时按住"Shift"键，则要删除的文件或文件夹将不进入"回收站"，而直接从计算机中彻底删除。

文件和文件夹删除后，如果认为删除错误，需要还原为原来位置的文件，可打开"回收站"，选中要还原的文件或文件夹并右击，在弹出的快捷菜单中选择"还原"命令，或者选择"文件"→"还原"命令，文件或文件夹即可恢复到原来的位置。

12．文件和文件夹的属性

利用属性对话框可以查看或设置文件及文件夹的属性。

（1）文件夹属性。

在"计算机"或资源管理器窗口中，选中要查看或设置属性的文件夹的图标，选择"文件"→"属性"命令；或者选中要查看或设置属性的文件夹的图标后，单击工具栏中的"属性"按钮；或者右击要查看或设置属性的文件夹的图标，在弹出的快捷菜单中选择"属性"命令，以上方法都可打开文件夹属性对话框。

对于不同的文件夹，对话框的选项卡数不同，一般都有"常规""共享"选项卡。利用"常规"选项卡，可以知道文件夹的类型、位置、大小、占用空间、包括的文件夹和文件数、创建时间和属性，可以利用"属性"选项组中的选项修改文件夹的属性；利用"共享"选项卡，可以设置文件夹的共享。

（2）文件属性。

在"计算机"或资源管理器窗口中，选中要查看或设置属性的文件的图标，选择"文件"→"属性"命令；或者选中要查看或设置属性的文件的图标后，单击工具栏中的"属性"按钮；或者右击要查看或设置属性的文件的图标，在弹出的快捷菜单中选择"属性"命令，以上方法都可以打开文件属性对话框。

选择的文件类型不同，打开对话框的选项卡数目也不同，一般的对话框都有"常规"和"摘要"选项卡。通过"常规"选项卡可以知道文件的类型、位置、大小、占用空间、创建时间、修改时间、访问时间和属性，通过"属性"选项组可以修改文件的属性；在"摘要"选项卡中，有标题、主题、作者、类别、关键字、备注，可以根据需要输入信息。

13．文件和文件夹的搜索

在"计算机"或资源管理器窗口中查找文件或文件夹，可以右击某一驱动器或文件夹图标，在弹出的快捷菜单中选择"搜索"命令。

在"计算机"或资源管理器窗口中查找文件或文件夹时，可单击工具栏中的"搜索"按钮。

选择"开始"→"搜索"命令，打开如图2-26所示的窗口。然后输入要搜索的文件或文件夹名称，或者按要求确定要搜索的文件大小、日期等条件，单击"搜索"按钮即可开始搜索。

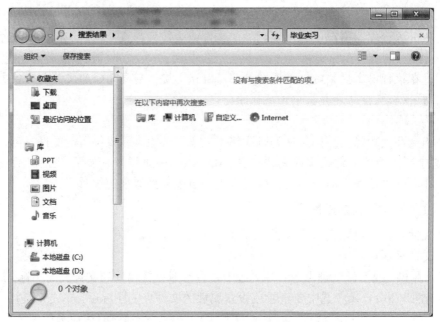

图 2-26 "搜索结果"窗口

14．剪贴板

剪贴板（Clipboard）是内存中的一块区域，是 Windows 操作系统内置的一个非常有用的工具，剪贴板使得在各种应用程序之间传递和共享信息成为可能。美中不足的是，剪贴板只能保留一份数据，每当新的数据传入后，旧的数据便会被覆盖。剪贴板可以存放的信息种类是多种多样的。剪切或复制时保存在剪贴板上的信息，只有在剪贴或复制另外的信息，或者关闭操作系统，或者有意清除时，才可能更新或清除其内容，即剪切或复制一次，可以粘贴多次。

15．快捷方式

应用程序安装在不同的路径中，要打开应用程序，需要进入其文件所在目录，然后双击运行。如果建立了某应用程序的快捷方式，可以将快捷方式放到任何地方（应用程序不能随意移动），如桌面、"开始"菜单、用户常用的文件夹等，双击快捷方式就可以运行该程序了。

在桌面上建立某文件或文件夹快捷方式的方法有以下两种。

（1）右击桌面空白处，在弹出的快捷菜单中选择"新建"→"快捷方式"命令，在打开的"创建快捷方式"对话框的文本框中输入文件或文件夹的正确路径，如图 2-27 所示。单击"下一步"按钮，在打开的新对话框中输入快捷方式的名称，如图 2-28 所示，单击"完成"按钮即可。

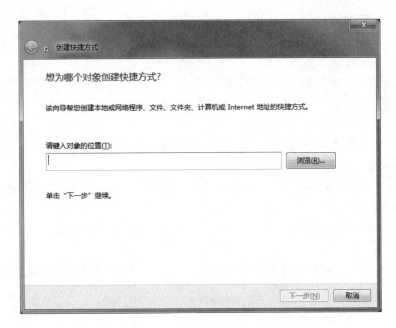

图 2-27　"创建快捷方式"对话框

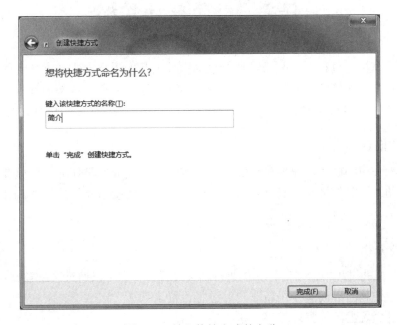

图 2-28　输入快捷方式的名称

（2）右击欲创建快捷方式的文件或文件夹，在弹出的快捷菜单中选择"发送到"→"桌面快捷方式"命令即可。

2.2.5　任务强化

在计算机上完成如下操作。

（1）在 D 盘根目录下建立一个"学生信息"文件夹，再分别以自己的学号和姓名为文件夹名建立两个文件夹。

（2）在"学生信息"文件夹中建立一个文本文件，文件名为"个人简历.txt"，文件的内容包括自己的学号、姓名和籍贯。

（3）将"学生信息"文件夹中的文件"个人简历.txt"分别复制到"学号""姓名"两个文件夹中，将"学号"文件夹中的该文件重新命名为"自我简介.txt"，将"姓名"文件夹中的该文件属性设为"只读""隐藏"。

（4）在 C 盘中查找以字母 a 开头、字母 t 结尾的、扩展名为.dll 的文件，并将其复制到"姓名"文件夹中。

（5）进入 C:\WINDOWS 目录，分别以图标、列表、详细信息的方式显示文件和目录。当文件按详细信息方式显示时，查看文件属性。

（6）将 WINDOWS 目录下的文件及文件夹分别按名称、类型、大小、修改时间的方式排列，并说明其排列规律。

（7）选中 C:\WINDOWS 目录下所有的位图文件，并将其复制到 D 盘的"学生信息"文件夹下。

任务 3　管理计算机

在使用计算机的过程中，是通过计算机的软件来帮助用户完成各类任务的。在系统软件中有一类实用程序软件，如控制面板、磁盘清理程序、磁盘碎片整理程序等，可用于提高计算机的性能，帮助用户监视计算机系统设备、管理计算机系统资源和配置计算机系统。

2.3.1　任务描述

小张作为公司的职员，在使用计算机的过程中，要完成各类任务，这就要借助于计算机软件的帮助。同时他又想提高计算机的性能，那么如何利用专门的软件对计算机进行相关设置呢？

2.3.2　任务分析

管理计算机的过程中需要对计算机进行相关设置，我们可以通过系统自带程序来完成。

（1）通过控制面板创建一个新账户并进行设置。

（2）通过"磁盘碎片整理程序"进行磁盘清理。

2.3.3　任务实施

1．创建用户

（1）单击"开始"按钮，选择"控制面板"命令，打开"控制面板"窗口，如图 2-29 所示。

图 2-29　"控制面板"窗口

（2）单击"用户账户和家庭安全"选项，打开"用户账户和家庭安全"窗口，如图 2-30 所示。选择"添加或删除用户账户"→"创建一个新账户"命令，根据向导即可完成创建。

图 2-30　"用户账户和家庭安全"窗口

（3）创建了一个标准用户后，可以通过管理员账户来为此账户设置"家长控制"，从而对计算机进行协助管理。选择"开始"→"控制面板"→"用户账户和家庭安全"→"家长控制"命令，打开如图 2-31 所示的"家长控制"窗口，根据向导即可完成设置。

创建一个新用户

图 2-31　"家长控制"窗口

2．磁盘管理

优化 Windows 7 操作系统能让计算机更高效地运行。计算机在使用过程中，运行速度会变得越来越慢，有很多方法可帮助加快 Windows 的运行速度，使计算机更好地工作。

（1）磁盘碎片整理。

磁盘碎片会降低硬盘执行计算机程序时的速度，增加额外的工作。磁盘碎片整理程序可以重新排列碎片数据，以便磁盘和驱动器能够更有效地工作。单击"开始"按钮，在"开始"菜单中选择"所有程序"→"附件"→"系统工具"→"磁盘碎片整理程序"命令，打开"磁盘碎片整理程序"窗口，如图 2-32 所示。

图 2-32　"磁盘碎片整理程序"窗口

　　磁盘碎片整理程序可以按计划自动运行，也可以手动分析磁盘和驱动器，并对其进行碎片整理。首先选中要进行碎片整理的磁盘，单击"分析磁盘"按钮可分析当前磁盘是否需要进行碎片整理，单击"磁盘碎片整理"按钮即可开始对磁盘进行碎片整理。

　　（2）磁盘清理。

　　计算机在使用过程中，磁盘上的文件数量会越来越多，使用"磁盘清理"程序删除文件可释放磁盘空间并让计算机运行得更快。该程序可删除临时文件、清空回收站，并删除各种系统文件和其他不再需要的项。单击"开始"按钮，在"开始"菜单中选择"所有程序"→"附件"→"系统工具"→"磁盘清理"命令，打开如图 2-33 所示的对话框。在"驱动器"下拉列表框中选择要清理的磁盘驱动器，单击"确定"按钮，在打开的"（D:）的磁盘清理"对话框的"磁盘清理"选项卡中选中要删除的文件类型的复选框，如图 2-34 所示，单击"确定"按钮，在打开的对话框中单击"删除文件"按钮，完成磁盘清理操作。

図 2-33　"磁盘清理：驱动器选择"对话框　　　　図 2-34　"（D:）的磁盘清理"对话框

2.3.4　知识储备

1. 控制面板

　　控制面板将同类相关设置都放在一起，集合在 8 个类别中，用户可以通过单击不同的类别（如系统和安全、程序、轻松访问）选择需要操作的任务来进行相关设置，或者单击"查看方式：类别"右边的下三角按钮，选择"大图标"或"小图标"选项来查看控制面板中的项目列表，如图 2-35 所示。

图 2-35　使用"小图标"方式查看控制面板中的所有项目

2．任务管理器

任务管理器用来管理计算机上当前正在运行的程序、进程和服务。右击任务栏，在弹出的快捷菜单中选择"启动任务管理器"命令，可以打开"Windows 任务管理器"窗口，如图 2-36 所示。按"Ctrl+Alt+Delete"组合键，在打开的界面中选择"启动任务管理器"选项也可以打开该窗口。

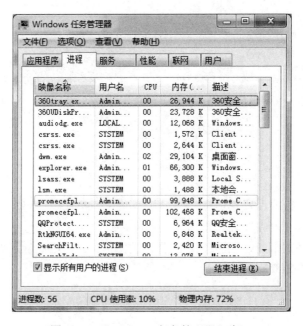

图 2-36　"Windows 任务管理器"窗口

在计算机上运行的每个程序都有一个与其关联的用于启动该程序的进程，使用任务管理器查看计算机上当前正在运行的进程，可以监视计算机的性能。当计算机上的程序停止响应时，可以使用任务管理器的"应用程序"选项卡来结束该程序。需要注意的是，使用任务管理器来结束程序可能比等待 Windows 查找问题并自己解决该问题更快，但是将丢失所有未保存的更改。

在"Windows 任务管理器"的"性能"选项卡中可以查看计算机 CPU 的使用率及其他程序的使用情况。其中"CPU 使用率"的百分比较高表明正在运行的程序或进程需要大量的 CPU 资源，这可能会使计算机的运行速度减慢。

3．系统更新

系统更新可以避免或解决问题、增强计算机的安全性或提高计算机的性能。在安装完系统后，建议启用 Windows 自动更新功能。使用自动更新功能，Windows 会自动检查适用于计算机的最新更新。

根据所选择的 Windows Update 设置，Windows 可以自动安装更新，或者只通知用户有新的更新可用。单击"开始"按钮，在弹出的菜单中选择"控制面板"→"系统和安全"→"Windows Update"命令，在左边的窗格中单击"更改设置"链接，打开如图 2-37 所示的窗口。

图 2-37　选择 Windows 安装更新的方法

选择 Windows 安装更新的方法后，单击"确定"按钮，系统将按照用户的设置对系统进行更新。

4．查看计算机硬件信息和硬件设备

单击"开始"按钮，打开"开始"菜单，选择"控制面板"→"系统和安全"→"系统"命令可查看计算机的基本信息，如图 2-38 所示。单击左边窗格中的"设备管理器"链

接，打开"设备管理器"窗口，如图 2-39 所示，可查看操作系统、处理器和内存容量及显卡、声卡等硬件设备的信息。

图 2-38　查看计算机的基本信息

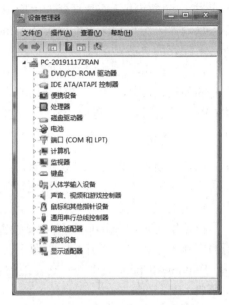

图 2-39　查看安装的硬件设备的信息

2.3.5　任务强化

在办公室往往是多人共同使用一台打印机，安装网络打印机并与同事共享，或者连接到同事已共享的打印机，以实现工作文件的打印，需要完成如下任务。

（1）添加网络上的打印机。

（2）安装打印驱动程序。

（3）设置网络打印机的共享。

（4）使用打印机打印一份文件。

（5）了解操作系统实现计算机打印文件的工作过程。

任务 4　Office 办公软件的初步了解

Microsoft Office 是一套由微软公司开发的办公软件。Microsoft Office 2010 是第四代处理软件的代表产品，是微软 Office 产品史上极具创新的一个版本，具有全新设计的用户界面、稳定安全的文件格式等特点。

2.4.1　任务描述

小张是公司的文职人员，日常工作就是文字材料的录入及领导日常行程的安排，如准备文字材料、制作会议用的幻灯片、一些简单报表等。为了做好工作，小张必须熟悉常用办公软件 Microsoft Office 2010 的基本操作。为此，他从最基本的文档建立操作开始，踏上了学习之旅。

2.4.2　任务分析

本项工作任务需要完成以下 4 个步骤。

（1）打开 Word 2010 窗口，新建一个文件。

（2）录入文字。

（3）将文档保存在 D 盘根目录下，将文件命名为"小张的简介"。

（4）正确关闭 Word 2010 窗口。

2.4.3　任务实施

1. 启动 Word 2010

打开"开始"菜单，执行"所有程序"→"Microsoft Office"→"Microsoft Word 2010"命令，打开 Word 2010 窗口，如图 2-40 所示。

Word 界面

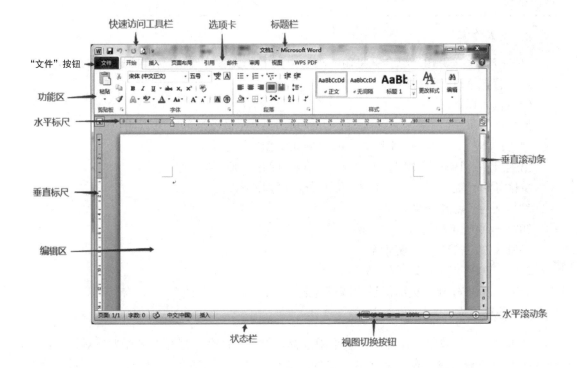

图 2-40　Word 2010 窗口

2. 熟悉窗口的组成

（1）标题栏。标题栏位于窗口顶部，它显示应用程序名称及当前正在编辑的文档名称。标题栏的左侧是"文件"按钮 和快速访问工具栏，右侧是控制窗口的 3 个按钮：最小化按钮 、还原按钮 （最大化按钮 ）、关闭按钮 。

（2）选项卡。在默认状态下，选项卡组包含"开始""插入""页面布局""引用""邮件""审阅""视图"7个选项卡。单击其中一个选项卡，功能区会显示很多工具按钮。

（3）标尺。利用水平标尺、垂直标尺与鼠标可以进行文本定位、改变段落的缩进、调整页边距、改变栏宽、设置制表位等。标尺的显示或隐藏可以通过垂直滚动条上方的"标尺"按钮 来实现。

（4）编辑区。编辑区中有一个闪烁的光标，表示当前插入点，可以接收键盘的输入。每个段落用"Enter"键结束，其后都有一个段落标志。

（5）滚动条。文档窗口的右边是垂直滚动条，下边是水平滚动条，用户可移动滚动条的滑块或单击滚动条两端的箭头按钮，滚动查看当前屏幕上未显示出来的文档内容。

（6）状态栏。状态栏位于窗口的底部。状态栏左侧显示当前文档的页码/总页数和字数，使用的语言，以及当前文档的插入／改写状态切换按钮。状态栏右侧是视图切换按钮，共有5种视图的切换方式，单击按钮可选择相应的视图方式。

提示： 在插入状态时，输入的文字插入光标所在处，光标后面的文字自动后移；改写状态时，在光标处所输入的新文字将覆盖光标后的旧文字。按"Insert"键也可以切换插入／改写状态。

3．录入文字

（1）按"Ctrl+Shift"组合键将输入法切换到中文状态，选择一种自己熟悉的中文输入方法，如智能 ABC 输入法。

（2）输入以下文字。

姓名：张果　　专业：英语教育　　性别：男　　政治面貌：共青团员
学历：本科　　学制：4 年　　毕业学校：清华大学
出生日期：1983 年 10 月　　毕业时间：2005 年 6 月
主修外语：英语　　外语级别：六级
参与社会活动及获奖情况：
2001—2002 年获优秀学生干部
2001—2002 年获二等奖学金
2003—2004 年获三好学生
2004—2005 年获校英语演讲比赛三等奖

4．保存文档

单击"文件"按钮，在弹出的菜单中选择"保存"命令，打开"另存为"对话框，选择保存到 D 盘根目录，在"文件名"文本框中输入"小张的简介"，如图 2-41 所示，单击"保存"按钮即可。

5．关闭 Word 2010 窗口

单击标题栏中的"关闭"按钮关闭 Word 2010 窗口。

图 2-41　"另存为"对话框

2.4.4　知识储备

1. Office 2010 的基本操作

（1）常用的启动方法。

① 执行"开始"→"所有程序"→"Microsoft Office"命令，可以在其级联菜单中选择 Office 的相关组件。

② 双击某个文档，如 Word 文档、Excel 工作簿或 PowerPoint 演示文稿时，系统会自动启动相应的 Office 组件与之关联，即当用户打开了 Office 应用文档时也就启动了 Office。

（2）常用新建文档的方法。

① 单击"文件"按钮，在弹出的菜单中选择"新建"命令，打开新建文档界面，选中空白文档选项，单击"创建"按钮可新建一个空白文档。

② 单击快速访问工具栏中的"新建"按钮。

单击快速访问工具栏右侧的下拉按钮，在弹出的菜单中选择"新建"命令，如图 2-42 所示，即可将"新建"按钮添加到快速访问工具栏中。

③ 使用"Ctrl+N"组合键。

（3）常用打开文档的方法。

① 单击"文件"按钮，在弹出的菜单中选择"打开"命令。

② 单击快速访问工具栏中的"打开"按钮。

③ 使用"Ctrl+O"组合键。

（4）常用保存文档的方法。

图 2-42　自定义快速访问工具栏

① 单击"文件"按钮，在弹出的菜单中选择"保存"命令。

② 单击快速访问工具栏中的"保存"按钮。

③ 使用"Ctrl+S"组合键或按"F12"键。

（5）常用的退出 Word 的方法。

① 单击"文件"按钮，在弹出的菜单中单击右下角的"退出"按钮。

② 单击标题栏最右侧的"关闭"按钮。

③ 使用"Alt+F4"组合键。

提示：若已对文档进行了修改，在退出时会弹出警告对话框提醒是否需要保存。

2．Excel 2010 窗口的组成

启动 Excel 2010 后，窗口如图 2-43 所示。

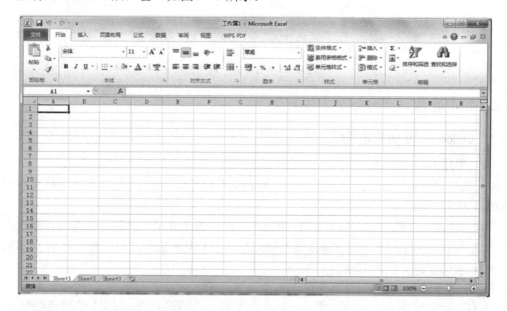

图 2-43　　Excel 2010 窗口

下面介绍 Excel 中的几个重要概念。

（1）工作簿。一个 Excel 数据文件就是一个工作簿，Excel 是以工作簿为单位来处理和存储数据的。工作簿保存时默认的扩展名是.xlsx。

工作簿文件由多个工作表组成，每个工作簿最多可以包含 255 张工作表。在默认的情况下，新建的工作簿中包含 3 张工作表。用户可以在"Excel 选项"对话框的"常规"选项卡中的"包含的工作表数"微调框中更改默认设置。

单击 Excel 2010 窗口中的"文件"按钮，在弹出的菜单中单击"选项"按钮即可打开"Excel 选项"对话框。

（2）工作表。工作簿中的每张表格称为工作表，通常称为电子表格。每张工作表最多可以包含 1 048 576 行、16 384 列，行以阿拉伯数字（1,2,3,…）编号，列以英文字母（A,B,C,…）编号。

工作表是通过工作表标签来标识的。工作表标签显示在工作表的底部，单击不同的工作表标签可以在不同的工作表中切换。只有一个工作表是当前活动的工作表，标签底色为白色的工作表是当前活动的工作表。

（3）单元格。单元格是工作表的基本元素，在单元格中可以输入文字、数字、公式，也可以对单元格进行各种格式的设置，如字体、颜色、长度、宽度、对齐方式等。单元格用所在的列号和行号来标识。例如，Al 单元格是指工作表中第 1 行 A 列的单元格，D5 单元格是指工作表中第 5 行 D 列的单元格。

（4）活动单元格。活动单元格是指当前正在编辑的单元格。每个工作表中只有一个单元格是当前活动单元格，它的框线为粗黑线。

3．PowerPoint 2010 窗口的组成

启动 PowerPoint 2010 后，窗口如图 2-44 所示。

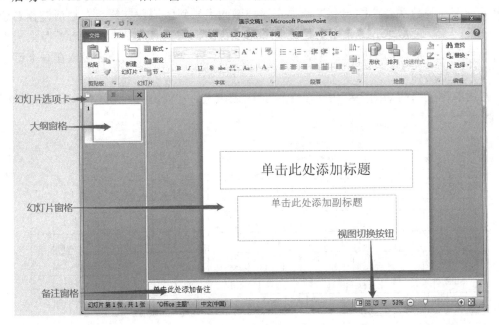

图 2-44　PowerPoint 2010 窗口

下面对 PowerPoint 2010 窗口的组成进行简单介绍。

（1）大纲窗格。大纲窗格显示幻灯片文本的大纲。在大纲窗格中，演示文稿中所有的幻灯片按照编号依次排放，单击某个幻灯片可以实现快速切换。

（2）幻灯片窗格。幻灯片窗格显示当前幻灯片，可以在该窗格中对演示文稿中的幻灯片内容和格式进行修改和编辑。

（3）备注窗格。为幻灯片添加备注的窗格，这些备注可以打印为备注页。

（4）视图切换按钮。视图切换按钮包括"普通视图""幻灯片浏览""阅读视图""幻灯片放映" 4 个按钮，单击这些按钮可以切换 PowerPoint 2010 视图方式。例如"普通视图"是默认的视图方式，在这种方式下可以进行幻灯片内容和格式的编辑与修改操作；"幻灯片浏览"是以缩略图形式显示幻灯片的视图方式，显示演示文稿的所有幻灯片，使重新排列、

添加或删除幻灯片，以及预览切换和动画效果都变得很容易，但不能进行单张幻灯片内容和格式的编辑；"幻灯片放映"是从当前幻灯片开始放映幻灯片的视图方式。

（5）幻灯片选项卡。幻灯片选项卡包括默认的"幻灯片"选项卡和"大纲"选项卡。在"大纲"选项卡中可以以缩略图的形式显示幻灯片。

4．文字输入

（1）计算机操作姿势。

长时间使用计算机很容易疲劳，要想在快速、准确地输入信息的同时避免过度疲劳，应在操作键盘时保持正确的姿势。

① 调整座椅使其达到合适的高度和舒适度，身体坐直或稍微倾斜，使座椅的靠背完全托住用户的后背，双脚放在地板上或脚垫上。

② 调整显示器到视线的正前方，距离刚好是手臂的长度。颈部要伸直，不能前倾。屏幕的顶部与眼睛保持在同一高度，显示器稍微向上倾斜。原稿在键盘左边或键盘右边放置，便于阅读。两肩平齐，上臂自然下垂并贴近身体，胳膊肘成90°（或者稍微大一点）。前臂和手应该平放，两手放松。手腕处于自然位置，手指自然弯曲或轻轻放在基准键上。

（2）键盘结构。

常用的键盘结构如图 2-45 所示，它包括主键盘区、功能键区、数字键盘区及编辑键区4 个区域。

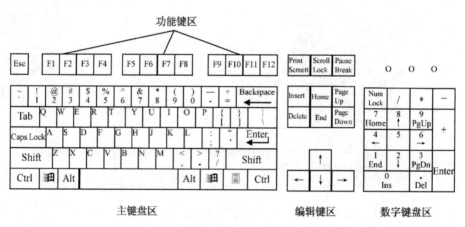

图 2-45　键盘结构

主要键的功能如下。

① Enter：回车键。表示命令的结束或段落的结束。

② Shift：上挡键。辅助输入双字符键的上挡字符，如"："""+"等。

③ Ctrl：控制键。经常与其他键配合使用。

④ Alt：交替换挡键。经常与其他键配合使用。

⑤ Delete：删除键。每按一次，删除光标后面的一个字符。

⑥ Backspace：退格键。每按一次，删除光标前面的一个字符。

⑦ Insert：插入/改写状态转换键。

⑧ Caps Lock：大小写字母转换键。使用时应注意 Caps Lock 指示灯的变化。

⑨ Space：空格键。

⑩ Num Lock：数字/光标转换键。使用时应注意 Num Lock 指示灯的变化。

⑪ Esc：取消键。取消当前正在进行的操作。

⑫ Print Screen：将当前屏幕以图像方式复制到剪贴板。

⑬ ↑、↓、←、→：方向键。控制光标上、下、左、右移动。

⑭ Home、End、PgUp、PgDn：控制光标移动至行首、行尾、向上翻页、向下翻页。

⑮ 字母键：直接按键输入。可以通过"Caps Lock"键进行大小写字母的转换，也可按"Shift+字母"组合键进行单个字母的大小写转换。

⑯ 数字键：直接按键输入。通过数字键盘区的小键盘也可输入数字，此时 Num Lock 指示灯亮。

⑰ 双字符键的上半部字符：借助"Shift"键输入。

（3）指法。

指法是指依据键盘按键的位置，将每个按键按照特定的规律，分配到 10 个手指上的键盘操作方法。根据主要的输入区域的不同，指法分为"主键盘指法""数字小键盘指法"。

① 主键盘指法。主键盘区是日常操作中使用最频繁的按键区域，也是提高输入速度的关键。主键盘区共分 5 排，因此将中间一排设定为基准键位区，并将手指初始位置称为基准键位。主键盘区基准键位在中间一排，其中在"F""J"键位处各设计一个突起，用于盲打定位。当手指离开基准键位按键输入其他按键后，应及时回到基准键位。

以基准键位为基础，指法要求对主键盘区所有按键分配到左右两手的 10 个手指上，具体分配情况如图 2-46 所示。每个手指负责所分配的键位的按键操作。

② 数字小键盘指法。数字小键盘区是数字键与编辑键的复合键区，由"Num Lock"键控制切换。当 Num Lock 灯亮时表示处于数字键模式，否则处于编辑键模式。

在数字键模式下，数字小键盘的指法如图 2-47 所示。小键盘由右手操作，它的基准键位是 4、5、6、+，其中在 5 键位处设计一个突起，用于盲打定位。

图 2-46　主键盘指法示意图

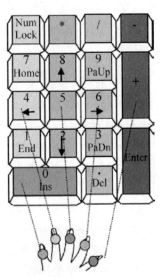

图 2-47　数字小键盘指法示意图

（4）汉字输入法。

汉字输入法有很多，常用的有五笔输入法、全拼输入法、简拼输入法、双拼输入法、智能 ABC 输入法、郑码输入法等，只要掌握其中的一种方法即可。这里以智能 ABC 输入法为例说明其状态条的各键功能，如图 2-48 所示。

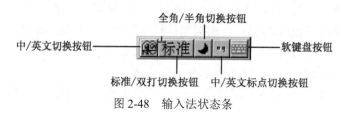

图 2-48　输入法状态条

输入汉字时，可以使用鼠标，也可以使用键盘快捷键进行操作，下面介绍几种常用的快捷键。

① Ctrl+Shift：切换输入法。

② Ctrl+Space：切换中文与英文输入法。

③ =或 PageDown：重码字较多时，向后翻页。

④ −或 PageUp：重码字较多时，向前翻页。

2.4.5　任务强化

（1）打开 Word 2010，新建一个空白文档，输入自己的班级、学号、姓名、所学专业等信息。将文件保存到桌面上，文件命名为"学生信息"，再将文件另存一份到 E 盘根目录中，名称为"我的信息"。

（2）打开 Excel 2010，新建一个空白工作簿，在单元格中输入自己的班级、学号、姓名、所学专业（有表头）。将文件保存在桌面上，命名为"学生信息表"。

项目练习题

一、选择题

1. 在 Windows 7 操作系统中，给一个文件添加只读属性后，下面哪一种说法是正确的（　　）。

　A．该文件在没有密码的情况下无法直接打开

　B．该文件无法用"Delete"键删除

　C．该文件无法重命名

　D．该文件的内容修改后无法直接保存在原文件中

2. 计算机的操作系统是（　　）。

　A．计算机中使用最广的应用软件　　　　B．计算机系统软件的核心

　C．计算机的专用软件　　　　　　　　　D．计算机的通用软件

3．Windows 7 是一种（　　）。

A．工具软件　　　　　　　　　　　B．操作系统

C．字处理软件　　　　　　　　　　D．图形处理系统

4．在 Windows 7 中，下列叙述中错误的是（　　）。

A．可支持鼠标操作　　　　　　　　B．可同时运行多个程序

C．不支持即插即用　　　　　　　　D．桌面上可同时容纳多个窗口

5．单击窗口标题栏右侧的 ▭ 按钮后，会（　　）。

A．将窗口关闭　　　　　　　　　　B．打开一个空白窗口

C．使文档窗口独占屏幕　　　　　　D．使当前窗口缩小

6．在 Windows 7 中，"任务栏"（　　）。

A．只能改变位置不能改变大小　　　B．只能改变大小不能改变位置

C．既不能改变位置也不能改变大小　D．既能改变位置也能改变大小

7．在 Windows 7 窗口中，选中末尾带有省略号（…）的菜单意味着（　　）。

A．将弹出下一级菜单　　　　　　　B．将执行该菜单命令

C．表明该菜单项已被选用　　　　　D．将弹出一个对话框

8．在 Windows 7 中，呈灰色显示的菜单意味着（　　）。

A．该菜单当前不能选用　　　　　　B．选中该菜单后将弹出对话框

C．选中该菜单后将弹出下级子菜单　D．该菜单正在使用

9．在 Windows 7 中，被放入回收站中的文件仍然占用（　　）。

A．硬盘空间　　　　　　　　　　　B．内存空间

C．软件空间　　　　　　　　　　　D．光盘空间

10．Windows 7 操作系统中用于设置系统和管理计算机硬件的应用程序是（　　）。

A．资源管理器　　　　　　　　　　B．控制面板

C．"开始"菜单　　　　　　　　　　D．"计算机"窗口

11．下列各带有通配符的文件中，能代表文件 XYZ.TXT 的是（　　）。

A．＊．Z?　　　　　　　　　　　　B．X＊．＊

C．? Z，TXT　　　　　　　　　　　D．? ．?

12．在 Windows 7 操作系统中，按住鼠标左键，在同一驱动器的不同文件夹之间拖动某一文件时，完成的操作是（　　）。

A．复制该文件　　　　　　　　　　B．移动该文件

C．删除该文件　　　　　　　　　　D．重命名该文件

二、填空题

1．复制的快捷组合键是＿＿＿＿＿＿，剪切的快捷组合键是＿＿＿＿＿＿，粘贴的快捷组合键是＿＿＿＿＿＿。

2．Windows 中对话框与窗口的最大区别是：对话框没有＿＿＿＿＿＿和＿＿＿＿＿＿按钮，大多数对话框也不能改变大小。

3．在 Windows 7 默认环境中，中英文输入切换键是＿＿＿＿＿＿。

4．在 Windows 7 中，选定多个不连续排列的文件的操作步骤是：首先单击第一个文

件，然后按_____键的同时，依次单击其他需要选定的文件。

5．在 Windows 7 中，为保护文件不被修改，可将它的属性设置为_____。

6．在 Windows 7 中，选择多个连续的文件或文件夹，应首先选择第一个文件或文件夹，然后按住_____键不放，再单击最后一个文件或文件夹。

7．在 Windows 7 的桌面上有"张三"和"李四"两个文件夹，如果想把文件夹"张三"复制到文件夹"李四"中，用鼠标左键拖动的操作步骤如下：单击选中的"张三"文件夹，按住_____键不放的同时，按住鼠标左键将"张三"文件夹图标拖动至"李四"文件夹图标中释放左键即可。

8．用鼠标右键拖动的方法实现文件或文件夹的复制、移动操作都非常便捷。当我们在桌面上用鼠标右键拖动"picture100"文件图标到桌面的"spring001"文件夹图标中时，释放鼠标右键，弹出快捷菜单，在快捷菜单中选择_____命令则可完成文件的复制操作，而选择快捷菜单中的_____命令则可完成文件的移动操作。

三、操作题

1．在计算机 D 盘下新建一个按自己班级和姓名命名（如"市场营销 1 班郭靖"）的文件夹，然后在该文件夹（"市场营销 1 班郭靖"）中新建一个"项目 2 作业"子文件夹，在该子文件夹中新建一个"黄蓉.txt"文件。

2．在计算机 D 盘下新建一个"桃花岛"文件夹，将 "项目 2 作业"子文件夹中的"黄蓉.txt"文件复制到"桃花岛"文件夹中。

3．将"桃花岛"文件夹中的"黄蓉.txt"文件设置为隐藏和只读属性。

4．将"桃花岛"文件夹中的"JIM.txt"文件删除。

5．将"桃花岛"文件夹新建快捷方式保存到桌面。

项目 3

Word 2010 文字编辑软件的应用

任务 1　制作计算机等级考试报名宣传彩页

在使用 Word 进行文字处理工作时，首先要学会文字的录入和文本编辑操作，为了使文档美观且便于阅读，还要对文档进行相应的字符格式设置、段落格式设置等常见的操作。

3.1.1　任务描述

漯河职业技术学院承办了全国计算机等级考试的组织与考试工作，为了让大家了解该考点承担的考试级别、科目、报名时间、考试时间等，现在要制作一份报名宣传彩页，该样稿如图 3-1 所示。

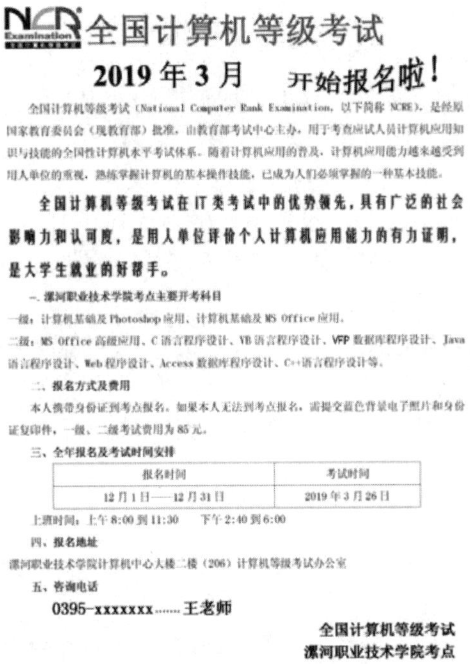
全国计算机等级考试

2019 年 3 月　开始报名啦！

全国计算机等级考试（National Computer Rank Examination，以下简称 NCRE），是经原国家教育委员会（现教育部）批准，由教育部考试中心主办，用于考查应试人员计算机应用知识与技能的全国性计算机水平考试体系。随着计算机应用的普及，计算机应用能力越来越受到用人单位的重视，熟练掌握计算机的基本操作技能，已成为人们必须掌握的一种基本技能。

全国计算机等级考试在 IT 类考试中的优势领先，具有广泛的社会影响力和认可度，是用人单位评价个人计算机应用能力的有力证明，是大学生就业的好帮手。

一、漯河职业技术学院考点主要开考科目

一级：计算机基础及 Photoshop 应用、计算机基础及 MS Office 应用。

二级：MS Office 高级应用、C 语言程序设计、VB 语言程序设计、VFP 数据库程序设计、Java 语言程序设计、Web 程序设计、Access 数据库程序设计、C++语言程序设计等。

二、报名方式及费用

本人携带身份证到考点报名。如果本人无法到考点报名，需提交蓝色背景电子照片和身份证复印件，一级、二级考试费用为 85 元。

三、全年报名及考试时间安排

报名时间	考试时间
12 月 1 日——12 月 31 日	2019 年 3 月 26 日

上班时间：上午 8:00 到 11:30　下午 2:40 到 6:00

四、报名地址

漯河职业技术学院计算机中心大楼二楼（206）计算机等级考试办公室

五、咨询电话

0395-xxxxxxx……王老师

全国计算机等级考试
漯河职业技术学院考点

图 3-1　报名宣传彩页样稿

3.1.2 任务分析

实现本工作任务首先要进行文本录入，包括特殊字符的输入，然后对文本进行一定的编辑修改，如复制、剪切、移动和删除等，最后按要求对文本进行相应的格式设置，从而学会制作宣传彩页、会议通知、工作计划和工作总结等日常办公文档。

要完成本工作任务，需要进行如下操作。

（1）新建 Word 文档，命名为"全国计算机等级考试报名通知.docx"。

（2）页面设置：纸张方向为纵向，纸张大小为 A3。

（3）文本录入。

（4）设置标题文字格式：字体为宋体，字号为 48 号，字形为加粗，字体颜色为红色；对齐方式为居中对齐。

（5）日期文字格式：字体为 Times New Roman，字号为初号，字形为加粗；首行缩进 3 字符。

（6）设置正文第一段文本格式（"全国计算机等级考试……掌握的一种基本技能。"）：字体为宋体，字号为三号；段落行距为单倍行距，首行缩进 2 字符。

（7）设置正文第二段文本格式（"全国计算机等级考试……大学生就业的好帮手。"）：字体为方正姚体，字号为二号，字形为加粗，颜色为紫色；段落行距为单倍行距，首行缩进 2 字符。

（8）设置正文第三部分（"一级：……C++语言程序设计等。"）：字体为宋体，字号为三号。

（9）设置正文第四部分（其余正文）：字体为宋体，字号为三号；段落行距为单倍行距，首行缩进 2 字符。

（10）设置电话号码部分（"0395-xxxxxxx"）：字体为宋体，字号为小一，字形为加粗；首行缩进 5.5 字符。

（11）设置各段子标题格式（文中"一、二、三、四、五"为子标题前的编号）：字体为宋体，字号为小一，字形为加粗；段前、段后间距为 0.5 行，单倍行距，左侧缩进 1 厘米，悬挂缩进 1.2 厘米。添加项目编号为中文数字。

（12）在子标题三（"三、全年报名及考试时间安排"）下面，插入两行两列表格：设置表格中字体为宋体，字号为二号，设置单元格为行列居中。

（13）设置落款格式：字体为宋体，字号为二号，字形为加粗；对齐方式为右对齐，右侧缩进 1.58 厘米。

（14）在标题（第一行"全国计算机等级考试"）左边插入图片：设置图片格式为浮于文字上方。

（15）在标题（第一行"全国计算机等级考试"）右边插入艺术字：设置艺术字格式为浮于文字上方。

（16）保存文档。

3.1.3 任务实施

1. 创建"全国计算机等级考试报名通知.docx"文档并保存

启动 Word 2010，系统默认建立一个以"文档 1"为名称的文档。单击"文件"按钮，在弹出的下拉菜单中选择"保存"命令，打开"另存为"对话框。选择"保存位置"为"桌面"或自己 U 盘中的某个文件夹，在"文件名"文本框中输入文档名称"全国计算机等级考试报名通知"，最后单击"保存"按钮。

2．页面设置

切换到"页面布局"选项卡，单击"纸张大小"图标，在弹出的下拉列表中选择 A3，完成纸张大小的设置，如图 3-2 所示。

**Word 文档格式
基本设置**

3．文本录入

首先选择一种中文输入法，然后从页面的起始位置开始输入文字。如需换行，可直接按"Enter"键，强制使插入点移至下一行行首。文本录入完成后的效果如图 3-3 所示。

全国计算机等级考试
2019 年 3 月
全国计算机等级考试（National Computer Rank Examination，以下简称 NCRE），是经原国家教育委员会（现教育部）批准，由教育部考试中心主办，用于考查应试人员计算机应用知识与技能的全国性计算机水平考试体系。随着计算机应用的普及，计算机应用能力越来越受到用人单位的重视，熟练掌握计算机的基本操作技能，已成为人们必须掌握的一种基本技能。
全国计算机等级考试在 IT 类考试中的优势领先，具有广泛的社会影响力和认可度，是用人单位评价个人计算机应用能力的有力证明，是大学生就业的好帮手。
漯河职业技术学院考点主要开考科目
一级：计算机基础及 Photoshop 应用、计算机基础及 MS Office 应用。
二级：MS Office 高级应用、C 语言程序设计、VB 语言程序设计、VFP 数据库程序设计、Java 语言程序设计、Web 程序设计、Access 数据库程序设计、C++语言程序设计等。
报名方式及费用
本人携带身份证到考点报名。如果本人无法到考点报名，需提交蓝色背景电子照片和身份证复印件，一级、二级考试费用为 85 元。
全年报名及考试时间安排
上班时间：上午 8:00 到 11:30　　下午 2:40 到 6:00
报名地址
漯河职业技术学院计算机中心大楼二楼（206）计算机等级考试办公室
咨询电话
0395-xxxxxxx·······王老师
全国计算机等级考试
漯河职业技术学院考点

图 3-2　设置纸张大小　　　　　　图 3-3　文本录入完成后的效果

4．字体、段落设置

（1）选中标题文字，进行设置。

字体设置：选择"开始"选项卡，在"字体"组中单击"字体"下拉列表右侧的下三角按钮，在弹出的下拉列表中选择"宋体"；单击"字号"下拉列表右侧的下三角按钮，在弹出的下拉列表中选择"48"；单击"加粗"按钮，使标题文字的字形为"加粗"；单击"字体颜色"右侧的下三角按钮，在弹出的调色板中选择红色，如图 3-4 所示。

段落设置：选择"开始"选项卡，在"段落"组中单击"居中"按钮，如图 3-5 所示。

图 3-4　"字体"组

图 3-5　"段落"组

（2）选中日期文字（"2019 年 3 月"）行设置。

字体设置：在"开始"选项卡中的"字体"组中设置字体为 Times New Roman，字号为初号，字形为加粗。

段落设置：打开"段落"对话框，设置首行缩进 3 字符，如图 3-6 所示。

（3）选中正文第一段（"全国计算机等级考试……基本技能。"），进行设置。

字体设置：在"开始"选项卡中的"字体"组中设置字体为宋体，字号为三号。

段落设置：在"段落"对话框中设置行距为单倍行距，设置首行缩进 2 字符。

（4）选中正文第二段（"全国计算机等级考试……大学生就业的好帮手。"），进行设置。

字体设置：在"开始"选项卡中的"字体"组中设置字体为方正姚体，字号为二号，字形为加粗，颜色为紫色。

图 3-6　"段落"对话框

段落设置：在"段落"对话框中设置行距为单倍行距，设置首行缩进 2 字符。

（5）选中正文第三部分（"一级：……C++语言程序设计等。"），在"开始"选项卡中的"字体"组中设置字体为宋体，字号为三号。

（6）选中正文第四部分（其余正文），进行设置。

由于这一部分内容不连续，按住"Ctrl"键并单击鼠标左键进行文本选择，把光标定位在"本人携带身份证"这一段的开头，按住鼠标左键，并拖动鼠标至本段结尾"85 元。"处，松开鼠标左键。再次按住"Ctrl"键，按住鼠标左键拖动选择"漯河职业技术……等级考试办公室"，实现不连续文字的选择。

字体设置：在"开始"选项卡中的"字体"组中设置字体为宋体，字号为三号。

段落设置：在"段落"对话框中设置行距为单倍行距，设置首行缩进 2 字符。

（7）选中电话号码部分"0395-xxxxxxx"，进行设置。

字体设置：在"开始"选项卡中的"字体"组中设置字体为宋体，字号为小一，字形为加粗。

段落设置：在"段落"对话框中设置首行缩进 5.5 字符。

（8）选中子标题"漯河职业技术学院考点主要开考科目"，进行设置。

字体设置：在"开始"选项卡中的"字体"组中设置字号为小一，字形为加粗。

段落设置：在"段落"对话框中设置间距，段前 0.5 行、段后 0.5 行；设置行距为单倍行距；设置缩进，左侧缩进 1 字符、右侧缩进 1.2 字符；在"编号库"选项组中选择项目编号为中文数字（见图 3-7）。

其他子标题格式设置：因为所有子标题具有相同的字符格式，所以利用"格式刷"功能即可将"漯河职业技术学院考点主要开考科目"子标题的格式复制给其他子标题。具体操作方法如下。

选中已经设置完格式的子标题"漯河职业技术学院考点主要开考科目"文本，在"开始"选项卡中的"剪贴板"组中双击"格式刷"按钮（见图 3-8），此时"格式刷"按钮被选中，鼠标指针变为黑色刷子，移动鼠标依次选择其他子标题文字，所有子标题即具有与"漯河职业技术学院考点主要开考科目"相同的文本格式。完成操作后再单击"格式刷"按钮或按"Esc"键，取消格式刷的复制功能，此时鼠标指针恢复正常。

图 3-7　选择项目编号

图 3-8　"格式刷"按钮

（9）选中最后两行文本：在"开始"选项卡中的"字体"组中设置字号为二号，字形为加粗。在"段落"对话框中，设置对齐方式为右对齐，右侧缩进 1.58 字符。

5．创建表格及表格格式设置

（1）移动光标至"上班时间"左侧，单击"插入"选项卡中的"表格"图标，选择两行两列表格，如图 3-9 所示。

在生成的表格中输入所需文字。

选中表格，在"开始"选项卡中的"字体"组中设置字号为二号；在"段落"组中设置表格为居

图 3-9　插入表格

中对齐；在"页面布局"选项卡中的"对齐方式"组中设置单元格显示方式为水平居中。

6．插入图片

（1）将光标定位于本文首行"全国计算机等级考试"左边，选择"插入"选项卡，在"插图"组中单击"图片"图标（见图3-10），在弹出的"插入图片"对话框中，选择要插入图片的路径和文件名，单击"插入"按钮（见图3-11）完成图片的插入操作。

图3-10　"插图"组　　　　　　　　　图3-11　"插入图片"对话框

（2）用鼠标选中图片，单击鼠标右键在弹出的快捷菜单中选择"自动换行"中的"浮于文字上方"选项。

7．插入艺术字

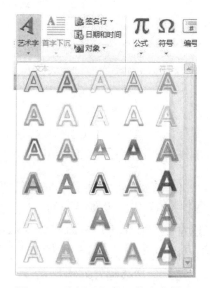

（1）将光标定位于文本首行右边，选择"插入"选项卡，在"文本"组中单击"艺术字"图标，在出现的填充样式中选择"红色"艺术字样式，如图3-12所示。

（2）编辑艺术字"开始报名啦！"。选中艺术字，单击鼠标右键在弹出的快捷菜单中选择"自动换行"中的"浮于文字上方"选项。

8．保存文档

至此，本文档已按要求制作完成，按"Ctrl+S"组合键，保存文档。

图3-12　选择"红色"艺术字样式

3.1.4　知识储备

1．文本录入

文档制作的一般原则是先进行文字录入，然后进行格式排版。在文字录入的过程中，不要使用按"Space"键插入空格的方法对齐文本，不要使用按"Enter"键换行的方法增大行间距或段落之间的距离，而应该用段落对齐或段落缩进的方法对齐文本，用设置段前间距、段后间距的方法来增大或减小不同段落之间的距离，用设置行间距的方法来改变行与行之间的距离。

文字录入一般都是从页面的起始位置开始的，当一行文字录入满后 Word 会自动换行，整个段落录入后按"Enter"键结束。文档中的标记"↵"称为段落标记，一个段落标记代表一个段落。

编辑文档时，有"插入"和"改写"两种状态，双击状态栏中的"插入"或"改写"按钮或按"Insert"键可以切换这两种状态。

2．文本选择

对文本的编辑操作，一般都要先选定文本，再进行相应操作（如复制、移动、格式设置等）。

（1）用鼠标选中文本。

① 按住鼠标左键从文本的起始位置拖动到终止位置，鼠标指针拖动的文本即被选中。这种方式适用于选择小块的、不跨页的文本。

② 将光标放在文本的起始位置，在按住"Shift"键的同时，单击文本终止位置，则起始位置与终止位置之间的文本被选中。这种方式适用于选择大块的、跨页的文本。

③ 选择一句文本，在按住"Ctrl"键的同时，单击句中的任意位置，可以选中一句文本。

④ 选择一行文本，将鼠标指针移到纸张左侧的选定栏，当鼠标指针变成"斜向右上方"时单击，可以选择鼠标指针所指的一行文本。

⑤ 选择多行文本，将鼠标指针移到纸张左侧的选定栏，当鼠标指针变成"斜向右上方"时，按住鼠标左键从起始行拖动到终止行，可以选中多行文本。

⑥ 选择一段文本，将鼠标指针移到纸张左侧的选定栏，当鼠标指针变成"斜向右上方"时，双击鼠标所指的一段。在段落中的任意位置快速三击也可以选中所在段落。

⑦ 选择全文。将鼠标指针移到纸张左侧的选定栏，当鼠标指针变成"斜向右上方"时，快速三击或在按住"Ctrl"键的同时单击，可以选中整篇文档。

（2）用键盘选中文本。

① Shift + ←（→）：分别向左（右）扩展选定一个字符。

② Shift + ↑（↓）：分别向上（下）扩展选定一行。

③ Ctrl + Shift + Home：选中从当前位置到文档开始的文本。

④ Ctrl + Shift + End：选中从当前位置到文档结尾的文本。

⑤ Ctrl + A：选中整篇文档。

（3）撤销文本选定。

单击文档的任意位置就可以撤销对文本的选定。

3．文本删除

（1）选中文本后，按"Delete"键可将选中的文本删除。

（2）按"Delete"键可删除光标后面的字符。

（3）按"Backspace"键可删除光标前面的字符。

4．文本复制

（1）选中要复制的文本，在"开始"选项卡中的"剪贴板"组中单击"复制"按钮（ ），将选定的文本复制到剪贴板，再将光标定位到目标位置，单击"剪贴板"组中的"粘贴"按钮（ ），将剪贴板中的文本粘贴到目标位置，即可完成文本的复制。

（2）选中要复制的文本，按"Ctrl＋C"组合键进行复制，再将光标定位到目标位置，按"Ctrl＋V"组合键进行文本粘贴，也可完成文本的复制。

（3）选中要复制的文本，将鼠标指针指向已选定的文本，在按住"Ctrl"键的同时按住鼠标左键拖动到目标位置，再释放鼠标即可完成文本的复制。

5．文本移动

（1）选中要移动的文本，在"开始"选项卡中的"剪贴板"组中单击"剪切"按钮，将选定的文本剪切到剪贴板，再将光标定位到目标位置，单击"粘贴"按钮将文本粘贴到目标位置，即可完成文本的移动。

（2）选中要移动的文本，按"Ctrl＋X"组合键进行文本剪切，再将光标定位到目标位置，按"Ctrl＋V"组合键进行文本粘贴，也可实现文本的移动。

（3）选中要移动的文本，用鼠标指针指向已选中的文本，按住鼠标左键拖动到目标位置，再释放鼠标即可完成文本的移动。

6．字符格式设置

常用的字符格式设置包括字体、字号、字体颜色、加粗、倾斜、下画线等。字符格式设置通过"开始"选项卡中的"字体"组来实现，如图 3-13 所示。

图 3-13　"字体"组

利用"字体"对话框也可以进行字符格式的设置。单击"开始"选项卡中的"字体"组中的组按钮可打开"字体"对话框，在该对话框中可以对选中的文本进行字符格式设置。

7．段落格式设置

常用的段落格式设置包括设置对齐方式、段前间距和段后间距、首行缩进和悬挂缩进、行距等。段落格式设置通过"开始"选项卡中的"段落"组来实现。

利用"段落"对话框也可以进行段落格式设置，单击"开始"选项卡中的"段落"组中的组按钮可打开"段落"对话框，在此对话框中可以对选择的段落进行格式设置，如图 3-14 所示。

8．页面设置

页面设置通过"页面布局"选项卡中的"页面设置"组来实现，如图 3-15 所示。

图 3-14　"段落"对话框

图 3-15　"页面设置"组

也可打开"页面设置"对话框，在此对话框中完成对页面的设置。

页面设置主要包括设置纸张的大小、方向、页边距、页眉和页脚等。

9．格式刷

格式刷能够复制字符格式和段落格式，使用方法如下。

（1）选中要进行格式复制的文本（源文本），或者将光标置于段落中。

（2）在"开始"选项卡中的"剪贴板"组中单击"格式刷"按钮，这时鼠标指针变成黑色刷子。

（3）拖动鼠标指针选中目标文本即可。

如果多处文本都想使用同一格式，则需要双击"格式刷"按钮，再依次拖动鼠标指针选中要应用该格式的文本，再次单击"格式刷"按钮可停止格式复制。

10．文档的打印

当文档编辑、排版完成后可以打印输出。打印前，可以利用打印预览功能先查看一下排版是否理想。如果满意，则打印，否则可继续修改排版。文档打印操作可以通过选择"文件"→"打印"命令来实现。

（1）打印预览。

选择"文件"→"打印"命令，在打开的"打印"窗口右侧的内容就是打印预览内容，如图 3-16 所示。

图 3-16　"打印"窗口

（2）打印文档。

通过"打印预览"查看满意后，就可以打印了。打印前最好先保存文档，以免文档意外丢失。Word 提供了许多灵活的打印功能，可以打印一份或多份文档，也可以打印文档的某一页或几页。在打印前，应该准备好并打开打印机。

3.1.5　任务强化

在"桌面"上新建一个 Word 文档，命名为"2019 届毕业生答辩安排通知"。

（1）录入"2019 届毕业生答辩安排通知"文件的内容，具体内容在本书素材文件夹中。

（2）对文档进行排版。

具体排版要求如下。

（1）页面设置：上页边距为 2.2 厘米，下页边距为 1.7 厘米，左右页边距均为 2.8 厘米，纸张大小为 A4，纸张方向为纵向。

（2）标题文字：字体为宋体，字号为小二，字形为加粗，字体颜色为蓝色；段落为 1.5 倍行距，对齐方式为居中对齐。

（3）第一段文字与时间安排、各答辩地点的文字的字体为宋体，字号为四号。其余正文的字体为宋体，字号为小四号；行距为 1.5 倍行距，首行缩进 2 字符。

（4）各段子标题：字体为宋体，字号为四号，字形为加粗，行间距为固定值 25 磅。

（5）落款两段：字体为宋体，字号为三号，字形为加粗，对齐方式为右对齐。

毕业生答辩安排通知样文如图 3-17 所示。

信息工程系关于 2019 届大专
毕业生毕业答辩安排

　　根据我系 2019 届毕业生教学工作的安排，经系研究决定，于 2018 年 12 月 4 日组织对 2016 级学生进行毕业答辩，现将相关事宜通知如下：

一、领导小组
　　组　　长：XXX
　　副组长：XXX
　　成　　员：XXX •• XXX　　•• XXX

二、答辩委员会名单
　　主任委员：
　　副主任委员：

三、答辩要求
　　答辩时将严格按照《漯河职业技术学院信息工程系关于 2019 届毕业生答辩工作安排的实施方案》进行。答辩委员会和各答辩小组要对每个学生的答辩过程进行认真的记录。做好答辩成绩的考核、审核，做到公正、公平、公开。答辩时，每个学生要演示毕业设计成果；答辩学生陈述毕业设计的核心内容时要语言精练、重点突出，时间控制在 8 分钟以内；答辩评委进行提问，时间要控制在 7 分钟以内。

四、时间安排
　　2018 年 12 月 4 日 14:30—16:30

五、评委分组及答辩地点
　　应用专业
　　XXX（组长）•• XXX ••••••••地点：计算机中心大楼 0411
　　网络专业
　　XXX（组长）•• XXX ••••••••地点：计算机中心大楼 0410
　　多媒体专业
　　XXX（组长）•• XXX ••••••••地点：计算机中心大楼 0302
　　附件：学生答辩要求及注意事项

信息工程系
2018 年 12 月 2 日

图 3-17　毕业生答辩安排通知样文

任务2　制作信息工程系专业介绍展板

　　在文档排版过程中，经常需要制作丰富多彩的版式和特效。为了使文档的内容更具直观性与艺术性，可以在文档中插入图片、艺术字、文本框、形状等，为了便于阅读也经常用到版面的设置，包括分栏、插入项目符号和编号、插入自选图形、设置背景等。

3.2.1　任务描述

　　漯河职业技术学院为了搞好招生宣传工作，要求每个系部结合本系部所开设的专业设计一块（2.4m×1.2m）专业介绍的展板。信息工程系专业介绍展板效果如图 3-18 所示。

图 3-18　信息工程系专业介绍展板效果

3.2.2　任务分析

　　鉴于展板的尺寸较大，Word 中的页面设置即便用自定义纸张也不可能达到 2.4m×1.2m，因此，我们只能在较小的纸张（A4 纸张）上设计出样稿，以后可以在写真机或者喷绘机上放大打印输出，这样才能制作出实际的展板。要完成本项工作任务，需要进行如下操作。

　　（1）新建文档，命名为"信息工程系专业介绍.docx"。

　　（2）页面布局：纸张大小为 A4；纸张方向为横向；页边距采用默认值。

　　（3）在第一行标题插入艺术字。

　　（4）录入文本。

　　（5）设置标题为宋体，小五号，加粗。

　　（6）设置文本为宋体，五号。

　　（7）设置行距为固定值。

　　（8）添加项目符号。

　　（9）将全文分成两栏。

　　（10）在文本下方插入形状并用图片填充。

　　（11）插入背景图片并设置文字环绕方式。

3.2.3　任务实施

1．创建"信息工程系专业介绍"文档并保存

　　启动 Word 2010，新建一个空白文档。单击快速访问工具栏中的"保存"按钮，在打开的"另存为"对话框中设置"保存位置"为"桌面"，设置"文件名"为"信息工程系专业介绍"，最后单击"保存"按钮。

2．页面设置

切换到"页面布局"选项卡，在弹出的"页面设置"对话框中的"纸张"选项卡中选择 A4 纸张，在"纸张方向"选项卡中选择横向。

3．插入第一行标题艺术字

切换到"插入"选项卡，在"文本"组中单击"艺术字"图标，在弹出的下拉列表中选择"填充-红色，强调文字颜色 2，粗糙棱台"选项，如图 3-19 所示，在"艺术字"文本框中输入"物联网应用技术及计算机网络技术"，设置字体为宋体，字号为三号，最后效果如图 3-20 所示。

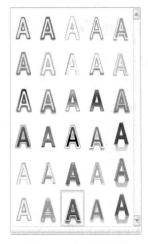

图 3-19　艺术字设置

物联网应用技术及计算机网络技术

图 3-20　标题艺术字效果

4．录入文本

录入第一行艺术字下面的所有文本。

5．字体和段落设置

（1）选中全部文本，在"开始"选项卡中的"段落"组中单击组按钮，在弹出的"段落"对话框中的"缩进和间距"选项卡中的"间距"选项组中设置行距为固定值，设置值为 18 磅，如图 3-21 所示。

（2）选中全部小标题文本，切换到"开始"选项卡，在"字体"组中设置字体为宋体，字号为小五，文字为加粗。选中正文文本，切换到"开始"选项卡，在"字体"组中设置字体为宋体，字号为小五。

注意：选择非连续文本时可以按住"Ctrl"键，然后用鼠标指针选择相应的文本。

6．添加项目符号

选中"物联网应用技术（物联网嵌入技术）"标题，在"开始"选项卡中的"段落"组中单击"项目符号"右侧的下拉按钮，在其下拉列表中选中◆符号，如图 3-22 所示。选中"培养方向"和"就业方向"下面的正文部分，在"开始"选项卡中的"段落"组中单击"项目符号"右侧的下拉按钮，在其下拉列表中选中➤符号。使用同样的方法，对"计算机网络技术（网站建设与维护）"标题及其下面的内容进行同样的操作。

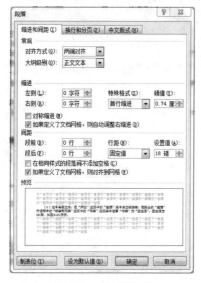

图 3-21　段落设置

图 3-22　"项目符号库"下拉列表

7．分栏设置

选中除第一行标题之外的内容，在"页面布局"选项卡中的"页面设置"组中单击"分栏"图标，在其下拉列表中选择"两栏"命令。分栏后的文本样式如图 3-23 所示。

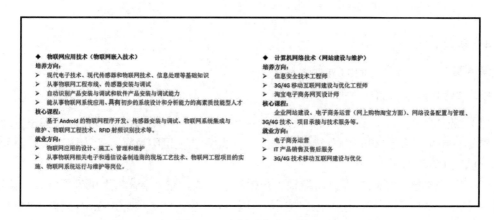

图 3-23　分栏后的文本样式

8．插入形状

（1）切换到"插入"选项卡，在"插图"组中单击"形状"图标，在弹出的下拉列表中选择"矩形"。此时光标变成十字形状，在"物联网应用技术（物联网嵌入技术）"介绍文本的下方，创建一个高 2.3 厘米、宽 3.9 厘米的矩形，并旋转到合适的角度。

（2）选中矩形，切换到"格式"选项卡，在"形状样式"组中单击"形状填充"下拉按钮，在弹出的下拉列表中选择"图片"，然后选择相应的图片。

（3）使用同样的方法在"计算机网络技术（网站建设与维护）"介绍文本下方插入椭圆形后填充图片，效果如图 3-24 所示。

图 3-24 插入形状后的效果

9. 插入背景图片

（1）将光标放在文本中间某位置，切换到"插入"选项卡，在"插图"组中单击"图片"图标，在打开的"插入图片"对话框中选择"背景.jpg"，单击"插入"按钮即可完成插入操作。

（2）选中图片，切换到"格式"选项卡，在"排列"组中单击"位置"图标，在其下拉列表中选择"其他布局选项"选项，打开"布局"对话框，在"文字环绕"选项卡中选择"环绕方式"选项组中的"衬于文字下方"，如图 3-25 所示，并单击"确定"按钮。

（3）选中图片，调整其大小至合适位置，效果如图 3-18 所示。

图 3-25 "文字环绕"选项卡

10．保存文档

单击快速工具栏中的"保存"按钮保存文档。

3.2.4 知识储备

1．分栏

分栏是一种常用的排版格式，可将整个文档或部分段落内容在页面上分成多个列显示，使排版更加灵活。

使用"Ctrl＋A"组合键将文档全选，切换到"页面布局"选项卡，在"页面设置"组中单击"分栏"图标，在弹出的下拉列表中选择要分栏的数目。如果对分栏有更多设置，可在弹出的下拉列表中选择"更多分栏"选项，打开如图 3-26 所示的"分栏"对话框。

电子板报中秋
由来设置

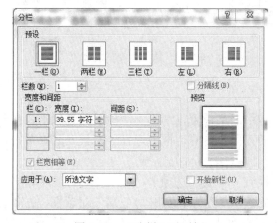

图 3-26　"分栏"对话框

（1）在"分栏"对话框中对分栏的栏数进行设置。

（2）在"分栏"对话框中选中"分隔线"复选框，可在各栏之间添加分隔线。

（3）分栏后，默认各栏之间的宽度相等。如果要求其不相等，可在"分栏"对话框中对各栏的宽度进行调整。清除"栏宽相等"复选框，可在"宽度和间距"选项组中设置相应数值的宽度。

2．项目符号和编号

Word 2010 可以给文档中同类的条目或项目添加一致的项目符号和编号，使文档有条理、层次清晰、可读性强。项目符号使用的是符号，而编号使用的是一组连续的数字或字母，出现在段落前。

（1）设置项目符号。

① 选中需要添加项目符号的段落。

② 切换到"开始"选项卡，在"段落"组中单击"项目符号"图标，系统会自动为选中的段落添加"·"项目符号。

③ 可以修改项目符号的样式。单击"项目符号"右侧的下拉按钮，在其下拉列表中

选择"定义新项目符号"选项，打开"定义新项目符号"对话框，从中单击"符号"按钮或"图片"按钮，在打开的对话框中选择需要的项目符号。

（2）设置编号。

① 选中需要添加编号的段落。

② 切换到"开始"选项卡，在"段落"组中单击"编号"图标，系统会自动为选中的段落添加编号"1.，2.，…"项目符号。

③ 可以修改编号样式。单击"编号"右侧的下拉按钮，在其下拉列表中选择需要的编号样式。

3. 背景

可以为文档背景应用水印、页面颜色（渐变、纹理、图案和图片）。

（1）水印背景。

水印是显示在文本下层的文字或图片，通常用于增加趣味或标识文档状态。例如，可以注明文档是保密的。添加水印背景的方法如下。

选择"页面布局"选项卡，在"页面背景"组中单击"水印"图标，在弹出的下拉列表中直接选择需要的文字及样式，也可选择"自定义水印"选项，在弹出的"水印"对话框中进行设置。

在"水印"对话框中可以选择"图片水印"单选按钮，并单击"选择图片"按钮，从计算机中选择需要的图片；也可以选择"文字水印"单选按钮，并在"文字"文本框中输入需要的文字，还可以为文字设置字体、字号、颜色和显示版式。

（2）页面颜色背景。

为背景设置渐变、纹理、图案和图片时，可进行平铺或重复以填充页面。设置页面颜色背景的方法如下。

切换到"页面布局"选项卡，在"页面背景"组中单击"页面颜色"图标，在其下拉列表中直接选择需要的颜色；也可选择"填充效果"选项，在打开的如图 3-27 所示的"填充效果"对话框中进行更多的设置。

图 3-27　"填充效果"对话框

在"填充效果"对话框中可以选择渐变、纹理、图案或图片作为背景。其中，渐变背景的颜色、透明度和底纹样式可以根据需要进行设置。

4. 超链接

超链接用于将文档中的文字或图片与其他位置的相关信息链接起来。当单击建立超链接的文字或图片时，就可以跳转到相关信息的位置。超链接可以跳转到其他文档或网页上，也可以跳转到本文档的某个位置。使用超链接能使文档包含更广泛的信息，可读性更强。

（1）选中要设置为超链接的文本或图片。

（2）切换到"插入"选项卡，在"链接"组中单击"超链接"图标，打开"插入超链接"对话框。

（3）在"插入超链接"对话框中可设置链接到"现有文件或网页"，如图3-28（a）所示；也可以链接到"本文档中的位置"，如图3-28（b）所示。应该注意的是，如果链接到"本文档中的位置"，则需要首先在本文档中使用书签或标题样式标记超链接的位置，再进行超链接，然后选择相应的标签或标题样式进行定位。

（a）链接到"现有文件或网页"　　　　　　　（b）链接到"本文档中的位置"

图3-28 "插入超链接"对话框

（4）单击"确定"按钮完成超链接设置，超链接由蓝色的带有下画线的文本显示。将鼠标指针移到超链接上时，指针会变成手形，同时显示超链接的目标文档或文件。

3.2.5 任务强化

在桌面上新建一个Word文档，命名为"佳能相机性能指标说明．docx"。排版前的样文如图3-29所示，具体排版要求如下。

（1）页面设置：页边距为"窄"，纸张大小为A4，纸张方向为横向，分为3栏。

（2）添加页眉：样式为字母表型，文本为"佳能产品性能指标说明"，设置文本加粗，红色；页眉段落下边框为红色，并将页眉中多余的行删除。

（3）添加页脚：样式为字母表型，文本为"Canon佳能影像专卖"，设置文本加粗，红色；文本Canon设置为三号，Cooper black字体；文本"佳能影像专卖"设置为小四；页脚段落上边框为红色，将页脚右侧的页码删除，设置页脚右对齐。

（4）在第一栏首行插入图片A800.jpg。图片环绕方式为嵌入式，居中对齐。

（5）在第一栏中输入文本，其中标题为小二，加粗，居中对齐；其余文本为小四，0.5倍行距，左侧缩进2字符，段落底纹为浅蓝色。

（6）第二栏和第三栏的操作与第一栏的相同。其中，在第二栏首行插入图片 A1200.jpg，正文段落底纹为浅灰色，在第三栏首行插入图片 A3300IS.jpg，正文段落底纹为浅红色。

佳能相机性能指标说明

佳能 A800　　　　　　佳能 A1200　　　　　　佳能 A3300IS

数码相机类型：家用
有效像素数：1000 万
最高分辨率：3648×2736
液晶屏尺寸：2.5 英寸
光学变焦倍数：3.3 倍
光圈范围：F3.0～F5.8
快门速度：15-1/2000 秒
存储卡类型：SD/SDHC/SDXC 卡
焦距（相当于 35mm 相机）：37-122mm
颜色：黑色、银色、红色
尺寸：长 94.3×高 61.6×厚 31.2mm
质量：138.0g

数码相机类型：广角，家用
有效像素数：1210 万
最高分辨率：4000×3000
液晶屏尺寸：2.7 英寸
光学变焦倍数：4 倍
光圈范围：F2.8～F5.9
快门速度：15-1/1600 秒
存储卡类型：SD/SDHC/SDXC 卡
焦距（相当于 35mm 相机）：28-122mm
颜色：黑色、银色
尺寸：长 97.5×高 62.5×厚 30.7
质量：137.0g

数码相机类型：广角，家用
有效像素数：1600 万
最高分辨率：4608×3456
液晶屏尺寸：3 英寸
光学变焦倍数：5 倍
光圈范围：F2.8～F5.9
快门速度：15-1/1600 秒
存储卡类型：SD/SDHC/SDXC 卡
焦距（相当于 35mm 相机）：28-140mm
颜色：黑色、银色、红色、蓝色、粉色
尺寸：长 95.1×高 56.7×厚 28.9mm
质量：137.0g

（a）佳能 A800　　　　　（b）佳能 A1200　　　　　（c）佳能 A3300IS

图 3-29　"佳能相机性能指标说明"样文

任务 3　制作个人求职简历

在使用 Word 进行文字处理工作时，不仅需要对文档中的文本格式、段落格式等进行编辑排版操作，而且还需要适当插入图片、艺术字等来美化版面，有时还需要制作表格，让人们更能直观、清晰地了解你想表达的意思。

3.3.1　任务描述

学生进入大三后不久，学院就业指导中心就对大三学生提出一个要求：为了在激烈的人才竞争中占有一席之地，除了要有过硬的知识技能与工作能力，还应该让招聘单位能尽快了解自己。一份卓有成效的求职简历是开启事业之门的钥匙，求职简历的好坏，将会直接影响到自己的命运。因此，制作一份个性鲜明且美观大方的求职简历对于大学毕业生来说就显得尤为重要。

大学生求职简历一般是由封面、自荐书、个人简历、证书复印件、封底这几部分组成的。我们可以利用 Word 2010 的图片编辑处理功能来制作精美的封面；利用 Word 2010 超强的文字编辑处理功能来制作自荐书；利用 Word 2010 独特的手绘表格功能来制作恰当的个人简历。

3.3.2 　任务分析

本项目任务分四部分来完成：封面设计、自荐书文字设计、个人简历设计、封底设计。要完成本项工作任务，需要进行如下操作。

（1）新建 Word 文档，命名为"求职简历.docx"。

（2）文档的页面设置：页边距均为 2.5 厘米。

（3）文档封面的图片处理（校徽、校名图片）。

（4）英文校名设置为 Times New Roman，小二，加粗，居中对齐格式。

（5）文档封面校园风景图片处理：图形大小适当，居中对齐。

（6）在封面输入相应文字与日期。

（7）自荐书页面处理。

① 标题"自荐书"文字设置为华文行楷、一号，居中对齐。

② 第二部分文字"尊敬的：您好！"设置为幼圆、小四、加粗，左对齐。

③ 最后部分文字"自荐人：杨晓丽　2019 年 04 月 14 日"设置为幼圆，小四，加粗，右对齐。

④ 正文部分文字"感谢……此致"设置为楷体、五号，首行缩进 2 字符，行距 20 磅。"敬礼"设置为楷体，五号，左对齐，行距 20 磅。

（8）个人简历处理。

① 标题"个人简历"文字设置为华文行楷，一号，居中对齐。

② 表格要求设置表格居中、单元格居中、五号宋体。

（9）插入获奖证书照片。

（10）保存文档。

3.3.3 　任务实施

1．创建"求职简历.docx"文档并保存

启动 Word 2010，系统默认建立一个以"文档 1"为名的文档。单击"文件"按钮，在弹出的下拉菜单中选择"保存"命令，弹出"另存为"对话框，选择保存文件的文件夹，在"文件名"文本框中输入文档名称"求职简历"，最后单击"保存"按钮。

2．页面设置

（1）打开"页面布局"选项卡，在"页面设置"组中单击"页边距"图标，在下拉列表中选择"自定义边距"选项，在弹出的"页面设置"对话框中，将上边距、下边距、左边距、右边距均设置为 2.5 厘米，其他设置保持不动，如图 3-30 所示。

（2）在"页面布局"选项卡的"页面设置"组中单击"分隔符"图标，在下拉列表中选择"分页符"选项，如图 3-31 所示。

（3）连续插入 3 次"分页符"，即预留 4 个空白页面，此 4 个空白页面将分别用于制作封面、自荐书、个人简历和封底。

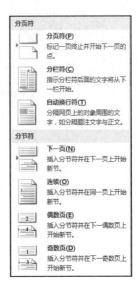

图 3-30 页面设置　　　　　　　　　　　图 3-31 插入分页符

3. 封面设计

（1）将光标置于第一页起始位置。打开"插入"选项卡，单击"插图"组中的"图片"图标，插入学校校徽图片，使用同样的方法插入校名图片，效果如图 3-32 所示。

图 3-32 插入校徽图片与校名图片

（2）选中校名图片，用鼠标向上拖动图片上方中间的控制点，使得该图片的高度与校徽图片相同。

（3）单击该行左侧的选定栏，将两张图片选中，单击"开始"选项卡中的"段落"组中的"居中"按钮，使其居中。

（4）按"Enter"键进入下一段。输入字符"Luohe Vocational Technology College"并将其选中，参照样例设置字体为：Times New Roman、小二、加粗，以及居中对齐格式；再按"Ctrl+D"组合键，打开"字体"对话框中的"高级"选项卡，将字符间距加宽 3 磅，如图 3-33 所示。

求职简历封面制作

（5）按"Enter"键进入下一段，插入校园风景图片并使其居中，在图片下方参照样例继续输入文字"求职者："、"专业："、"联系电话："、"E-Mail："及日期。

信息技术项目化教程

图 3-33　设置字符间距

在"求职者："后输入 14 个空格，用鼠标拖动的方式选中空格，在"字体"组中单击 u 按钮用于给空格加下画线。依次在"专业：" "联系电话：" "E-mail："后面添加相应的空格并加下画线。

用鼠标拖动的方式选中文本（从"求职者："至"E-mail："），并设置为华文楷体、小二。再选择"视图"选项卡中的"显示"组中的"标尺"选项（选中标尺时，左侧的复选框中有对号；未选中标尺时，左侧的复选框中没有对号）。拖动标尺中的"首行缩进"滑块，调整这四行文字用于居中显示。

日期的插入：选择"插入"选项卡中的"文本"组中的"日期和时间"选项，在打开的窗口中选择中文日期。选择日期，调整格式为宋体、五号、加粗，再通过标尺上的"首行缩进"滑块，调整日期居中显示。封面整体效果如图 3-34 所示。

图 3-34　封面整体效果

4．自荐书设计

（1）把自荐书的文字资料插入第二页：单击"插入"选项卡中的"文本"组中的"对象"右侧的下拉按钮，在弹出的下拉列表中选择"文件中的文字"选项，如图 3-35 所示。

图 3-35　插入"文件中的文字"功能图

（2）在弹出的"插入文件"对话框中找到"自荐书资料"文档，把文字资料插入当前文件的第二页中。自荐书内容在本书素材文件夹中。

（3）选中标题"自荐书"，在"开始"选项卡中的"字体"组中，选择华文行楷，字号为一号。在"段落"组中，单击居中对齐按钮 ≡ 让标题居中。按"Ctrl+D"组合键打开"字体"对话框，将字符间距设置为加宽 10 磅。

（4）选择第二部分文字"尊敬的领导：您好！"，设置字体为幼圆，字号为小四，加粗。在"段落"组中，单击文本左对齐按钮 ≡，设置对齐方式为左对齐。

（5）最后部分文字（自荐人：杨晓丽　2019 年 04 月 14 日）设置：用鼠标选择"尊敬的领导……"一行，单击"剪贴板"组中的"格式刷"按钮 ✂ 格式刷，用"格式刷"按钮来刷本页最后两行，此时，最后两行的格式与"尊敬的领导……"一行的格式完全相同。

（6）设置最后两行居右显示：选择最后两行，在"视图"选项卡中的"显示"组中选中"标尺"左边的复选框，用鼠标将标尺上的左侧缩进标记（见图 3-36）向右拖动到相应位置即可。

图 3-36　"视图"选项卡和标尺

（7）选中正文部分（"感谢……此致　敬礼"）：在"字体"组中选择字体为楷体，字号为五号，在"段落"组中打开"段落"对话框，设置"首行缩进"为"2 字符"，"行距"为"固定值"，并设定为 20 磅。

（8）单独选中"敬礼"两个字，在"段落"组中设置对齐方式为"文本左对齐"。

至此，自荐书部分的版面格式设置完毕。

5．个人简历部分设计

（1）将光标置入第三页起始位置，输入文字"个人简历"。再选中上页中的"自荐书"标题，然后单击"格式刷"按钮，刷"个人简历"四个字的格式，使其与"自荐书"三个字的格式相同。

（2）按"Enter"键转到下一段，并在"格式"栏的"样式框"中选择"全部清除"，以此清除光标处"Enter"键继承的上一段的格式。否则，它将把"个人简历"的文本格式及段落格式带入下面的表格中，导致表格中的字体、字间距、行距等过大，使表格分布在两页中。

（3）单击"插入"选项卡中的"表格"图标，在弹出的下拉列表中选择 1×7 表格，如图 3-37 所示。

求职简历表格设计

（4）在第三页上生成 7 行 1 列的表格，如图 3-38 所示。再拖动表格右下角的方格至本页底部（后边可以预留几行），生成个人简历表格的框架。

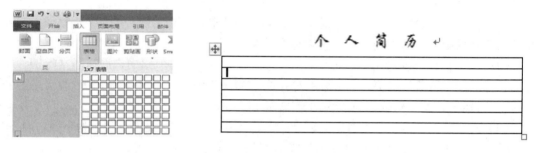

图 3-37　插入表格　　　　　　　　图 3-38　生成的表格

（5）把光标定位于第一个单元格中，单击鼠标右键，在弹出的快捷菜单中选择"拆分单元格"命令，弹出"拆分单元格"对话框，输入 6 行 1 列，将第一行均分成 6 行。第一行用来输入第一大类的标题，如"个人信息"。

（6）另外 5 行的线用手绘制：把光标定位于表格中，在"设计"选项卡中单击"绘图边框"组中的"绘制表格"图标，如图 3-39 所示，这时光标变成绘图笔的样子，在此功能内选择绘制线条的样式、宽度、颜色，在其他 5 行内根据宽度要求绘制 6 个竖的分隔线，用于个人信息中的小栏目。

图 3-39　"绘图边框"组

（7）多余的线条可以用"绘图边框"组中的"擦除"图标来擦除，也可以选中几个单元格后，单击鼠标右键，在弹出的快捷菜单中选择"合并单元格"选项，如图 3-40 所示，这样可以设计各种格式的表格。

（8）选择第一部分的第一行，单击"设计"选项卡中的"表格样式"组中的"底纹"

按钮，给单元格添加"浅绿"背景颜色。选择"个人信息"文本，在"开始"选项卡中的"字体"组中调整标题文字的字号为五号。依次把第 1、3、5 列的背景颜色设置为橙色，并输入相应的文本。

（9）使用相同的办法来制作个人简历表格其他大类及各大类中的小栏目标题。

（10）设置表格和单元格文字居中：选中整个表格，在"段落"组中，单击"居中"按钮，将表格设置在页面中间。在"布局"选项卡中的"对齐方式"组中，单击"水平居中"按钮，如图 3-41 所示。

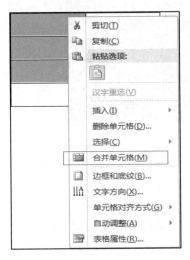

图 3-40　选择"合并单元格"选项

图 3-41　"对齐方式"组

（11）给整个简历表格添加边框：先选中整个表格，在"设计"选项卡中的"绘图边框"组中的"笔样式"下拉列表中选择双线形状，在"笔画粗细"下拉列表中选择 1.5 磅，在"笔颜色"下拉列表中选择深红色，最后在"表格功能"组的边框功能中选择"外边框"选项。制作完成的个人简历整体效果如图 3-42 所示。

6．获奖证书部分设计

（1）将光标置于第 4 页的起始位置，按"Enter"键。

（2）单击"插入"选项卡中的"图片"图标，插入本书素材里的获奖证书图片；选中刚插入的图片，按住图片顶部绿色旋转标记，把图片旋转 90°，再调整图片的大小即可。

如果获奖证书较多，可以按"Ctrl+Enter"组合键再插入一个空白页，将其他图片插入其中，并做好图片之间的位置排布、间距等设置。

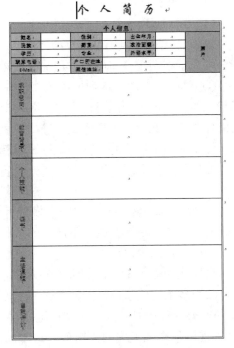

图 3-42　个人简历整体效果

制作完成后的获奖证书效果如图3-43所示。

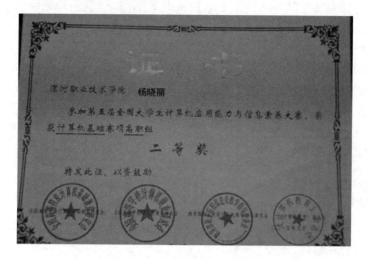

图3-43　获奖证书效果

7．保存文档

在获奖证书下方再按"Ctrl+Enter"组合键插入一个空白页作为封底。

至此，本文档已按要求制作完成，单击快速工具栏中的"保存"按钮，保存文档。

3.3.4　知识储备

1．多窗口和多文档的编辑

（1）窗口的拆分。

Word文档窗口可以拆分为两个窗口，利用拆分窗口可以将一个大文档不同位置的两部分分别显示在两个窗口中，方便编辑文档。拆分窗口有下列两种方法。

① 单击"视图"选项卡中的"窗口"组中的"拆分"图标，鼠标指针变成上下箭头形状，并且与屏幕上同时出现的一条灰色水平线相连，移动鼠标指针到要拆分的位置，单击鼠标左键。此后，如果想调整窗口的大小，那么只要把鼠标指针移到此水平线上，当鼠标指针变成上下箭头时，拖动鼠标即可随时调整窗口的大小。

如果要把拆分了的窗口合并为一个窗口，那么选择"视图"→"窗口"→"取消拆分"命令即可。

② 拖动垂直滚动条上端的小横条拆分窗口。将鼠标指针移到垂直滚动条上面的窗口拆分条，当鼠标指针变成上下箭头的形状时，向下拖动鼠标可将一个窗口拆分为两个。

光标所在的窗口称为工作窗口。将鼠标指针移到非工作窗口的任意部位并单击，就可以将它切换为工作窗口。在这两个窗口之间可以对文档进行各种编辑操作。

（2）多个文档窗口之间的编辑。

Word允许同时打开多个文档进行编辑，每个文档对应一个窗口。

"视图"选项卡中的"窗口"组中的"切换窗口"下拉列表中列出了所有被打开的文档名（见图3-44），其中只有一个文档名前含有 ✓ 符号，它表示该文档窗口是当前文档窗口。单击文档名可切换当前文档窗口，也可单击任务栏中相应的文档按钮来切换。单击"窗口"组中的"全部重排"图标可以将所有文档窗口排列在屏幕上。单击某个文档窗口可使其成为当前窗口。各文档窗口之间的各类内容可以进行剪切、粘贴、复制等操作。

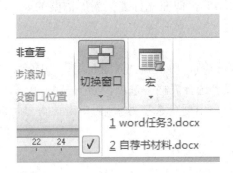

图 3-44　"窗口"组中的切换窗口功能

2．标尺的应用

（1）标尺的打开与关闭：在"视图"选项卡中的"显示"组中，选中"标尺"复选框用于打开标尺的显示，清除"标尺"复选框可关闭标尺的显示。

提示：单击 Word 窗口右侧滚动条上方的标尺按钮也可快速地显示或隐藏标尺。

（2）标尺上有三个游标：双击任何一个游标，都可以快速打开"段落"对话框。

（3）拖动水平标尺上的三个游标，可以快速地设置段落（选定的或光标所在的段落）的左侧缩进（　）、右侧缩进（　）和首行缩进（　）。

（4）拖动水平和垂直标尺的边界，可以方便地设置页边距；如果同时按下"Alt"键，则可以显示出具体的页面长度。

（5）双击标尺的数字区域，弹出"页面设置"对话框。

（6）单击水平标尺的下部，可以设置制表位；若要取消，将其拖动到文本区即可。

（7）双击水平标尺的下部，不仅可以快速设置制表位，还可以在出现的"制表位"对话框中进行有关的设置。

3．表格操作

（1）创建表格。

在"插入"选项卡中的"表格"组中单击"表格"图标，可以创建表格。

① 将光标放在要插入表格的位置。

② 单击"表格"图标，在其下拉列表中选择所需的行数和列数，即在光标处插入所需要的表格；或者选择"插入表格"选项，在弹出的"插入表格"对话框中输入所需的行数和列数，单击"确定"按钮，也可插入表格。

（2）绘制表格。

① 单击"表格"图标，在其下拉列表中选择"绘制表格"选项，鼠标指针变成画笔形状。

② 此时可以拖动鼠标在文档的任意位置绘制出任意大小的表格。

（3）快速表格。

① 将光标放在要插入表格的位置。

② 单击"表格"图标，在其下拉列表中选择"快速表格"选项，在其级联列表中选择所需的表格样式（见图3-45），即在光标处插入所需要的表格样式。

（4）选择表格对象。

① 选择表格。

将光标放在表格的任意位置，切换到"页面布局"选项卡，在"表"组中单击"选择"图标，在其下拉列表中选择"选择表格"选项，如图3-46所示，此时整个表格被选中。还可将光标移动到表格左上角，出现全选符号 后单击该符号，即可将整个表格选中。

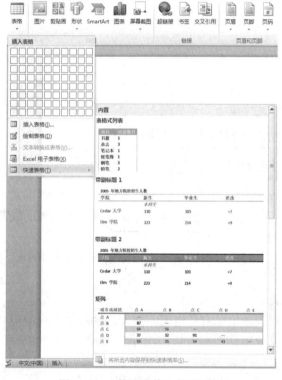

图3-45　"快速表格"级联列表

图3-46　"表"组

② 选择行。

将光标放在要选中行的任意位置，在"页面布局"选项卡中的"表"组中单击"选择"图标，在其下拉列表中选择"选择行"选项，此时光标所在的行就会被选中。

也可以将鼠标指针指向要选中行的任意单元格的左侧，当指针变成左下到右上箭头形状时，双击便可将所指的一行选中。

③ 选择列。

将光标放在要选中列的任意位置，在"页面布局"选项卡中的"表"组中单击"选择"图标，在其下拉列表中选择"选择列"选项，此时光标所在的列就会被选中。

④ 选中单元格。

单元格是表格中行和列的交叉点，是表格中的最小单位。

将光标放在要选中的单元格上，切换到"页面布局"选项卡，在"表"组中单击"选择"图标，在其下拉列表中选择"选择单元格"选项，此时光标所在的单元格就会被选中。

（5）插入行或列。

将光标放在要插入行的上一行或下一行（插入列的左一列或右一列）的任意单元格中，切换到"页面布局"选项卡，在"行和列"组中单击"在上方插入"或"在下方插入"（"在左侧插入"或"在右侧插入"）图标，如图 3-47 所示，即可完成插入。

（6）删除行、列、单元格或表格。

① 删除行（或列、表格）。

将光标放在要删除行（或列、表格）的任意单元格中，切换到"页面布局"选项卡，在"行和列"组中单击"删除"图标，在其下拉列表中选择"删除行"（或"删除列""删除表格"）选项，如图 3-48 所示，即可完成删除操作。

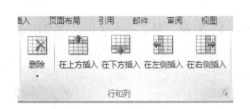

图 3-47　"行和列"组   图 3-48　"删除"下拉列表

② 删除单元格。

将光标放在要删除的单元格中，在"页面布局"选项卡中的"行和列"组中单击"删除"图标，在其下拉列表中选择"删除单元格"选项，即可打开"删除单元格"对话框，选中删除后的单元格样式，单击"确定"按钮完成删除。

（7）调整行高和列宽。

① 准确调整。

将光标放在要调整的行或列的任意单元格中，切换到"页面布局"选项卡，在"单元格大小"组的"高度"和"宽度"微调框中输入相应的数值即可，如图 3-49 所示。

图 3-49　准确调整高度和宽度

② 鼠标拖动调整。

将鼠标指针指向行或列的边线，当鼠标指针变成中间为双线的双向箭头形状时，按住鼠标左键，这时边线变成虚线，再拖动鼠标来调整高度或宽度。

（8）合并单元格、拆分单元格。

① 合并单元格。

合并单元格是指将两个或两个以上的单元格合并成一个单元格，操作方法如下。

选中要合并的多个单元格，切换到"页面布局"选项卡中的"合并"组中，单击"合并单元格"按钮，此时多个单元格合并成一个单元格。

② 拆分单元格。

拆分单元格是指将一个或多个单元格拆分成多个单元格，操作方法如下。

选中要拆分的一个或多个单元格，切换到"页面布局"选项卡，在"合并"组中单击"拆分单元格"图标，即可打开"拆分单元格"对话框，如图 3-50 所示。在该对话框中输入想要拆分的列数和行数，单击"确定"按钮完成拆分。

（9）美化表格。

① 设置边框。

选中要设置边框的表格、行、列或单元格。

切换到"设计"选项卡，在"绘图边框"组中对"笔样式""笔画粗细""笔颜色"进行设置，如图 3-51 所示。

单击"表格样式"组中的"边框"右侧的下拉按钮，在弹出的下拉列表中选择框线类型。

图 3-50　"拆分单元格"对话框

图 3-51　"绘图边框"组

② 设置底纹。

选中要设置底纹的行、列、单元格或整个表格。

切换到"设计"选项卡，在"表格样式"组中单击"底纹"右侧的下拉按钮，在弹出的下拉列表中选择需要填充的底纹颜色，如图 3-52 所示。

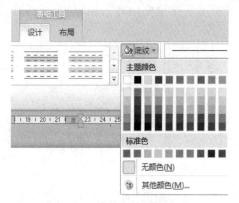

图 3-52　给单元格填充底纹

（10）套用格式。

Word 2010 提供了丰富的表格样式，套用现成的表格样式是一种快捷的方法，操作方法如下。

① 选中要套用格式的表格。

② 切换到"设计"选项卡，在"表格样式"组中单击"其他"下拉按钮，在其下拉列表中选择要套用的样式即可。

3.3.5　任务强化

新建一个 Word 文档，命名为"沙澧河风景区.docx"，效果如图 3-53 所示。具体排版要求如下。

图 3-53　沙澧河风景区

（1）页边距：上、下均为 1.5 厘米，左、右均为 2.0 厘米，纸张大小为 A4、纵向。

（2）先插入一些空行，在首行插入图片文本框，输入文本"沙澧河风景区"。布局方式为"嵌入型"。

（3）在文本框左边插入图形，设置图形样式为"柔化边缘椭圆"，布局方式为"浮于文字上方"。

（4）在文本框下一行，再插入一个文本框，在文本框中输入介绍文字，设置此文本框为无边框，字号为五号，颜色为橙色。

（5）在刚才的图形下面分别插入 4 个艺术字"景、区、特、色"，颜色分别为红、浅绿、绿、橙，左对齐，设置艺术字"高"为"2.5 厘米"，"宽"为"1.9 厘米"，"布局方式"为"浮于文字上方"。

（6）插入 5 张图片，设置图片的"文字环绕"为"浮于文字上方"；将图片按照样文排列，并设置图片的三维旋转方式。

（7）插入文本框，并输入文字，设置此文本框为无边框，字号为五号，颜色为橙色。

任务4　大学毕业论文的排版

短文档通常定义为内容篇幅在 10 页以内的文档，如通知、班级规章制度、公告、请示等文体都属于短文档。相对而言，长文档通常定义为内容篇幅在 10 页以上的文档，如毕业论文、项目申请书、标书、产品说明书、论文集等。在日常办公中，处理短文档时用户可能用一些初级的方法就可完成，如字体与段落的格式设置。但对于几十页乃至几百页的长文档来说，倘若还用初级的手工方式来排版，简直是不可能完成任务的。

长文档的排版是 Word 高级应用之一。正确地进行长文档中的页面设置、页眉和页脚排版、样式设置、自动生成目录等操作，以及合理地使用 Word 模板，是快速规范地制作长文档的必要手段。

3.4.1　任务描述

撰写毕业论文是大学中各专业人才培养方案必不可缺的教学环节。小王是某大学的毕业生，在写好毕业论文后，参照学院对论文排版的十多项要求，感到无从下手。后经过自学 Word 2010 教程，初步掌握 Word 中页眉、页脚、分节技术、样式的使用及自动生成目录的方法等技能后，终于制作出符合学校统一规定格式的论文。毕业论文样张（具有代表性的几页）如图 3-54 所示。

大学毕业论文属于纲目结构比较复杂的长文档，每个大学对毕业论文的版面要求都不尽相同。以小王所在的学校对论文版面格式的要求为例，具体排版规定如下。

（1）毕业论文封面、版权声明页、中英文摘要页已经给出固定模板，只要将自己的个人信息及论文的中英文摘要复制粘贴到其中即可。

（2）论文的目录部分必须自动生成，目录页的字体设为宋体、小四；左侧缩进 2 字符、段前及段后间距均为 0 磅、1.5 倍行距。

（3）标题样式要求如下。

① 一级标题：样式基于标题 1；黑体、二号、加粗；居中无缩进、段前及段后间距均为 15 磅、单倍行距。

② 二级标题：样式基于标题 2；黑体、三号、加粗；居中无缩进、段前及段后间距均为 10 磅、单倍行距。

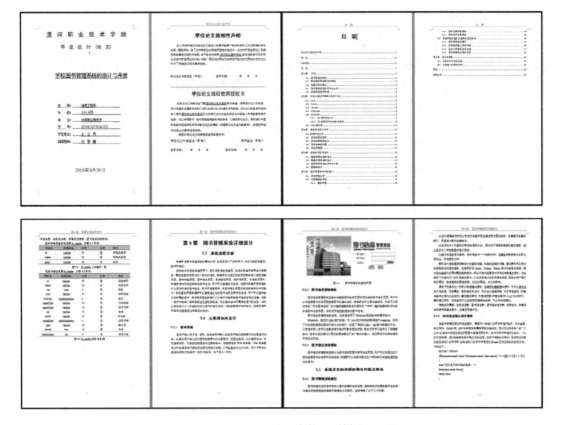

图 3-54　毕业论文中的几页样张

③ 三级标题：样式基于标题 3；黑体、四号、加粗；居左无缩进，段前及段后间距均为 5 磅，单倍行距。

（4）正文部分（包含"致谢"部分）格式要求如下。

宋体、小四、两端对齐、首行缩进 2 字符、左侧与右侧缩进均为 0、段前及段后间距均为 0 磅、行距为固定值 20 磅。

（5）参考文献部分格式要求如下。

宋体、五号、左对齐、无缩进、段前及段后间距均为 0 磅、行距为固定值 20 磅。

（6）对每页的页眉及页脚的格式要求如下。

① 各页页眉设为各页内容所在章的一级标题，封面不设页眉与页脚。

② 论文封面版权声明及摘要部分用 I、II、III、IV 等罗马数字编排页码。

③ 论文主体内容部分用 1、2、3 等阿拉伯数字编排页码。

（7）其他规定。

① 文章中的所有英文符号、英语单词一律用 Times New Roman 字体。

② 打印论文一律用 A4 纸张，纵向（除非有特殊的表格、插图可以用横向），页面的左边距设为 3 厘米，上、下、右边距均设为 2.5 厘米。

③ 论文中如果有从网页上复制、粘贴而来的资料，一定将超链接（即部分词汇显示为蓝色且带有下画线）形式全部清除。

3.4.2 任务分析

大学生毕业论文的制作是每个大学生要掌握的知识储备，由于这些文档通常包含多个章节或大量数据，如果仅靠手工逐字、逐段设置，既浪费人力又不利于后期编辑修改。下面通过对大学生毕业论文的排版，介绍制作长文档的基本步骤及操作技巧。

本任务分成 7 个子步骤来实现。

（1）新建 Word 文档，命名为"毕业论文定稿"，然后进行页面设置。

（2）处理格式问题，如文本格式、图片格式等。

（3）创建不同级别的标题样式。

（4）利用样式快速格式化文档。

（5）利用文档结构图查看文档的层次结构。

（6）设置论文的页眉和页脚。

（7）生成全文的目录，全文完成。

3.4.3 任务实施

设计封面

1．页面设置

启动 Word 2010，新建一个"文档 1"，打开"论文原始稿"，通过复制、粘贴操作插入到"文档 1"中，也可以转到"插入"选项卡，在"文本"组中单击"对象"右侧的下拉按钮，选择"文件中的文字"选项，打开"插入文件"对话框，从素材文件夹中选择"论文原始稿"，单击"插入"按钮，即可将所需文件内容插入到"文档 1"中，然后保存为"毕业论文定稿"。

接着进行页面设置，切换到"页面布局"选项卡，在"页面设置"组中单击"页边距"图标，在其下拉列表中选择"自定义边距"选项，打开"页面设置"对话框。

在"页边距"选项卡中，设置上边距为 2.5 厘米，下边距为 2.5 厘米，左侧边距为 3.0 厘米，右侧边距为 2.5 厘米，纸张方向为纵向。

切换到"纸张"选项卡，在"纸张大小"下拉列表中选择 A4 纸型。

切换到"版式"选项卡，设置页眉距纸张上边为 2 厘米，页脚距纸张下边为 1.75 厘米。

2．处理普遍性问题

（1）设置正文格式。

① 按"Ctrl + A"组合键选中所有文本，按"Ctrl + D"组合键打开"字体"对话框，中文字体选择"宋体"，西文字体选择"Times New Roman"，字号选择"小四"。

② 保持所有文本选中状态，在"开始"选项卡中的"段落"组中，对正文的段落格式设置为两端对齐、首行缩进 2 字符、段前及段后间距均为 0、行距为固定值 20 磅，如图 3-55 所示。

（2）处理正文中的图片。

当正文设置行距为固定值 20 磅后，发现论文中图 3-1、图 3-2、图 4-1 和图 5-1 这 4 张图片仅能看到图片底部的部分图像。选中第 3 章的图片"图 3-1"，单击"图片工具"中的"格式"选项卡，在"排列"组中单击"自动换行"图标，打开如图 3-56 所示的列表，将图片默认的版式"嵌入型"改为"上下型环绕"即可。其余几张图片的处理与此相同，不再赘述。

图 3-55　正文的段落格式设置

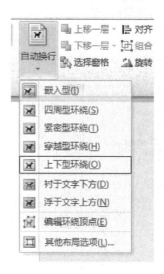

图 3-56　更改图片版式

（3）检查每章最后是否有分页符，如果没有，则按"Ctrl + Enter"组合键插入一个，确保相邻两章的内容不打印在同一页上。

提示：在长文档排版时，一般均需要将"开始"选项卡中的"段落"组的"显示/隐藏编辑标记"按钮点亮，此时可以看到许多隐藏的编辑标记。看到的分页符及分节符的标记分别是  和 [⋯⋯分节符(下一页)⋯⋯]。

（4）清除文章中所有超链接。

论文部分有些文本复制、粘贴来自网页，而网页中存在许多超链接。例如，论文第 2 章中的"Java 的特点"就是超链接，字体是蓝色的且加有下画线。虽然右击超链接对象，在弹出的快捷菜单中选择"取消超链接"选项即可清除，但在超链接个数较多的情况下，逐一清除效率太低。可以按"Ctrl + A"组合键选中全部论文，再按"Ctrl+Shift+F9"组合键，论文中所有超链接便全部被清除了。

（5）设置论文中参考文献部分的格式。

仿照正文格式设置的方法，对最后一页的字体、段落进行设置即可。

3．创建 3 个不同级别的标题样式

（1）单击"开始"选项卡，在"样式"组中单击右下角的组按钮，打开"样式"任务窗格，如图 3-57 所示。

（2）单击"样式"下拉列表左下角的"新建样式"按钮，打开"根据格式设置创建新样式"对话框，如图 3-58 所示。在"属性"选项组中设置"名称"为"我的一级标题"，"样式类型"为"段落"，"样式基准"为"标题 1"，"后续段落样式"为"正文"。在"格式"选项组中设置字体为黑体，字号为二号，加粗，其他为默认设置。

图 3-57　"样式"任务窗格　　　　　图 3-58　"根据格式设置创建新样式"对话框

（3）单击"根据格式设置创建新样式"对话框左下角的"格式"按钮，在其下拉列表中选择"段落"选项，即可打开"段落"对话框，如图 3-59 所示。在"常规"选项组中设置"对齐方式"为"居中"，在"缩进"选项组中设置"特殊格式"为"无"，在"间距"选项组中设置"段前"与"段后"均为"15 磅"，设置"行距"为"单倍行距"，其他为默认设置。单击"确定"按钮，返回"根据格式设置创建新样式"对话框，再次单击"确定"按钮返回文档编辑区。至此，"我的一级标题"样式创建完毕，可以在"开始"选项卡中的"样式"组中看到其名字，如图 3-60 所示。

设置样式

图 3-59　"段落"对话框　　　　　图 3-60　新样式出现在"样式"组中

（4）使用同样的方法创建"我的二级标题"和"我的三级标题"样式。

4．利用样式快速格式化文档

当我们定义好三个级别的标题样式后，可以将定义好的样式应用到不同级别的论文标题中。例如，将一级标题“第 1 章　引言”“第 2 章　开发本系统所采用的技术介绍”……“参考文献”等 7 个标题选中，然后单击“样式”组中的“我的一级标题”样式即可将这 7 个标题全部设置成相同的格式。由于论文页数较多，在选择同一级别的标题时容易漏掉一些（尤其是选择二级、三级标题），所以建议采用在一页中将三个级别的标题分类选择，然后应用定义的标题样式来格式化的方法。以“第 5 章　图书管理系统详细设计”所在页为例，具体操作如下，其他页面操作类似。

（1）选中一级标题“第 5 章　图书管理系统详细设计”，单击“样式”组中的“我的一级标题”按钮，即可完成本页一级标题的设置。

（2）按住“Ctrl”键，依次选中文档中的二级标题“5.1　系统流程分析”“5.2　主要模块的运行”后，单击“样式”组中的“我的二级标题”按钮，即可完成本页中所有二级标题的设置。

（3）选中三级标题“5.2.1　登录界面”，单击“样式”组中的“我的三级标题”按钮，即可完成本页三级标题的设置。

本页所有标题设置完成的效果如图 3-61 所示。

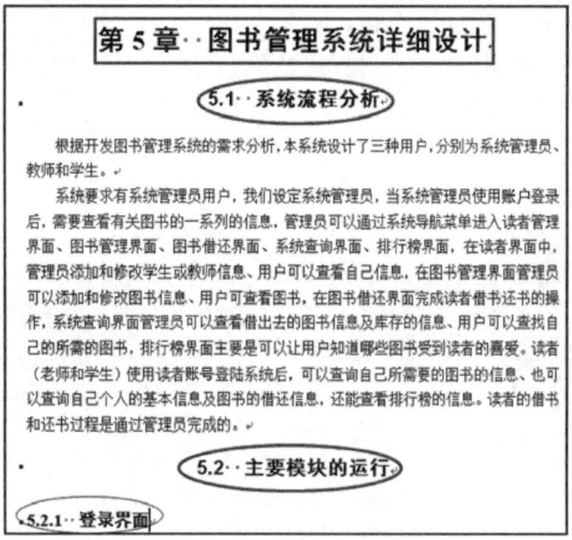

第 5 章··图书管理系统详细设计

5.1··系统流程分析

根据开发图书管理系统的需求分析，本系统设计了三种用户，分别为系统管理员、教师和学生。

系统要求有系统管理员用户，我们设定系统管理员，当系统管理员使用账户登录后，需要查看有关图书的一系列的信息，管理员可以通过系统导航菜单进入读者管理界面、图书管理界面、图书借还界面、系统查询界面、排行榜界面，在读者界面中，管理员添加和修改学生或教师信息、用户可以查看自己信息，在图书管理界面管理员可以添加和修改图书信息、用户可查看图书，在图书借还界面完成读者借书还书的操作，系统查询界面管理员可以查看借出去的图书信息及库存的信息、用户可以查找自己的所需的图书，排行榜界面主要是可以让用户知道哪些图书受到读者的喜爱。读者（老师和学生）使用读者账号登陆系统后，可以查询自己所需要的图书的信息、也可以查询自己个人的基本信息及图书的借还信息，还能查看排行榜的信息。读者的借书和还书过程是通过管理员完成的。

5.2··主要模块的运行

5.2.1··登录界面

图 3-61　具有三个级别标题的页面效果

注意：标题设置后，可以看到标题所在行的最左边有一个黑色的小方块。如果想取消某一行的标题设置，让它变为正文，只要把光标放在标题所在行，单击“样式”组中的“正文”按钮即可。

（4）从前至后对每一页都如此操作，这样就不会漏掉任何一个标题。否则，必然导致后面自动生成目录时有缺失的目录项。

5．利用文档结构图查看文档的层次结构

由于本文档比较长，在查看文档内容或定位文档时比较麻烦。这里为文档定义了样式，且这些样式均具有大纲级别。例如，"我的一级标题"的基准样式是 Word 2010 的内置样式"标题 1"，其大纲级别为 1 级，"我的二级标题"的基准样式是 Word 2010 的内置样式"标题 2"，其大纲级别为 2 级……因此，可以利用文档结构图方便地查看文档层次结构和进行文档定位操作。

切换到"视图"选项卡，在"显示"组中选中"导航窗格"复选框，可在文档的左侧显示文档结构图，如图 3-62 所示，此时单击文档结构图中的标题可以快速实现文档的定位。

在左侧的文档结构图中，通过单击标题前的展开按钮▷和折叠按钮◢，可以展开或折叠标题。清除"导航窗格"复选框，即可在窗口中关闭文档结构图。

图 3-62　文档结构图

6．设置论文的页眉和页脚

（1）动态页眉的生成。

① 将光标移到任意一页，切换到"插入"选项卡，在"页眉和页脚"组中单击"页眉"图标，在其下拉列表中选择"编辑页眉"选项，进入页眉和页脚编辑状态，同时打开"页眉和页脚工具"的"设计"选项卡，清除"设计"选项卡中的"首页不同"复选框，如图 3-63 所示。

设置页眉页脚

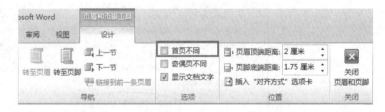

图 3-63　"页眉和页脚工具"的"设计"选项卡

② 再次切换到"插入"选项卡，单击"文档部件"图标，在其下拉列表中选择"域"选项，即可打开"域"对话框，并按图 3-64 所示椭圆圈中部分进行设置。用域名为"StyleRef"的域与论文中的样式"我的一级标题"建立链接关系，使得每一页的页眉自动获得该页所在章的一级标题。由于每一章的一级标题只有一个，因此找出的页眉也是唯一的。

③ 切换到"页眉和页脚工具"的"设计"选项卡，单击"关闭页眉和页脚"按钮即可关闭"页眉和页脚工具设计"工具栏，也可以用鼠标在页面的空白处双击的方法完成页眉和页脚的设置工作。当然，修改或设置页眉和页脚时，只要用鼠标在页眉或页脚位置双击即可进行，此方法与使用"页眉和页脚工具"的"设计"选项卡来设置页眉与页脚相比，方便快捷多了。

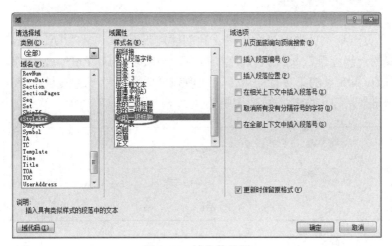

图 3-64　域参数设置

（2）插入页码。

转到"插入"选项卡，在"页眉和页脚"组中单击"页码"图标 ，在其下拉列表中选择"页面底端"选项，再选择下面第二项子菜单"普通数字 2"选项，即可完成页码的插入，如图 3-65 所示。双击页面上的空白区域（页眉、页脚区域除外），完成页码的设置工作。

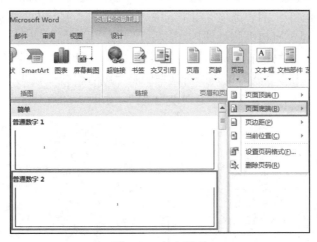

图 3-65　插入页码

提示： Word 默认的页码格式为阿拉伯数字，如果插入的页码要求是罗马数字或 A、B、C 形式的页码，则在图 3-65 中选择"设置页码格式"选项，设置为合乎要求的格式，然后再设置页码的插入位置。

（3）分节。

在任务分析中已经提到，本论文前面的部分与后面的部分在页码格式上截然不同，因此必须将它分节，因为 Word 中的"节"是一个可以独立排版的单位。将论文的封面、中英文摘要部分插入到"毕业论文定稿"的最前面，然后插入一个分节符即可将论文分成两节。

① 按"Ctrl+Home"组合键，将光标定位到文件首部，然后把本书素材文件夹中的"毕

业论文封面版权声明摘要等"文件插入到"毕业论文定稿"的最前面。

② 将第 2 页至第 4 页中的"学位论文独创性声明""摘　要""Abstract"这三个标题采用样式"我的一级标题",否则它们不能被 Word 中的"StyleRef"域所识别。

③ 将光标在第 5 页的第 2 行处单击,切换到"页面布局"选项卡,单击"页面设置"组中的"分隔符"按钮,在其下拉列表中选择"下一页(N)"选项,结果如图 3-66 所示。

图 3-66　插入分节符

(4)调整第 1 节(分节符之前部分)页眉与页码。

此时,我们可以看到第 1 节的内容插入后,其自动继承了第 2 节(第 1 章引言至参考文献部分)的页眉与页码的设置。但按照毕业论文的要求,论文封面(即第 1 节的首页)是不需要页眉与页码的,所以必须删除。

① 将光标移至论文封面,双击封面的页眉,激活"页眉和页脚工具"中的"设计"选项卡,在"设计"选项卡中的"选项"组中选中"首页不同"复选框,如图 3-67 所示。

② 直接删除封面页眉与页脚处的内容。

③ 将光标移到第 2 页的页脚处,右击数字"2",在弹出的快捷菜单中选择"设置页码格式"选项,在打开的"页码格式"对话框中将"编号格式"设为"Ⅰ,Ⅱ,Ⅲ,…",在"页码编号"选项组中将"起始页码"设为"Ⅰ",如图 3-68 所示。

图 3-67　设置页眉和页脚的选项

图 3-68　设置页码格式

④ 用鼠标在页面中间的空白处双击,结束页眉与页脚的设置。此时可以看到,封面无页眉与页码,第 2～5 页的页码分别为罗马数字Ⅱ、Ⅲ、Ⅳ、Ⅴ。

7．生成全文的目录

(1)将光标放在第 1 节的第 Ⅴ 页的"目录"后、分节符前面,按"Enter"键换行。

(2)切换到"引用"选项卡,在"目录"组中单击"目录"图标,在其下拉列表中选择"自动目录 2"选项，即在光标处生成全文目录，如图 3-69 所示。

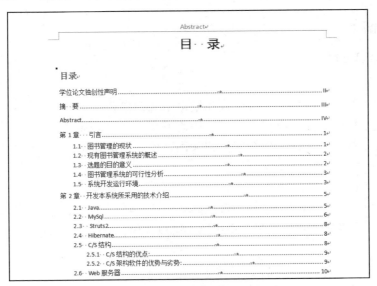

图 3-69　自动生成的目录

（3）将自动生成的目录部分的"目录"一行删除。

（4）将自动生成的目录的其余内容设置为宋体，小四；左侧缩进 2 字符，段前及段后间距为 0 磅，1.5 倍行距。

（5）将目录页第一行的"目录"两个字用"我的一级标题"格式化，此时可以看到图 3-69 中的页眉由原来的"Abstract"变为"目录"，这更符合实际情况。

提示：上面插入的是"自动目录"，一般默认的是三级目录。如果仅要求生成到二级目录，则可以单击"目录"图标 ，在其下拉列表中选择"插入目录"选项，在弹出的对话框中将"显示级别"微调框中的"3"改为"2"即可，如图 3-70 所示。

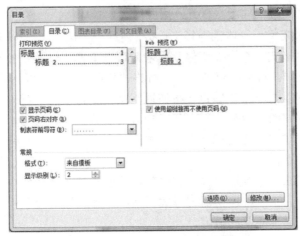

自动生成目录

图 3-70　设置自动生成目录的级别

至此，整个论文排版完成，按"Ctrl＋S"组合键存盘即可交付打印。

3.4.4　知识储备

1．样式及其使用

（1）样式的概念。

样式是指一组已经命名的字符格式和段落格式的集合。定义好的样式可以被多次应用，如果修改了样式，那么应用了样式的段落或文字会自动被修改。使用样式可以使文档的格式更容易统一，还可以构筑文档的大纲，使文档更有条理，同时编辑和修改文档更简单。

（2）字符样式和段落样式。

字符样式仅适用于选定的字符，可以提供字符的字体、字号、字符间距和特殊效果等格式设置效果。段落样式也适用于一个段落，可以提供包括字体、制表位、边框、段落格式等设置效果。

（3）内置样式和自定义样式。

Word 2010本身自带了许多样式，称为内置样式。如果这些样式不能满足用户的全部要求，那么也可以创建新的样式，称为自定义样式。内置样式和自定义样式在使用和修改时没有任何区别，用户可以删除自定义样式，但不能删除内置样式。

（4）应用现有的样式。

将光标定位于文档中要应用样式的段落或选中相应的字符，切换到"开始"选项卡，在"样式"组中单击快速样式库中的任意样式，即可将该样式应用于当前段落或所选字符。

（5）修改样式。

如果现有样式不符合要求，则可以修改样式使之符合个性化要求。例如，在"毕业论文定稿"文档中一级标题使用的样式是自定义样式"我的一级标题"，要使该样式的字符颜色改为深红色，字体为华文行楷，字号为小一，段落对齐方式为居中，有以下两种方法。

方法一：切换到"开始"选项卡，在"样式"组的快速样式库中右击"我的一级标题"样式，在其快捷菜单中选择"修改"选项，打开"修改样式"对话框，如图3-71所示。通过该对话框将字符颜色改为深红色，字体改为华文行楷，字号改为小一，段落对齐方式为居中。如果对字体格式、段落格式等有进一步修改需求，可以单击"格式"按钮，在弹出的下拉列表中选择相应的选项，在对应的对话框中进行格式修改，修改完成后单击"确定"按钮返回"修改样式"对话框，再单击"确定"按钮返回文档编辑状态。此时可以看到所有使用了"我的一级标题"样式的段落格式都进行了相应的更改。

方法二：如果在新建样式时选中"自动更新"复选框，则不需要打开"修改样式"对话框，可以直接对"样式"进行修改。

选中任意一个应用了"我的一级标题"样式的段落，通过常规方法设置字符颜色为深红色，字体为华文行楷，字号为小一，段落对齐方式为居中，那么原有使用"我的一级标题"的段落全部自动更新了文字及段落的设置。

图 3-71　"修改样式"对话框

（6）清除样式。

如果要清除已经应用的样式，那么可以选中要清除样式的文本，然后切换到"开始"选项卡，单击"样式"组中的组按钮，在打开的"样式"下拉列表中选择"全部清除"选项即可。

（7）删除样式。

要删除已定义的样式，可以在"样式"组中右击样式名称，在弹出的快捷菜单中选择"删除"选项。需要注意的是，系统内置样式不能被删除。

2．文档视图

Word 2010 中提供了 5 种视图：页面视图、阅读版式视图、Web 版式视图、大纲视图和草稿。用户可以在"视图"选项卡中自由切换文档视图，也可以在 Word 2010 窗口的右下方单击视图按钮切换视图。

（1）页面视图。页面视图可以显示 Word 2010 文档的打印结果外观，主要包括页眉、页脚、图形对象、分栏设置、页面边距等元素，是接近打印结果的页面视图。

（2）阅读版式视图。阅读版式视图以图书的分栏样式显示 Word 2010 文档，文件按钮、功能区等窗口元素被隐藏起来。

（3）Web 版式视图。Web 版式视图以网页的形式显示 Word 2010 文档，适用于发送电子邮件和创建网页。

（4）大纲视图。大纲视图主要用于 Word 2010 文档的设置和显示标题的层级结构，可以方便地折叠和展开各种层级的文档，广泛用于长文档的快速浏览和定位。

（5）草稿。草稿取消了页面边距、分栏、页眉和页脚、图片等元素，仅显示标题和正文，是节省计算机系统硬件资源的视图方式。

3．模板

Word 中的模板是一种特殊的文档，通过模板可以快速制作相应的文档，基于同一模板生成的文档具有相同的样式设置、页面设置、分节设置等排版格式。Word 2010 的 "模板" 功能可以帮助用户轻松、快速地建立规范化的文档。

（1）创建模板。

① 打开 Word 2010 文档窗口，在当前文档中进行模板的页面设置、样式设置、图片格式设置等操作。

② 单击 "文件" 按钮，在弹出的下拉菜单中选择 "另存为" 选项，打开 "另存为" 对话框。在左侧列表框中选择 "受信任模板" 选项，在 "文件名" 文本框中输入模板名称，在 "保存类型" 下拉列表中选择 "Word 模板（*.docx）" 选项，最后单击 "保存" 按钮即可。

（2）使用模板创建文档。

除了用户自定义模板，Word 2010 中内置了多种用途的模板（如书信模板、公文模板等），可以根据实际需要选择特定的模板新建 Word 文档。具体方法如下。

① 打开 Word 2010 文档窗口，单击 "文件" 按钮，在弹出的下拉菜单中选择 "新建" 选项，在界面右侧打开新建文档的各种可选项。

② 在 "可用模板" 列表框中选择 "我的模板" 选项，在打开的 "新建" 对话框中选择合适的模板，同时在 "新建" 选项组中选中 "文档" 单选按钮，单击 "确定" 按钮即可。

4．自动生成目录

要实现目录的自动生成功能，必须首先完成对全文档的各级标题的样式设置，确定插入目录的位置，进行目录的制作。

如果文档的内容在目录生成后又进行了调整，如部分页码发生了改变，此时要更新目录，使之与正文相匹配，那么只需在目录区域中右击，在弹出的快捷菜单中选择 "更新域" 选项，在打开的 "更新目录" 对话框中选中 "更新整个目录" 单选按钮即可。

目录生成后，可以利用目录和正文的关联对文档进行跟踪和跳转，按住 "Ctrl" 键并单击目录中的某个标题就能跳转到正文中相应的位置。

5．分页和分节

（1）插入分页符。

一般情况下，Word 会根据一页中能容纳的行数对文档进行自动分页，但有时一页没写满时，就希望从下一页重新开始，这时就需要人工插入分页符进行强制分页。其具体操作方法是：将光标定位在需要分页的位置，切换到 "插入" 选项卡，在 "页" 组中单击 "分页" 图标，将在当前位置插入一个分页符，后面的文档内容另起一页。单击 "空白页" 图标，将在光标处插入一个新的空白页。

在普通视图中，自动分页符显示为一条横穿页面的单虚线，而人工分页符显示为标有 "分页符" 字样的单虚线 "————————分页符————————"。

如果要删除人工分页符，则可以按 "Delete" 键或 "Backspace" 键删除。

分页符不能实现对不同页面设置不同的页眉、页脚或页码，它仅能将光标后面的内容强制转到下一页排版。一般在论文、书稿等排版时，必须在两篇文章或两章之间插入分页符。有时看到文档中有许多空白页，往往就是插入分页符过多所致，只要单击 "显示/隐藏编辑标记（Ctrl+*）" 按钮，让隐藏的分页符显示出来，按 "Delete" 键删除一个分页符即可删除一个空白页。

插入分页符是最常用的操作之一，建议使用"Ctrl + Enter"组合键来快速插入分页符。

（2）插入分节符。

节是 Word 用来划分文档的一种方式，能实现在同一文档中设置不同的页面格式。没有分节之前，不管 Word 文档的页数是多少，它就是一节，每当插入一个分节符后，文档的节数就增加 1。例如，一本论文集有 500 页，前面 300 页的页眉是"漯河职业技术学院信息工程系教师论文"，后面 200 页的页眉是"漯河职业技术学院经济贸易管理系教师论文"，在此情况下必须使用分节符才能实现这个特殊要求；有些文件中前几页的页面是 A4 纸张、纵向，而后面几页是较宽的表格，必须让页面设置为横向才能把表格打印完整，这种情况必须在较宽的表格前插入分节符，然后在较宽表格页把页面由纵向改为横向。插入分节符的操作方法是：将光标定位在需要分节的位置，切换到"页面布局"选项卡，在"页面设置"组中单击"分隔符"按钮，在其下拉列表中选择需要的分节方式。

① 下一页：分节符后的文档从下一页开始显示，即分节的同时分页。

② 连续：分节符后的文档与分节符前的文档在同一页显示，即分节不分页。

③ 偶数页：分节符后的文档从下一个偶数页开始显示。

④ 奇数页：分节符后的文档从下一个奇数页开始显示。

当隐藏的分节符显示出来以后，将光标放在分节符之前按"Delete"键即可将其删除，文档便减少一节。

当文档中插入的分节符较多时，用户往往不清楚光标所处位置在第几节，不利于对照要求进行排版。可以右击 Word 窗口底部的状态栏（不是 Windows 的任务栏），在弹出的快捷菜单中选择"节"选项，如图 3-72 所示，然后用鼠标在页面单击，即可在状态栏最左侧看到"节：x"字样（x 为光标所在的节）。

6. 取消 Word 自动添加的项目符号和编号

在编辑文档时，在以"1."或"·"等符号为开始的段落输入后按"Enter"键，系统会自动添加编号或项目符号，如果其外观效果不令人满意，这时就需要单击"开始"选项卡中的"段落"组中的"编号"右侧的下拉按钮或"项目符号"右侧的下拉按钮，在其下拉列表中选择"无"选项即可。

如果经常出现此类情况，那么这样的操作很不方便，此时可以使用以下方法解决。

（1）单击"文件"按钮，在其下拉菜单中选择"选项"选项，打开"Word 选项"对话框。

（2）选择左侧栏的"校对"选项进入"校对"页，单击其中的"自动更正选项"按钮，打开"自动更正"对话框。

（3）切换至"键入时自动套用格式"选项卡，在

图 3-72　自定义状态栏显示"节"

"键入时自动应用"复选组中清除"自动项目符号列表"和"自动编号列表"复选框。

（4）单击"确定"按钮，依次返回各级对话框。重启 Word 2010，此后，项目符号和编号的自动更正功能就被取消了。

7. 文档页面方向的横纵混排

在一篇 Word 文档中，一般情况下所有页面均设置为横向或纵向，但有时也需要将其中的某些页面设置为不同方向，怎样才能让一个 Word 文档同时存在横向页面和纵向页面呢？

切换到"页面布局"选项卡，单击"页面设置"组中的组按钮，打开"页面设置"对话框。在该对话框的左下角有一个"应用于"下拉列表，使用这个下拉列表可以任意设置页面的方向。

情况一：如果要将一篇文章的前几页内容都设置为纵向排列，而后边的内容都设置为横向排列，则可以先将插入点定位到纵向页面的结尾，或者定位到要设置为横向页面的页首，在"页面设置"对话框的"纸张方向"选项组中单击"横向"按钮，然后在"应用于"下拉列表中选择"插入点之后"选项即可。

情况二：如果某些选定的页面要设置为不同的方向，则可以先选中这些页面中的所有内容，然后在"应用于"下拉列表中选择"所选文字"选项即可。

情况三：如果文档分成许多节，则可以选中要改变页面方向的节，然后在"应用于"下拉列表中选择"所选节"选项。如果不选中某节，而只是将插入点定位到该节，则可以选择"本节"选项。

实际上不仅可以任意设置页面的方向，利用"页面设置"对话框中的其他设置选项，如纸张类型、版式、页边距等，都可以对不同页面采用不同的设置。

3.4.5　任务强化

要求制作一份结构完整、格式规范的报刊美文摘编的小册子，其具体的排版格式要求如下。

（1）自己确定一个主题（如大学生青春励志），从网上搜集至少 10 篇报刊文章。

（2）页面设置：A4 纸张，纵向，页面的左边距设为 2.8 厘米，上、下、右边距均设为 2.2 厘米。

（3）封面：可以自主设计（包含题目名称、姓名、班级、专业、学院名称、制作日期、反映美文特点的插图等信息）。

（4）正文要求如下。

① 每两篇文章之间插入一个分页符。

② 正文：仿宋，四号，单倍行距，首行缩进 2 字符。

③ 定义一个"作者"样式，要求黑体，四号，居中，单倍行距。

④ 大标题（新建）：以标题一为基准，黑体，小一，居中对齐。

（5）在封面与正文之间自动生成目录，显示一级标题。

（6）按要求为文档添加页眉和页脚。

① 封面、目录页无页眉及页脚。

② 正文中奇数页的页眉为：动态页眉，文字采用该页所在文章的大标题。

③ 正文中偶数页的页眉为学院 logo 图片+"漯河职业技术学院（http://www.lhvtc.edu.cn）"形式。

④ 页脚的页码用阿拉伯数字表示，页号从 1 开始。

项目练习题

一、选择题

1. Word 2010 文档扩展名的默认类型是（　　　）。
   A．DOCX 　　　　　　 B．DOT 　　　　　　 C．WRD 　　　　　　 D．txt

2. Word 2010 默认的纸张大小及纸张页面方向为（　　　）。
   A．A4，横向 　　　　 B．A4，纵向 　　　　 C．B4，横向 　　　　 D．B4，纵向

3. 用户在 Word 2010 中如果希望将文档中的一部分文本内容复制到其他位置或文档中，首先要进行的操作是（　　　）。
   A．选择 　　　　　　 B．复制 　　　　　　 C．粘贴 　　　　　　 D．剪切

4. 在 Word 2010 编辑状态下，按"Delete"键将会（　　　）。
   A．删除光标前的一个字符 　　　　　　 B．删除光标前的全部字符
   C．删除光标后的一个字符 　　　　　　 D．删除光标后的全部字符

5. 在 Word 2010 的编辑状态下打开文档"ABC.docx"，修改后另存为"ABD.docx"，则文档"ABC.docx"的情况是（　　　）。
   A．被文档 ABD 覆盖 　　　　　　 B．被修改未关闭
   C．被修改并关闭 　　　　　　 D．未修改被关闭

6. 在 Word 2010 的"段落"对话框中，用户不能设定文字的（　　　）属性。
   A．缩进方式 　　　　　　 B．字符间距
   C．行间距 　　　　　　 D．对齐方式

7. 在 Word 2010 的编辑状态，选择了文档全文，若在"段落"对话框中设置行距为 20 磅的格式，应当选择"行距"下拉列表中的（　　　）。
   A．单倍行距 　　　　　　 B．1.5 倍行距
   C．固定值 　　　　　　 D．多倍行距

8. 在 Word 2010 的编辑状态下，在"打印"页面的"设置"选项组中的"打印当前页面"是指打印（　　　）。
   A．当前光标所在页 　　　　　　 B．当前窗口显示页
   C．第 1 页 　　　　　　 D．最后 1 页

9. 在 Word 2010 的编辑状态下，项目符号的作用是（　　　）。
   A．为每个标题编号 　　　　　　 B．为每个自然段落编号
   C．为每行编号 　　　　　　 D．以上都正确

10．在 Word 2010 的编辑状态下，对已经输入的文档进行分栏操作，需要使用的选项卡是（   ）。

A．"开始"选项卡
B．"插入"选项卡
C．"页面布局"选项卡
D．"审阅"选项卡

二、填空题

1．Word 2010 文档中两行之间的间隔称为_____。

2．在 Word 2010 中编辑文档时，按_____组合键可完成复制操作。

3．在 Word 2010 中，要在页面上插入页眉和页脚，应单击_____选项卡中的"页眉"或"页脚"图标。

4．在 Word 中，要实现"查找"功能，可按_____组合键。

5．剪贴板是_____中的一个区域。Windows 中的剪贴板与 Office 2010 中的剪贴板略有不同。Windows 中的剪贴板每次只能存储_____次复制或剪切的内容，而 Office 2010 中的剪贴板则可存储多达_____次复制或剪切的内容。

6．在 Word 2010 文字处理的"字号"下拉列表框中，最大磅值是_____磅，Word 能设置的最大磅值是_____。

7．在 Word 2010 环境下，要将一个段落分成两个段落，需要将光标定位在段落分割处，按_____键。

8．在 Word 中选定一个段落后，可以在按住_____键的同时，用鼠标拖动选定文本到指定的位置释放鼠标，便可将那个段落复制到指定位置。

9．样式是一组已命名的_____格式和_____格式的组合。

10．在 Word 2010 中，要体现分栏的实际效果，应使用_____视图。

三、操作题

使用 Word 2010 制作图 3-73 所示的海报。

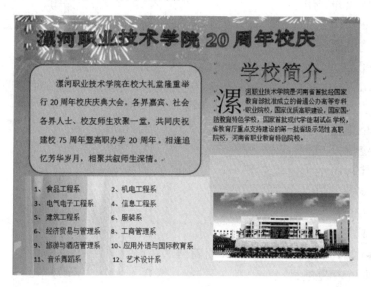

图 3-73　海报

　　具体要求如下。

　　（1）页面设置。设置上、下、左、右页边距均为 1 厘米，方向为横向，纸张大小为 A4。

　　（2）插入图片作为底纹。插入作为底纹的图片，调整图片大小覆盖整张纸，"文字环绕方式"为"衬于文字下方"，调整图片的亮度为 50%。

　　（3）报头设置。插入艺术字，选择合适的艺术字形状，调整艺术字的大小。

　　（4）自选图形的操作。插入圆角矩形，设置填充颜色为金色，线条颜色为红色，实线粗细为 2.25 磅，在圆角矩形内添加文字。

　　（5）首字下沉。设置"学校简介"下面的正文段落为首字下沉三行。

　　（6）插入图片文件，调整图片的大小。

项目 4

Excel 2010 数据处理软件的应用

任务 1　学生信息登记表的制作

工作表的操作、各种类型数据的输入、自动填充功能的使用及工作表的查看等，是 Excel 2010 的基本操作。

4.1.1　任务描述

9 月份新生报到后，食品工程学院领导要求每个辅导员对自己所管理班级的新生进行信息统计、整理后统一上报给学管办公室。19 级食品营养与检测班的辅导员黄小雨老师创建了学生信息登记表并录入原始数据，为了使学生信息登记表更清晰、有效、美观，她又对该表进行了一番修饰和美化，最终效果如图 4-1 所示。

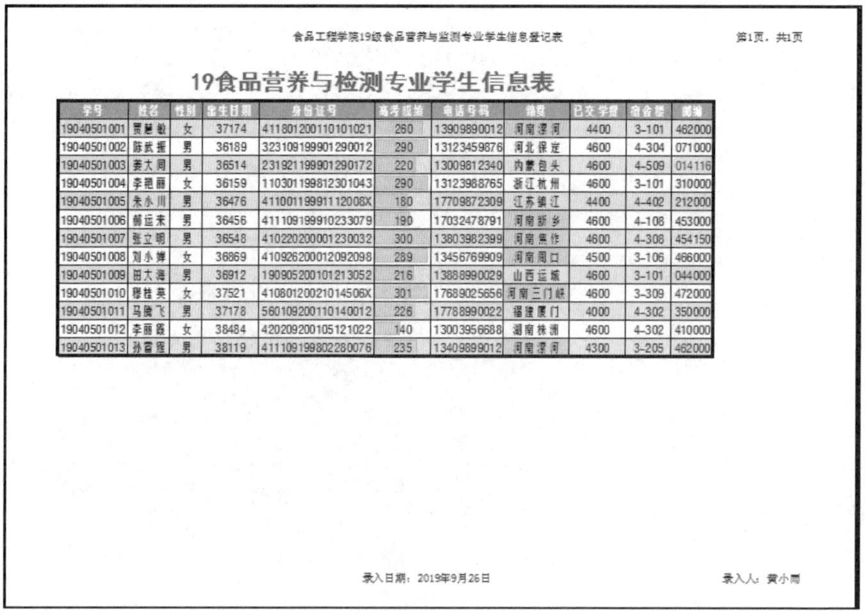
食品工程学院19级食品营养与监测专业学生信息登记表　　第1页，共1页

19食品营养与检测专业学生信息表

学号	姓名	性别	出生日期	身份证号	高考成绩	电话号码	籍贯	已交学费	宿舍楼	邮编
19040501001	贾慧敏	女	37174	411801200110101021	260	13909890012	河南漯河	4400	3-101	462000
19040501002	陈武振	男	36189	323109199901290012	290	13123459876	河北保定	4600	4-304	071000
19040501003	姜大同	男	36514	231921199901290172	220	13009812340	内蒙包头	4600	4-509	014116
19040501004	李艳丽	女	36159	110301199812301043	290	13123988765	浙江杭州	4600	3-101	310000
19040501005	朱小川	男	36476	41100119991112008X	180	17709872309	江苏镇江	4400	4-402	212000
19040501006	郝运来	男	36456	411109199910233079	190	17032478791	河南新乡	4600	4-108	453000
19040501007	张立明	男	36548	410220200001230032	300	13803982399	河南焦作	4600	4-308	454150
19040501008	刘小婵	女	36869	410926200012092098	289	13456769909	河南周口	4500	3-106	466000
19040501009	田大海	男	36912	190905200101213052	216	13888990029	山西运城	4600	3-101	044000
19040501010	穆桂英	女	37521	41080120021014506X	301	17689025656	河南三门峡	4600	3-309	472000
19040501011	马腾飞	男	37178	560109200110140012	226	17788990022	福建厦门	4000	4-302	350000
19040501012	李丽霞	女	38484	420209200105121022	140	13003956688	湖南株洲	4600	4-302	410000
19040501013	孙雷霆	男	38119	411109199802280076	235	13409899012	河南漯河	4300	3-205	462000

录入日期：2019年9月26日　　录入人：黄小雨

图 4-1　学生信息登记表效果

4.1.2　任务分析

本任务分成两个子任务来实现，分别如下。

1．确定学生信息登记表中需要登记哪些信息及每一列的数据类型，并录入原始数据

完成本工作任务的步骤如下。

（1）新建工作簿文件，命名为"食品工程学院 19 级学生信息登记表.xlsx"。

（2）在 Sheet1 工作表中输入学生信息（包括文本信息、数值信息、日期信息等）。

（3）为指定的单元格添加批注"班长"。

（4）将 Sheet1 工作表标签改为"19 食品营养与检测学生"。

2．确定对输入的数据进行哪些方面的美化与修饰

完成本工作任务的步骤如下。

（1）设置工作表标题格式。

（2）设置工作表中的数据格式，以便更直观地查看和分析数据。

（3）添加页眉和页脚。

4.1.3　任务实施

1．创建新工作簿文件并保存

启动 Excel 2010 后，系统将新建一个空白工作簿，默认名称为"工作簿 1"，单击快速访问工具栏中的"保存"按钮，将其以"食品工程学院 19 级学生信息登记表.xlsx"为名字保存到某个文件夹中。

制作学生基本信息表

2．输入学生信息登记表的标题

用鼠标单击 A1 单元格，直接输入标题内容"19 食品营养与检测专业学生信息表"（不包含双引号，下面类似情况不再提示），输入后按"Enter"键。

提示：此处的"标题"是对该工作表中所有学生信息的一个总称，请勿与下面标题行的"列标题"混为一谈。

3．输入学生信息登记表的标题行

标题行是指由数据的列标题（每一列顶端的几个字，数据库专业术语称之为字段名）组成的一行信息，也称为"表头行"。列标题是数据列的名称，经常参与数据的统计与分析。

如图 4-1 所示，从 A2 到 K2 单元格依次输入"学号""姓名""性别""出生日期""身份证号""高考成绩""电话号码""籍贯"等 11 列数据的列标题。

4．输入工作表中的各项数据

（1）"学号"列数据的输入。

因为同一班学生的学号多是连续编排的（一般后两位从 01 开始），所以"学号"列数据的输入用填充序列的方式来实现较为快捷。

① 输入起始值。

单击 A3 单元格，输入"19040501001"，并按"Enter"键，此时由于输入的数据均为数字，因此学号的内容被当作数值型数据处理，如图 4-2 所示。

提示：

a. 该任务中由于学号的长度未超过 11 位且学号不以"0"开头，所以学号选用数值型最合适。若学号长度超过 11 位，必须用自定义格式的数值型，否则学号就会显示为科学记数法形式，不仅与原数据不相符，也不容易由系统自动批量生成。

b. 学号的值如果以"0"开头，此时应先把学号所在的单元格区域设置为文本格式，然后再输入较为方便，否则学号的首个字符"0"会被系统自动舍弃。选中 A3:A15 单元格（选中 A3 单元格后，拖动鼠标到 A15 单元格），在"开始"选项卡中的"数字"组中单击"组"按钮，打开"设置单元格格式"对话框，如图 4-3 所示。在"数字"选项卡中的"分类"列表框中选择"文本"选项，再单击"确定"按钮，则所选中单元格区域的格式均为文本型，最后在 A3 单元格中直接输入学号。

图 4-2　输入学号列数据　　　　　　　　图 4-3　"设置单元格格式"对话框

② 拖动填充柄。将鼠标指针移至 A3 单元格的右下角，指向填充柄（右下角的黑正方点），当指针变成黑十字形状时，按住鼠标左键向下拖动填充柄至 A15，如图 4-4 所示。再单击数据右下角的填充选项按钮，选中"填充序列"单选按钮，如图 4-5 所示。

图 4-4　学号的自动填充生成　　　　　　图 4-5　选中"填充序列"单选按钮

提示： 如果使用图 4-3 所示的方式将 A 列学号区域设置为"文本型"，那么在图 4-5 所示的快捷菜单中不一定有"填充序列"选项。如果遇到这种情况，建议将"学号"一列设置为自定义格式的数值型，这样才能较方便地实现学号的自动生成。

③ 显示自动填充的序列。通过自动填充操作批量生成的学号如图 4-6 所示。

（2）"姓名"列数据的输入。

"姓名"列数据为文本数据，很容易输入。单击 B3 单元格，输入"贾慧敏"，如图 4-7 所示，按"Enter"键确认，并继续输入下一个学生的姓名。

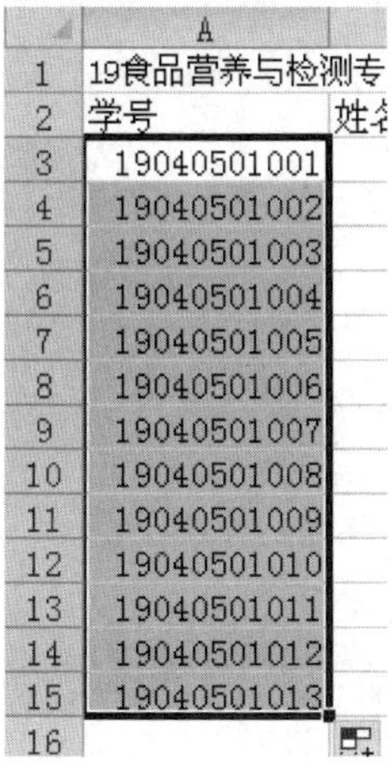

图 4-6   自动生成学号的效果

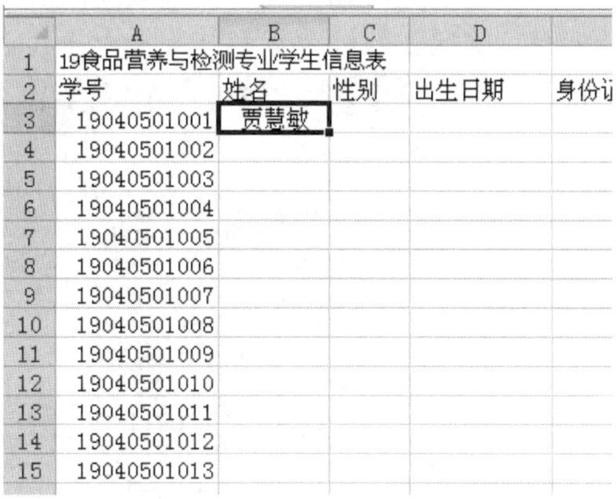

图 4-7   输入学生的姓名

（3）"性别""籍贯""宿舍楼""邮编"列的输入。

① 选中 C3 单元格，然后按住"Ctrl"键不放，再依次选中 C6、C12、C14 单元格，所有不连续的单元选择后，松开"Ctrl"键，如图 4-8 所示。

② 在最后选中的单元格 C12 中输入"女"，按"Ctrl+Enter"组合键确认，则所有选中的单元格均被填充为"女"，如图 4-9 所示。

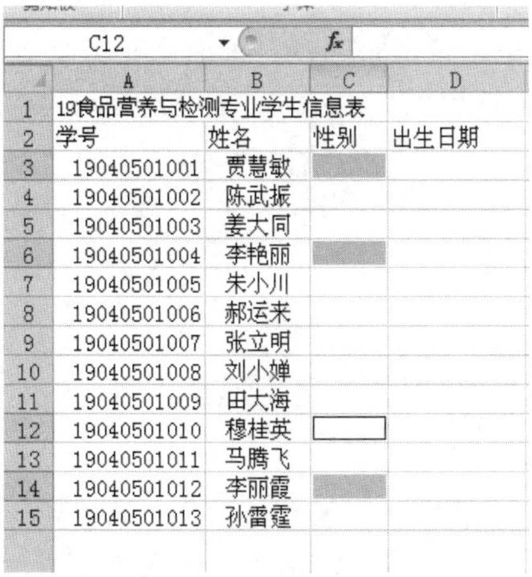

图 4-8   选中不连续的单元格区域

图 4-9   在不连续的单元格区域填充相同数据

③ 按照此方法可以完成"性别""籍贯""宿舍楼""邮编"列数据的输入。这4列的数据全部选用文本型来处理较为方便。"邮编"一列的值虽然都由数字构成，但如果该列设置为数值型时，以"0"开头的邮编就会无法准确显示，如山西省太原市的邮编为"030000"，它在单元格中将显示为"30000"。所以"邮编"一列必须设置为文本类型。

当部分单元格具有相同的内容时，应该学会使用"Ctrl+Enter"组合键来实现高效率的数据输入。

（4）"出生日期"列数据的输入。

日期型数据输入的格式一般是用连接符（-）或斜杠（/）分隔年月日的数字，即"年-月-日"或"年/月/日"。当单元格中输入了系统可以识别的日期型数据时，单元格的格式会自动转换成相应的日期格式，并采取右对齐的方式。当系统不能识别单元格中输入的日期型数据时，则输入的内容将自动视为文本，并在单元格中左对齐。

输入"出生日期"列数据时，按图4-10所示的格式直接输入。

学号	姓名	性别	出生日期
19040501001	贾慧敏	女	2001/10/10
19040501002	陈武振	男	1999/1/29
19040501003	姜大同	男	1999/12/20
19040501004	李艳丽	女	1998/12/30
19040501005	朱小川	男	1999/11/12
19040501006	郝运来	男	1999/10/23
19040501007	张立明	男	2000/1/23
19040501008	刘小婵	女	2000/12/9
19040501009	田大海	男	2001/1/21
19040501010	穆桂英	女	2002/9/22
19040501011	马腾飞	男	2001/10/14
19040501012	李丽霞	女	2005/5/12
19040501013	孙雷霆	男	2004/5/12

图4-10　"出生日期"列数据的输入

（5）"身份证号"列数据的输入。

我国公民的身份证号是由18位数字（末位可能为字母X）字符编码构成的。在Excel中，系统默认数字字符序列为数值型数据，而且超过11位将以科学计数法形式显示。如第一位同学的身份证号为"411801200110101021"，默认格式下它在单元格中显示为"4.11801E+17"，如图4-11所示，该显示方式不仅不符合日常习惯，而且还把身份证号的后三位全部变为0。所以，"身份证号"列的数据必须选用文本型，而不能是数值型。

	E3		f_x	411801200110101000	
	A	B	C	D	E
1	19食品营养与检测专业学生信息表				
2	学号	姓名	性别	出生日期	身份证号
3	19040501001	贾慧敏	女	2001/10/10	4.11801E+17
4	19040501002	陈武振	男	1999/1/29	
5	19040501003	姜大同	男	1999/12/20	

图4-11　"身份证号"显示为科学记数法形式

具体操作方法是：将鼠标移到E列顶端的列字母E上，当鼠标指针变为↓形状时单击，便选中该列；右击选中的区域，在弹出的快捷菜单中选择"设置单元格格式"选项，弹出

图 4-3 所示的"设单元格格式"对话框，在其中选择"文本"选项，单击"确定"按钮；E 列的数据全部被设置为文本型数据，最后将所有学生的身份证号一一输入即可，输入后显示效果如图 4-12 所示。

身份证号
411801200110101021
323109199901298077
231921199912209072
110301199812301021
411001199911120058
411109199910233095
410220200001230075
410926200012092081
190905200101213019
410801200209225000X
560109200110140012
420209200505121022
411109200405120076

图 4-12　"身份证号"列用文本格式的显示效果

提示：不提倡通过在身份证号前加英文单引号的方法来输入身份证号，这样做明显加大了工作量。

（6）"电话号码"列数据的输入。

"电话号码"列数据也是由数字字符构成的，由于其长度为 11 位，用数值型数据格式或文本格式来输入均可。

（7）"高考成绩"和"已交学费"列数据的输入。

"高考成绩"和"已交学费"列数据以数值型格式输入。

数值型数据，系统默认在小数点后设置两位小数。可以通过单击"开始"选项卡中的"数字"组中的"增加小数位数"按钮 或"减少小数位数"按钮 来实现小数位数的增加或减少。

5．插入批注

单元格中的批注用于对单元格中的数据进行简要的说明或解释。

选中需要插入批注的单元格 B3，在"审阅"选项卡中的"批注"组中单击"新建批注"图标。此时在所选中的单元格右侧出现了批注框，并以箭头与所选单元格连接。批注框中显示了审阅者用户名；在其中输入批注内容"班长"，如图 4-13 所示，单击其他单元格完成操作。

图 4-13　插入批注

提示：

（1）右击需要插入批注的单元格，在弹出的快捷菜单中选择"插入批注"选项可以更快捷地完成批注的插入操作。

（2）单元格插入批注后，单元格的右上角会有红色的三角标志。当鼠标指针指向该单元格时会显示出批注，鼠标指针离开该单元格时批注则会自动隐藏。

6．修改工作表标签

右击工作表 Sheet1 的标签，在弹出的快捷菜单中选择"重命名"选项，输入工作表的新名称"19 食品营养与检测学生"，按"Enter"键即可，修改后的效果如图 4-14 所示。

图 4-14　修改后的工作表标签

至此，"19 食品营养与检测学生"工作表的创建与原始数据的录入工作已经完成。

7．设置工作表中标题行的格式

（1）设置标题行的行高。

选中标题行（第一行），在"开始"选项卡中的"单元格"组中单击"格式"图标，在其下拉列表的"单元格大小"选项组中选择"行高"选项，打开"行高"对话框，设置"行高"为"40"，如图 4-15 所示。

（2）设置标题行文字的字符格式。

选中 A1 单元格，在"开始"选项卡中的"字体"组中设置字体格式为黑体，24 磅，加粗，蓝色。

图 4-15　"行高"对话框

（3）合并单元格。

选中 A1:K1 单元格区域，在"开始"选项卡中的"对齐方式"组中单击"合并后居中"按钮（ ），合并单元格区域，使标题文字在新单元格中居中对齐。

（4）设置标题对齐方式。

选中合并后的新单元格 A1，在"对齐方式"组中单击"顶端对齐"按钮（ ），使标题在单元格中水平居中、顶端对齐。

8．设置工作表中除标题行之外的数据格式

（1）设置数据的字符格式及对齐方式。

选中 A2:K15 单元格区域，在"开始"选项卡中的"字体"组中单击"字体"下拉按钮，在其下拉列表中选择"方正姚体"，单击"字号"下拉按钮，在其下拉列表中选择"12"磅；在"对齐方式"组中单击"垂直居中"和"居中"两个按钮，可以让单元格的数据始终在单元格内部的中间位置显示（水平方向与垂直方向均为居中）。数据的"字体"与"对齐方式"所设置的具体值如图 4-16 所示。

图 4-16　除标题行之外数据的字符格式设置

（2）为工作表套用 Excel 表格样式。

Excel 给用户提供了许多设计好的表格样式，将系统提供的表格样式套用到自己的工作表数据中，可以节省用户在表格线设置、颜色搭配方面进行尝试、对比效果上所花费的大量时间，能大大提高设计表格的效率。

选择 A2:K15 单元格区域，在"开始"选项卡中的"样式"组中单击"套用表格格式"图标，打开 Excel 2010 内置的表格样式库，此处套用"表样式浅色 21"（图中加矩形框），如图 4-17 所示。

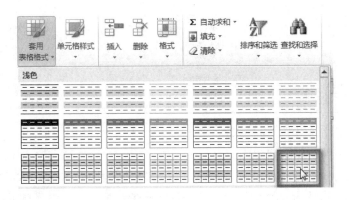

图 4-17　表格样式库（部分）

（3）为列标题套用单元格样式。

为了突出列标题，可以设置与工作表其他数据不同的显示格式。此处将为列标题套用系统内置的单元格样式，具体操作如下。

选中 A2:K2 单元格区域（列标题区域），在"开始"选项卡中的"样式"组中单击"单元格样式"图标，打开 Excel 2010 内置的单元格样式库，此处套用"强调文字颜色 6"样式，如图 4-18 所示。

图 4-18　单元格样式库

提示：列标题行套用内置的单元格样式库后，细心的读者可能已经发现，原来已经设置好的列标题行（"方正姚体、12 磅"）悄然发生了变化（自动变为"宋体、11 磅"），为使列标题行与其下面各行数据在字体、字号上保持一致，必须重新设置其字符格式。

（4）重设列标题行的字符格式。

将 A2:K2 单元格区域的数据设置为"方正姚体、12 磅"，此时工作表的效果如图 4-19 所示。

学号	姓名	性别	出生日期	身份证号	高考成绩	电话号码	籍贯	已交学费	宿舍楼	邮编
19040501001	贾慧敏	女	2001/10/10	411801200110101021	260	13909890012	河南漯河	4400	3-101	462000
19040501002	陈武薇	男	1999/1/29	323109199901290012	290	13123459876	河北保定	4600	4-304	071000
19040501003	姜大同	男	1999/12/20	231921199901290172	220	13009812340	内蒙包头	4600	4-509	014116
19040501004	李愚愚	女	1998/12/30	110301199812301043	290	13123988765	浙江杭州	4600	3-101	310000
19040501005	朱小川	男	1999/11/12	411001199911122008X	180	17709872309	江苏镇江	4400	4-402	212000
19040501006	鄂运来	男	1999/10/23	411109199910233079	190	17032478791	河南新乡	4600	4-106	453000
19040501007	张立明	男	2000/1/23	410220200001230032	300	13803982399	河南焦作	4600	4-308	454150
19040501008	刘小辉	女	2000/12/9	410926200012092098	289	13456769909	河南周口	4500	3-106	466000
19040501009	田大海	男	2001/1/21	190905200101213052	216	13888990029	山西运城	4600	3-101	044000
19040501010	曾桂英	女	2002/9/22	410801202101014506X	301	17689025656	河南三门峡	4600	3-309	472000
19040501011	马海飞	男	2001/10/14	560109200110140012	226	17788990022	福建厦门	4000	4-307	350000
19040501012	李丽霞	女	2005/5/12	420209200105121022	140	13003956688	湖南株洲	4600	4-302	410000
19040501013	孙雷腹	男	2004/5/12	411109199802280076	235	13409899012	河南漯河	4300	3-205	462000

图 4-19　套用表格样式与单元格样式之后的工作表

（5）调整单元格的行高。

用鼠标单击工作表行号区的行标"2"，选中第 2 行；按住"Shift"键后单击行标"15"，释放"Shift"键，此时选中第 2 行至第 15 行的所有数据；在选中区域的任何位置右击，从弹出的快捷菜单中选择"行高"选项，打开"行高"对话框，如图 4-15 所示，设置行高为 18。

（6）调整单元格的列宽。

用鼠标单击列号区的列标"A"，选中 A 列；按下鼠标左键不放拖动到 K 列，释放鼠标左键，此时选中了 A～K 列的所有区域；在"开始"选项卡中的"单元格"组中单击"格式"图标，在其下拉列表中选择"自动调整列宽"选项，由计算机根据单元格中字符的多少自动调整列宽。

也可以自行设置数据列的列宽。例如，设置"学号""姓名""性别""籍贯"列的列宽一致，操作步骤如下。

① 选中前 3 列（"学号""姓名""性别"）并右击，弹出快捷菜单。

② 在快捷菜单中选择"列宽"选项，打开"列宽"对话框，设置列宽为 8，如图 4-20 所示，单击"确定"按钮即可。

图 4-20　"列宽"对话框

③ 把"籍贯"列的宽度也设置为 8。

提示： 当工作表中不连续的若干列同时被选中后，虽然在快捷菜单上无法统一设置它们的列宽，但可以从"开始"选项卡中的"单元格"组中的"格式"下拉列表中找到"列宽"选项，从而可以统一设置它们的列宽。

----

9. 使用条件格式表现数据

（1）醒目显示"籍贯"列中包含"河南"的单元格。

选中 H3:H15 单元格区域，在"开始"选项卡中的"样式"组中单击"条件格式"图标，在其下拉列表中选择"突出显示单元格规则"→"文本包含"选项，弹出"文本中包含"对话框，如图 4-21 所示。

图 4-21　"文本中包含"对话框

在该对话框左侧的文本框中输入"河南"，在"设置为"下拉列表中选择所需要的格式，如果没有满意的格式，则选择"自定义格式"选项，打开设置"设置单元格格式"对话框，如图 4-22 所示。转到"填充"选项卡，单击"黄色"色块，最后单击"确定"按钮，给所有符合条件的单元格用黄色填充。

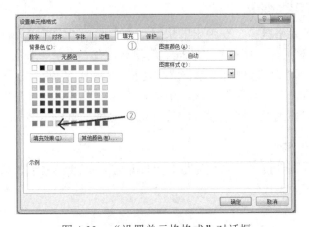

图 4-22　"设置单元格格式"对话框

至此，"籍贯"列中包含"河南"的单元格均被明显地标记出来。

（2）用数据条的长短来区分"高考成绩"的高低。

"看图"时代，人们更喜欢用直观的图片代替枯燥的数字。利用"条件格式"下拉列表中的"数据条""色阶""图标集"等功能可以让数字的大小与图形、颜色块等显示方式关联起来，会产生较强的视觉冲击力。

选中 F3:F15 单元格区域，在"开始"选项卡中的"样式"组中单击"条件格式"图标，在其下拉列表中选择"数据条"选项，如图 4-23 所示；单击其子列表中的"其他规则"选项，弹出"新建格式规则"对话框，如图 4-24 所示；在"新建格式规则"对话框中，在"条形图外观"一栏中将条形图的填充色及边框颜色都设置为"黄色"，边框设置为"实心边框"，单击"确定"按钮，便可看到"高考成绩"列中数据值的大小与数据条的长短密切相关，成绩越高，数据条会越长，效果参见图 4-1。

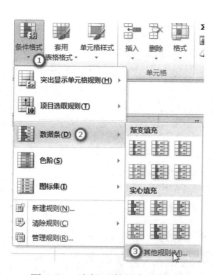

图 4-23　选择"数据条"选项

图 4-24　"新建格式规则"对话框

10．数据区边框线的设置

选中 A2:K15 单元格区域，在弹出的快捷菜单中选择"设置单元格格式"命令，打开"设置单元格格式"对话框，切换到"边框"选项卡，在"线条"选项组的"样式"列表框中选择粗直线，在"预置"选项组中单击"外边框"按钮；再在"线条"选项组的"样式"列表框中选择细实线，在"预置"选项组中单击"内部"按钮，单击"确定"按钮返回工作表，被选中区域的外边框是粗直线、内边框是细实线，如图 4-25 所示。

11．添加页眉和页脚

在进行页眉和页脚设置之前必须先进行页面设置，如纸张大小、纸张方向，这样预览效果才与真实的打印效果接近。

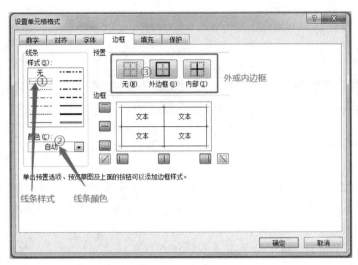

图 4-25　设置边框格式

（1）纸张大小与纸张方向的设置。

单击"页面布局"选项卡，单击功能区中的"页面设置"组按钮，如图 4-26 所示，弹出"页面设置"对话框。在"页面设置"对话框中选择纸张大小为 A4，纸张方向为"横向"，单击"确定"按钮，完成纸张大小与方向的设置，如图 4-27 所示。

图 4-26　"页面布局"选项卡　　　　　　　图 4-27　设置纸张大小与方向

（2）添加页眉。

① 在"插入"选项卡中的"文本"组中单击"页眉和页脚"图标，功能区将出现"页眉和页脚工具"上下文选项卡，并进入页面视图，如图 4-28 所示，此时可以编辑页眉或页脚的内容。

图4-28　页面视图方式下的页眉

提示：

a. 在普通视图方式下，即便已经设置了工作表的页眉和页脚内容，但用户仍然无法看到，只有切换到页面视图方式下，用户才能对页眉和页脚的内容进行修改。

b. Excel 工作表的页眉与页脚均分为左、中、右三部分，这与 Word 文档的页眉、页脚有较大的差异，Word 文档中的页眉或页脚所在位置从左至右是一个整体。

------

②　单击页眉中间部分，在编辑区中输入"食品工程学院19级食品营养与监测专业学生信息登记表"，字体设为宋体，字号设为14磅（页眉与页脚其他部分的字体、字号与此相同，不再赘述）。

③　单击页眉区域右侧部分，输入"第&[页码]页，共&[总页数]页"，其中，"&[页码]"和"&[总页数]"是通过单击"页眉和页脚元素"组中的"页码"图标和"页数"图标插入的，如图4-29所示。

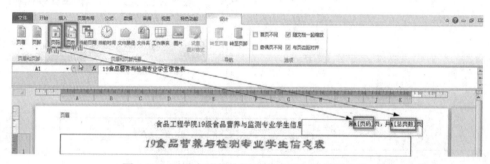

图4-29　页眉中"第 x 页，共 y 页"的设置方法

提示：此处单击"页码"图标与"页数"图标实现在页眉中插入的"&[页码]"与"&[总页数]"项，与 Word 中通过插入"域代码"来控制显示页码、总页数的方法完全相同。

（3）添加页脚。

与插入页眉方法相同，在"设计"选项卡中的"导航"组中单击"转至页脚"图标，即可进行页脚的添加。

在页脚的中间编辑区中输入"录入日期：2019 年 9 月 26 日"，在页脚的右侧部分输入"录入人：黄小雨"。

提示：如果想在页脚处始终显示打开工作簿当天的日期与时间，可以通过单击"设计"选项卡中的"页眉和页脚元素"组中的"当前日期"图标和"当前时间"图标来插入。

（4）退出页面布局视图。

在 Excel 窗口状态栏右下角的视图快捷方式按钮区中单击"普通"视图按钮（见图4-30），即可从页面布局视图切换到普通视图；或者在工作表中单击任意单元格，选择"视图"选项卡中的"工作簿视图"组中的"普通"图标，如图 4-31 所示，也能从页面布局视图返回普通视图。

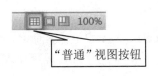

图 4-30　Excel 窗口状态栏中的"普通"视图按钮　　　图 4-31　　"工作簿视图"组中的"普通"图标

至此，"19 食品营养与检测专业学生信息表"全部制作完成，效果参见图 4-1。

4.1.4　知识储备

1．工作表的基本操作

（1）工作表的选择和插入。

选择工作表后才能对工作表进行操作。我们创建的任何一个 Excel 文件都是工作簿文件，默认情况下一个工作簿文件由 3 个工作表组成，分别是 Sheet1、Sheet2 和 Sheet3。默认显示 Sheet1 工作表，如果再需要显示其他工作表，只要单击相应的工作表标签即可。例如，单击 Sheet2 工作表的标签，就可切换到 Sheet2 工作表。

如果需要插入工作表，则首先要确定插入的位置。例如，要在 Sheet3 工作表前插入一个新工作表，首先选中 Sheet3 工作表标签，使其成为当前工作表。然后在"开始"选项卡中的"单元格"组中单击"插入"右侧的下三角按钮，在其下拉列表中选择"插入工作表"选项，就可以看到在 Sheet3 工作表前插入了一个新工作表 Sheet4。

插入工作表的另一种方法是：如果要在 Sheet2 工作表前插入一个工作表，可以右击 Sheet2 工作表标签，在弹出的快捷菜单中选择"插入"选项，打开"插入"对话框。在"常用"选项卡中选择"工作表"选项，单击"确定"按钮即可在 Sheet2 工作表前插入一个新工作表 Sheet5。

通过刚才的插入操作，各工作表标签显示如图 4-32 所示。

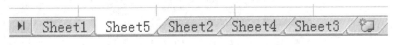

图 4-32　插入 Sheet4、Sheet5 后的工作表标签顺序

（2）工作表的移动和删除。

在一个工作簿文件中，不仅可以插入工作表，还可以调整工作表在工作簿中的位置，也可以将不需要的工作表删除。例如，要将 Sheet5 工作表移动到 Sheet4 工作表后，可以用鼠标选中 Sheet5 工作表标签，并向右拖动到 Sheet4 工作表标签的右侧释放鼠标即可。也可

用标签处的右键快捷菜单"移动或复制"选项来实现工作表的移动。

要删除 Sheet2 工作表，可以右击此工作表标签，在弹出的快捷菜单中选择"删除"选项，即可将 Sheet2 工作表删除。需要注意的是，工作表被删除后不可恢复。

删除工作表的另一种方法：选中要删除的工作表，然后在"开始"选项卡中的"单元格"组中单击"删除"的下拉按钮，在其下拉列表中选择"删除工作表"选项，则可以删除所选中的工作表。

（3）工作表的重命名。

工作表标签的名字称为工作表的名字，默认以 Sheet1、Sheet2……来命名，在使用时很不方便。可以根据实际需要对工作表进行重新命名，以便于区分。实现工作表的重命名有以下几种方法。

① 用鼠标右击工作表标签，在弹出的快捷菜单中选择"重命名"选项，输入新的工作表名称。

② 选择一个工作表中，在"开始"选项卡中的"单元格"组中单击"格式"图标，在其下拉列表中选择"重命名工作表"选项，输入新的工作表名称。

③ 双击工作表标签，在标签位置输入新的工作表标签名称。

（4）工作表的复制。

工作表的复制是通过"移动或复制工作表"对话框来实现的。例如，在当前的工作簿文件中，要对工作表"19 食品营养与检测学生"进行复制，可以右击"19 食品营养与检测学生"标签，在弹出的快捷菜单中选择"移动或复制"选项，打开"移动或复制工作表"对话框，如图 4-33 所示。在此对话框中，在"下列选定工作表之前"列表框中选择"Sheet3"选项，再选中"建立副本"复选框，单击"确定"按钮返回工作表。此时在 Sheet3 工作表之前，复制生成一个新的工作表，工作表标签显示"19 食品营养与检测学生（2）"。

图 4-33　"移动或复制工作表"对话框

也可用"开始"选项卡中的"单元格"组中的"格式"的"移动或复制工作表"选项来实现工作表的复制。

提示： 在"移动或复制工作表"对话框中，如果清除"建立副本"复选框，就是移动工作表。

2．工作表中单元格的操作

（1）选中单元格、行或列。

① 选中单元格。单击一个单元格即可将其选中，选中后的单元格四周会出现粗黑框，也可利用键盘上的方向键重新选择其他单元格。

② 选择单元格区域。在某一个单元格，按住鼠标左键向任何一个方向拖动，鼠标指针经过的区域都会被选中。或者，先选中第一个单元格，再按住"Ctrl"键，依次用鼠标点击所需的单元格或单元格区域，这种方法可以实现不连续区域的选择。若想取消选定，单击工作表中任意一个单元格即可。

③ 选中整行。单击工作表中的行号区的行标（见图 4-34）即可选中该行。在行号区拖动鼠标指针可以选中连续的多行。按住"Ctrl"键并单击各个行标，可以选择不相邻的多行。

④ 选中整列。单击工作表列号区的列标（见图 4-34）即可选中该列。在列号区拖动鼠标指针可以选中连续的多列。按住"Ctrl"键并单击各个列标，可以选择不相邻的多列。

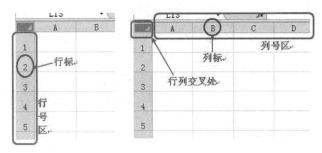

图 4-34　行号区的行标、列号区的列标

⑤ 选中整张工作表。单击工作表行号区与列号区左上角交叉处的全选按钮 ![]，即可选中整张工作表。

（2）插入单元格、行或列。

① 插入单元格。选中需要插入单元格位置的单元格并右击，在弹出的快捷菜单中选择"插入"选项，打开如图 4-35 所示的"插入"对话框，在此进行插入单元格的选项设置。

图 4-35　"插入"对话框

a．活动单元格右移：新的空白单元格出现在选定单元格处，而刚才选中的单元格及其右侧的单元格往右平移一个单元格。

b．活动单元格下移：新的空白单元格出现在选定单元格处，而刚才选中的单元格及其下方的单元格往下平移一个单元格。

c．整行：在选定的单元格所在行处插入一个空行，原有单元格所在的行及其下方的所有行往下平移一行。若选定的是单元格区域，则在选定单元格区域处插入与选定单元格区域相同行数的空白单元格行，原有的单元格区域行及其下方的所有行往下平移。

d．整列：在选定的单元格所在列处插入一个空白列，原有单元格所在的列及其右侧的所有列往右平移一列。若选定的是单元格区域，则在选定单元格区域处插入与选定单元格区域相同列数的空白单元格列，原有的单元格区域列及其右侧的所有列往右平移。

② 插入行。在行号区某行标处当鼠标指针变成向右箭头图标➡时右击，在弹出的快捷菜单中选择"插入"选项，即可在该行处插入一个空白行。

③ 插入列。在列号区某列标处当鼠标指针变成向下箭头图标⬇时右击，在弹出的快捷菜单中选择"插入"选项，即可在该列处插入一个空白列。

（3）删除单元格、行或列。

① 删除单元格。选中要删除的单元格或单元格区域，在"开始"选项卡中的"单元格"组中单击"删除"右侧的下拉按钮，在其下拉列表中选择"删除单元格"选项，打开"删除"对话框，如图4-36所示，在此可进行删除单元格的选项设置。

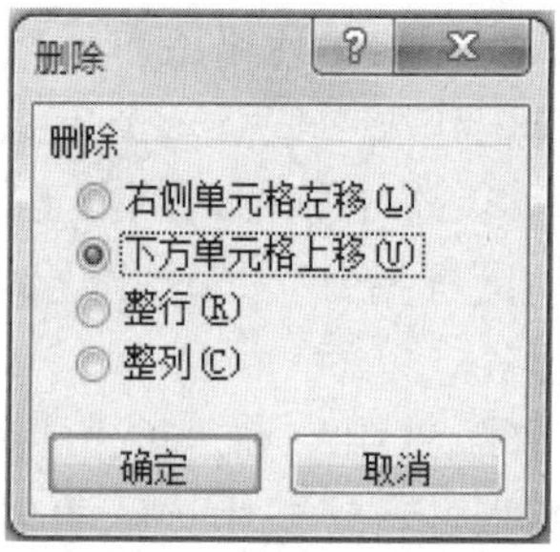

a．右侧单元格左移：选定的单元格或单元格区域被删除，其右侧的单元格或单元格区域填充到该位置。

图4-36　"删除"对话框

b．下方单元格上移：选定的单元格或单元格区域被删除，其下方的单元格或单元格区域填充到该位置。

c．整行：删除选定的单元格区域所在行。其下方的所有行往上平移。

d．整列：删除选定的单元格区域所在列。其右侧的所有列往左平移。

注："Delete"键用于删除选定单元格中的值。删除单元格将会连同单元的位置也删除。

② 快速删除行。选中一行或多行，在"开始"选项卡中的"单元格"组中单击"删除"右侧的下拉按钮，在其下拉列表中选择"删除工作表行"选项即可。

③ 快速删除列。选中一列或多列，在选中列区域右击，在弹出的快捷菜单中选择"删除"选项，即可快速删除选中的列。

（4）移动和复制单元格。

移动单元格是指将单元格中的数据移到新的单元格中，原有位置留下空白单元格。复制单元格是指将单元格中的数据复制到新的单元格中，原有位置的数据仍然存在。

移动和复制单元格的方法基本相同，首先选定要移动或复制数据的单元格，然后在"开始"选项卡中的"剪贴板"组中单击"剪切"按钮或"复制"按钮，再选中目标位置处的单元格，最后单击"剪贴板"组中的"粘贴"按钮，即可将单元格的数据移动或复制到目标单元格中。

快速移动和复制单元格的方法：先选定要移动或复制数据的单元格，当鼠标指针在选择框四边显示为实心四方箭头图标✛时，按住鼠标左键拖动，到目标单元格后放开鼠标，即可实现单元格的移动；如果拖动鼠标时按下"Ctrl"键，可实现单元格数据的复制。

（5）清除单元格。

选中单元格或单元格区域，在"开始"选项卡中的"编辑"组中单击"清除"按钮，在其下拉列表中选择相应的选项，可以实现单元格中内容、格式、批注等的清除，如图4-37所示。

① 全部清除：清除单元格中的所有内容。

② 清除格式：只清除格式，保留数值、文本或公式。

③ 清除内容：只清除单元格的内容，保留格式。

④ 清除批注：清除单元格添加的批注。

⑤ 清除超链接：清除单元格添加的超链接。

图 4-37　"清除"下拉列表

提示：

① 使用"Delete"键只能清除单元格中的内容，无法清除单元格的格式。

② 另一种清除单元格中批注的方法是：使用"审阅"选项卡中的"批注"组中的"删除"图标。

（6）单元格内换行。

在使用 Excel 制作表格时，经常会遇到需要在一个单元格输入一行或几行文字的情况，如果输入一行后按"Enter"键就会移到下一个单元格，而不是换行。要实现单元格内换行，有以下两种方法。

① 在选定单元格输入一行内容后，在换行处按"Alt+Enter"组合键即可切换到下一行继续输入内容。

② 选定单元格，在"开始"选项卡中的"对齐方式"组中单击"自动换行"按钮（ 自动换行 ），则此单元格中的文本内容超出单元格宽度时就会自动换行。

提示："自动换行"功能只对文本格式的内容有效，"Alt+Enter"组合键则对文本和数字都有效，只是数字换行后转换成了文本格式。

---

3. 工作表中单元格数据的输入与编辑

（1）向单元格输入数据的方法。

向单元格输入数据有以下 3 种方法。

① 选中单元格，直接输入数据，按"Enter"键确认。

② 选中单元格，在"编辑栏"中单击，出现光标后输入数据，按"Enter"键或单击编辑栏左侧的"输入"（图标为√）按钮确认，如图 4-38 所示。

③ 双击单元格，单元格中将出现光标，直接输入数据，按"Enter"键确认。

图 4-38　在"编辑栏"中输入数据

（2）不同类型数据的输入。

输入数据时，不同类型的数据在输入过程中的操作方法是不同的。

① 文本型数据的输入。文本型数据通常是指字符或数字、空格和字符的组合，如学生的姓名等。输入单元格中的任何字符，只要不被系统解释成数字、公式、日期、时间或逻辑值，一律将其视为文本数据。所有的文本数据一律左对齐。

② 日期数据的输入。在工作表中可以输入各种形式的日期型和时间型的数据，这需要进行特殊的格式设置。例如，在"19 食品营养与检测学生"中，选中"出生日期"列数据，即 D3:D15 范围内的数据，在"开始"选项卡中的"数字"组中，单击"会计数字格式"右侧的下拉按钮，在其下拉列表中选择"其他数字格式"选项，打开"设置单元格格式"对话框，如图 4-3 所示；在"数字"选项卡中的"分类"列表中选择"日期"选项，在右侧的"类型"列表框中选择所需的日期格式，如"2001 年 3 月 14 日"，单击"确定"按钮，效果如图 4-39 所示。

	学号	姓名	性别	出生日期	身
3	19040501001	贾慧敏	女	2001年10月10日	4118012
4	19040501002	陈武振		1999年1月29日	3231091
5	19040501003	姜大同		1999年12月20日	2319211
6	19040501004	李艳丽	女	1998年12月30日	1103011
7	19040501005	朱小川		1999年11月12日	4110011
8	19040501006	郝运来		1999年10月23日	4111091
9	19040501007	张立明		2000年1月23日	4102202
10	19040501008	刘小坪	女	2000年12月9日	4109262
11	19040501009	田大海		2001年1月21日	1909052
12	19040501010	穆桂英	女	2002年9月22日	4108012
13	19040501011	马腾飞		2001年10月14日	5601092
14	19040501012	李丽霞	女	2005年5月12日	4202092
15	19040501013	孙雷庭		2004年5月12日	4111091

图 4-39　日期数据设置后的效果

时间型数据的输入方法与日期型数据的输入方法相似。

③ 数值型数据的输入。常见的数值型数据有整数形式、小数形式、指数形式、百分比形式、分数形式等。可以通过"设置单元格格式"对话框设置数值型数据的显示格式，如小数位数、是否使用千位分隔符等。

一般而言，当整数的位数超过 11 位或单元格的宽度不足以完整地显示一个数值型数据时，系统会自动按科学计数法（X.XXE±XX）表示，其中，字母 E 不分大小写，它代表数学上 10 的±XX 次幂的底数 10。如 Excel 中某单元格显示的数值是"4.10711E+17"，其数值就是 4.10711×10^{17}。

百分比形式可以直接输入 XX%的形式，也可以输入小数，设置显示为百分比形式。

分数形式的数据，需要先选中单元格进行单元格格式设置，在图 4-3 所示的"设置单元格格式"对话框中，选择"数字"选项卡中"分类"列表中的"分数"选项，并在右边的类型中选择一种显示类型，单击"确定"按钮。设置好分数格式后，再进行数据的输入（如 5/7，分数线用"/"表示）。若要直接输入分数形式的数据，可以在分数数据前加前导符"0"和空格，如输入"0 1/3"，则单元格中显示分数 1/3，否则系统自动将 1/3 识别为日期型数据"1 月 3 日"。

4．自动填充数据

Excel 的自动填充功能可以将一些有规律的数据快捷方便地填充到所需的单元格中，减少工作重复，提高工作效率。

（1）用鼠标拖动实现数据的自动填充。

在一个单元格或单元格区域中输入数据，选中此单元格或单元格区域，指向填充柄（选择框右下角实心小方块），当鼠标指针变成黑色十字形状时按住鼠标左键不放，向上、下、左、右四个方向进行拖动，实现数据的填充。另外，如果数据中包含数字数据时，在按住"Ctrl"键的同时拖动鼠标，也可以实现数据的有序填充。

拖动完成后，在结果区域的右下角会有"自动填充选项"按钮，单击此按钮，在打开的下拉列表中可以选择各种填充方式，如图 4-40 所示。

注：单元格的数据中如果包含数字符号（如 1、2 等）时，"自动填充选项"为 4 个；单元格的数据如果不包含数字符号（如中文一、二等不算作数字字符）时，"自动填充选项"为 3 个，无"填充序列"选项。

（2）用"填充序列"对话框实现数据填充。

选中一个单元格或单元格区域，在"开始"选项卡中的"编辑"组中单击"填充"按钮，在其下拉列表中选择"序列"选项，打开"序列"对话框，如图 4-41 所示。设置序列选项，可以生成各种序列数据完成数据的填充操作。

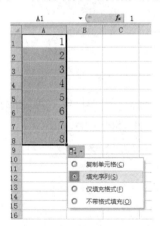

图 4-40　"自动填充选项"下拉列表　　　　图 4-41　"序列"对话框

（3）数字序列的填充。

① 快速填充相同的数值。在填充区域的起始单元格中输入序列的起始值，如输入"1"，再将填充柄（选择框右下角的黑正方点）拖动填充区域，即可实现相同数值的自动填充。

② 快速填充步长值为1的等差数列。在填充区域的起始单元格中输入序列的起始值，如输入"1"，按住"Ctrl"键的同时将填充柄拖动填充区域，即可实现步长值为 1 的等差序列的自动填充。

③ 快速填充任意的等差数列。在填充区域的起始单元格中输入序列的起始值，如果单元格 A1 中输入"1"，单元格 A2 中输入"3"，选中 A1、A2 两个单元格后，用鼠标拖动选择框右下角的填充柄，经过的区域实现步长为 2 的等差数列的自动填充，此时数据列为递增关系，如图 4-42 所示；如果单元格 A1 中输入"15"，单元格 A2 中输入"13"，在进行拖动时，经过的区域实现步长值为-2 的等差数列的自动填充，此时数据列为递减关系，如图 4-43 所示。

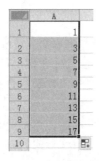

图 4-42　升序填充

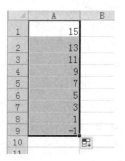

图 4-43　降序填充

文本数据中的数字部分和数值型数据的填充方式相同，按等差序列变化，字符部分保持不变，其效果如图 4-44 所示。

	A	B	C	D
1	文本中没有数字	文本全部由数字组成	文中有部分数字1	文中有部分数字2
2	成绩表	1001	成绩表10-1	成绩表10-1
3	成绩表	1002	成绩表10-2	成绩表10-3
4	成绩表	1003	成绩表10-3	成绩表10-5
5	成绩表	1004	成绩表10-4	成绩表10-7
6	成绩表	1005	成绩表10-5	成绩表10-9
7	成绩表	1006	成绩表10-6	成绩表10-11

图 4-44　文本中包含数字部分时数据的填充效果

④ 日期序列填充。日期序列有 4 种日期单位可供选择，分别为"日""工作日""月""年"。图 4-45 所示是采用不同的日期单位、步长值为 1 的日期序列填充效果。

	A	B	C	D
1	按"日"	按"工作日"	按"月"	按"年"
2	2019-9-12	2019-9-12	2019-9-12	2011-9-12
3	2019-9-13	2019-9-13	2019-10-12	2012-9-12
4	2019-9-14	2019-9-16	2019-11-12	2013-9-12
5	2019-9-15	2019-9-17	2019-12-12	2014-9-12
6	2019-9-16	2019-9-18	2020-1-12	2015-9-12
7	2019-9-17	2019-9-19	2020-2-12	2016-9-12
8	2019-9-18	2019-9-20	2020-3-12	2017-9-12
9	2019-9-19	2019-9-23	2020-4-12	2018-9-12
10	2019-9-20	2019-9-24	2020-5-12	2019-9-12

图 4-45　日期序列填充

⑤ 时间数据填充。Excel 默认时间数据以小时为单位、步长值为 1 的方式进行数据填充。若要改变默认的填充方式，可以参照数字序列中的快速填充任意等差数列的方法来完成，如图 4-46 所示。

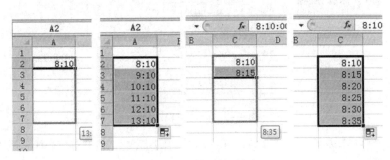

图 4-46　时间数据填充

5．数据表的查看

（1）拆分窗口。

为了便于对一个工作表中的数据进行比较和分析，可以将工作表窗口进行拆分，最多可以拆分成 4 个窗格，操作步骤如下。

① 指向垂直滚动条顶端的拆分框 ，鼠标指针变为图 4-47 所示的垂直拆分指针，或指向水平滚动条右端的拆分框 ，鼠标指针变为图 4-48 所示的水平拆分指针。

② 当指针变为拆分指针时，将拆分框向下或向左拖动至所需的位置。

③ 要取消拆分，双击分隔窗格的拆分条的任何部分即可。

图 4-47　垂直拆分指针　　　　　　　　　　　　图 4-48　水平拆分指针

（2）冻结窗口。

随着工作表中数据的不断增加，列标题行逐渐向上移出窗口，这对数据的输入与查看造成不便，Excel 提供了冻结窗口功能，可将所需的列标题行固定在窗口中，以方便准确地查看输入数据。下面结合本任务的工作表说明冻结窗口的方法。

① 在"19 食品营养与检测学生"工作表中选中 C3 单元格，在"视图"选项卡中的"窗口"组中单击"冻结窗格"图标，在其下拉列表中选择"冻结拆分窗格"选项。

② 此时，工作表的第 1 行、第 2 行、A 列、B 列被冻结，拖动垂直滚动条和水平滚动条浏览数据时，被冻结的行和列将不被移动，如图 4-49 所示。

③ 要取消冻结，在"视图"选项卡中的"窗口"组中单击"冻结窗格"图标，在其下拉列表中选择"取消冻结窗格"选项即可。

④ 若只冻结标题行表头，可选中 A3 单元格，按照上述方法选择"冻结拆分窗格"选项即可。

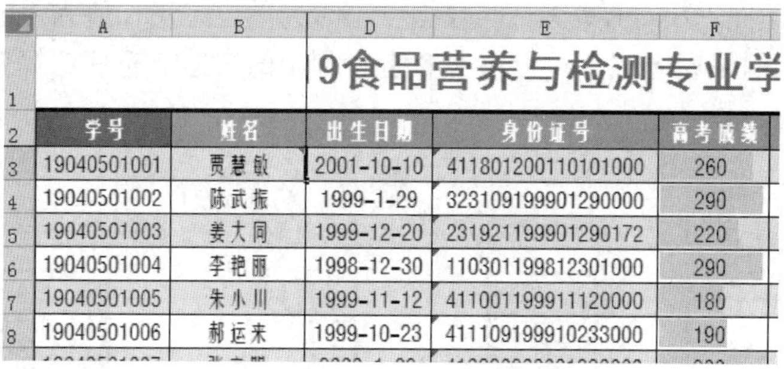

	A	B	D	E	F
1			9食品营养与检测专业学		
2	学号	姓名	出生日期	身份证号	高考成绩
3	19040501001	贾慧敏	2001-10-10	411801200110101000	260
4	19040501002	陈武振	1999-1-29	323109199901290000	290
5	19040501003	姜大同	1999-12-20	231921199901290172	220
6	19040501004	李艳丽	1998-12-30	110301199812301000	290
7	19040501005	朱小川	1999-11-12	411001199911120000	180
8	19040501006	郝运来	1999-10-23	411109199910233000	190

图 4-49　冻结窗口示例

⑤ 若要冻结工作表的首行或首列，可以在"冻结窗格"下拉列表中选择"冻结首行"或"冻结首列"选项。

（3）调整工作表显示比例。

在"视图"选项卡中的"显示比例"组中单击"显示比例"图标，打开"显示比例"对话框，如图 4-50 所示。在该对话框中可以选择工作表的缩放比例。

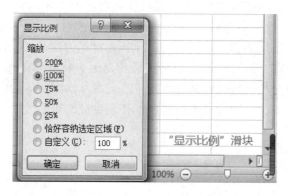

图 4-50　"显示比例"对话框

或者拖动 Excel 窗口右下角显示比例区域中的"显示比例"滑块，也可以调整工作表的显示比例。

6.单元格格式设置

单元格格式设置在"设置单元格格式"对话框中完成。在"开始"选项卡中单击"字体"组右下角的组按钮，打开"设置单元格格式"对话框，该对话框包含以下 6 个选项卡。

（1）"数字"选项卡。

设置所选中单元格或单元格区域中数据的类型。

（2）"对齐"选项卡。

可以对选中单元格或单元格区域中的数据进行文本对齐方式设置、文字显示方向设置及指定文本控制功能。

（3）"字体"选项卡。

可以设置选中单元格或单元格区域中文字的字符格式，包括字体、字号、字形、下画线、颜色和特殊效果等选项。

（4）"边框"选项卡。

可以为选定单元格或单元格区域添加边框线或对角线，还可以选择边框线或对角线的线条样式、线条粗细和线条颜色。

（5）"填充"选项卡。

为选定的单元格或单元格区域设置背景色，其中使用"图案颜色"和"图案样式"选项可以对单元格背景应用双色图案或底纹，使用"填充效果"选项可以对单元格的背景应用渐变填充。

（6）"保护"选项卡。

用来保护工作表数据的安全和公式的设置。

7．页面设置

（1）设置纸张方向。

在"页面布局"选项卡中的"页面设置"组中单击"纸张方向"图标，可以设置纸张方向。

（2）设置纸张大小。

在"页面布局"选项卡中的"页面设置"组中单击"纸张大小"图标，可以设置纸张的大小。

（3）调整页边距。

在"页眉布局"选项卡中的"页面设置"组中单击"页边距"图标，在其下拉列表中有 3 个内置页边距选项可供选择，也可选择"自定义边距"选项，打开"页面设置"对话框，在"页边距"选项卡中自定义页边距，如图 4-51 所示。

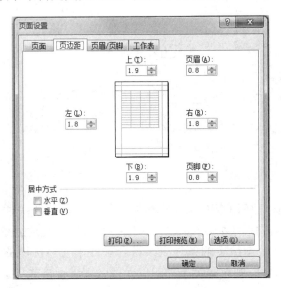

图 4-51　"页边距"选项卡

提示：在"页面布局"选项卡中单击"页面设置"组右下角的组按钮也可打开"页面设置"对话框。

8．打印设置

（1）设置打印区域和取消打印区域。

设置工作表上指定单元格区域为打印区域的方法：先进行单元格区域的选择，然后单击"页面布局"选项卡中的"页面设置"组中的"打印区域"图标，在其下拉列表中选择"设置打印区域"选项，此时被选择的单元格区域被设置为打印区域。要取消打印区域，选择"取消打印区域"选项即可。

（2）设置打印标题。

当要打印的工作表占多页时，通常只有第 1 页能打印出表格的标题，这样不利于表格数据的查看。通过设置打印标题，可以使打印的每一页表格都在顶端显示相同的标题。

单击"页面布局"选项卡中的"页面设置"组中的"打印标题"图标，打开"页面设置"对话框，打开"工作表"选项卡，在"打印标题"选项组的"顶端标题行"文本框中设置表格标题的单元格区域（本工作任务的表格标题区域为"S1:S2"），此时还可以在"打印区域"框中设置打印区域，如图 4-52 所示。

图 4-52 "工作表"选项卡

9．使用条件格式

使用条件格式可以直观地查看和分析数据，如突出显示所关注的单元格或单元格区域，重点强调异常值等，使用数据条、色阶和图标集可以直观地显示数据。

条件格式的原理是根据给定的条件更改符合条件单元格区域的外观或单元格数据的显示格式。如果条件为真，则对满足条件的单元格区域进行格式设置；如果条件为假，则不进行格式设置。

（1）使用双色刻度设置所有单元格的格式。

双色刻度使用两种颜色的深浅程度来比较某个区域的单元格，颜色的深浅表示值的高低。例如，在绿色和红色的双色刻度中，可以指定较高值单元格的颜色更绿，而较低值单元格的颜色更红。

① 快速格式化。选中单元格区域，在"开始"选项卡中的"样式"组中单击"条件格式"图标，在其下拉列表中选择"色阶"选项，选择需要的双色刻度即可。

② 高级格式化。选中单元格区域，在"开始"选项卡中的"样式"组中单击"条件格式"图标，在其下拉列表中选择"管理规则"选项，打开"条件格式规则管理器"对话框，如图 4-53 所示。

图 4-53　"条件格式规则管理器"对话框

若要添加条件格式，可以单击"新建规则"按钮，打开"新建格式规则"对话框，如图 4-54 所示。若要更改条件格式，可以先选择规则，单击"确定"按钮返回上级对话框，然后单击"编辑规则"按钮，打开"编辑格式规则"对话框（与"新建格式规则"对话框类似）。在该对话框中进行相应的设置即可。

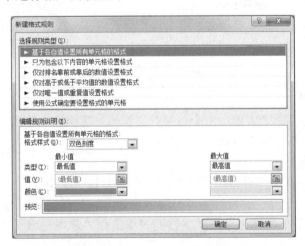

图 4-54　"新建格式规则"对话框

在"新建格式规则"对话框的"选择规则类型"列表框中选择"基于各自值设置所有单元格的格式"选项，在"编辑规则说明"选项组中选择"格式样式"下拉列表中的"双色刻度"选项。选择"最小值"栏和"最大值"栏的类型，可执行下列操作之一。

a. 设置最低值和最高值的格式。选择"最低值"选项和"最高值"选项。此时不输入具体的最小值和最大值的数值，可以设置最小值与最大值的背景填充颜色。

b. 设置数字、日期或时间值的格式。选择"数字"选项，可以输入具体的最小值和最大值。

c. 设置百分比的格式：选择"百分比"选项，可以输入具体的最小值和最大值。

d. 设置百分点值的格式：选择"百分点值"选项，然后输入具体的最小值和最大值。百分点值可用于以下情形：用一种颜色深浅度比例直观地显示一组上限值（如前 20 个百分点值），用另一种颜色的深浅度比例直观地显示一组下限值（如后 20 个百分点值），因为这两种比例所表示的极值有可能会使数据的显示失真。

e. 设置公式结果的格式。选择"公式"选项，然后输入具体的最小值和最大值。

（2）用三色刻度设置所有单元格的格式。

三色刻度使用 3 种颜色的深浅程度来比较某个区域的单元格。颜色的深浅表示值的高、中、低。例如，在红色、白色和蓝色的三色刻度中，可以指定较高值单元格的颜色为红色，中间值单元格的颜色为白色，而较低值单元格的颜色为蓝色。

（3）数据条可查看某个单元格相对于其他单元格的值。

数据条的长度代表单元格中的值，数据条越长表示值越大，数据条越短表示值越小。在观察大量数据中的较大值和较小值时，数据条尤为有用。

10. 自动备份工作簿

（1）启动 Excel 2010，打开需要备份的工作簿文件。

（2）单击"文件"按钮，在其下拉菜单中选择"另存为"命令，打开"另存为"对话框，单击左下角的"工具"按钮，在其下拉列表中选择"常规选项"选项，打开"常规选项"对话框，如图 4-55 所示。

图 4-55　"常规选项"对话框

（3）在该对话框中，选中"生成备份文件"复选框，单击"确定"按钮。以后修改该工作簿后再保存，系统会自动生成一份备份工作簿，并且能直接打开使用。

11. 保护工作簿

工作簿的保护包括两个方面：一个是保护工作簿，防止他人非法访问；另一个是禁止他人对工作簿或工作簿中的工作表非法操作。

（1）访问工作簿的权限保护。

① 限制打开工作簿。要限制打开工作簿，可进行如下操作。

a. 打开工作簿，选择"文件"→"另存为"命令，打开"另存为"对话框。

b. 单击"工具"下拉按钮，在其下拉列表中选择"常规选项"选项，打开"常规选项"对话框。

c. 在"常规选项"对话框的"打开权限密码"文本框中输入密码，单击"确定"按钮后，要求用户再一次输入密码，以便确认。

d. 单击"确定"按钮返回"另存为"对话框，再单击"保存"按钮即可。

打开设置了密码的工作簿时，将出现"密码"对话框，只有正确地输入密码后才能打开工作簿，密码是区分大小写字母的。

② 限制修改工作簿。打开"常规选项"对话框，在"修改权限密码"文本框中输入密码。打开工作簿时将出现"密码"对话框，输入正确的修改权限的密码后才能对该工作簿进行修改操作。

③ 修改或取消密码。打开“常规选项”对话框，如果要更改密码，在“打开权限密码”文本框中输入新密码并单击“确定”按钮即可；如果要取消密码，按“Delete”键删除打开权限密码，然后单击“确定”按钮。

（2）对工作簿工作表和窗口的保护。

如果不允许对工作簿中的工作表进行移动、删除、插入、隐藏、取消隐藏、重新命名或禁止对工作簿窗口进行移动、缩放、隐藏、取消隐藏等操作，可进行如下设置。

① 在“审阅”选项卡中的“更改”组中单击“保护工作簿”图标，打开“保护结构和窗口”对话框。

② 选中“结构”复选框，表示保护工作簿的结构，工作簿中的工作表将不能进行移动、删除、插入等操作。

③ 如果选中“窗口”复选框，则每次打开工作簿时保持窗口的固定位置和大小，工作簿的窗口不能被移动、缩放、隐藏和取消隐藏。

④ 输入密码。输入密码可以防止他人取消工作簿保护，最后单击“确定”按钮。

（3）隐藏工作表。

对工作表除上述密码保护外，还可以赋予“隐藏”特性，使之可以使用，但其内容不可见，从而得到一定程度的保护。

右击工作表标签，在弹出的快捷菜单中选择“隐藏”选项可以隐藏工作簿工作表的窗口，隐藏工作表后，屏幕上不再出现该工作表，但可以引用该工作表中的数据。若对工作簿实施“结构”保护后，则不能隐藏其中的工作表。

还可以隐藏工作表的某行或某列。选定需要隐藏的行（列），右击，在弹出的快捷菜单中选择“隐藏”选项，则隐藏的行（列）将不显示，但可以引用其中单元格的数据，行或列隐藏处出现一条黑线。选中已隐藏行（列）的相邻行（列），右击，在弹出的快捷菜单中选择“取消隐藏”选项，即可显示隐藏的行或列。

4.1.5 任务强化

为了便于管理学生的个人信息，要求创建 Excel 工作表“19 级建筑工程专业学生信息表”，效果如图 4-56 所示。

19级建筑工程专业学生信息表

学号	姓名	性别	出生日期	身份证号	高考成绩	电话号码	籍贯	邮编
19030801001	陈长轶	男	2000-10-1	411801200010010100	249	13900757012	河南漯河	462300
19030801002	姜林林	男	2001-12-6	323109200112069000	289	13189549876	河南安阳	701000
19030801003	李晓	女	2001-5-25	231921200105230172	225	13003952340	河南开封	114000
19030801004	孙彦飞	男	2002-3-23	110301200203230100	287	13120395765	山西运城	310000
19030801005	朱言	女	1999-12-12	411001199912120000	195	17709873356	江苏无锡	212000
19030801006	孙森森	男	1999-10-23	411109199910233000	200	17002028791	河南武陟	453000
19030801007	张子扬	男	2000-2-23	410220200002230000	350	13803987891	河南南阳	454150
19030801008	刘新	男	2000-10-10	410926200010102000	256	13456894509	河南周口	466000
19030801009	田大地	男	2001-5-21	190905200105213000	240	13833992929	山西运城	440000
19030801010	马化腾	男	2002-1-21	410801200201215000	302	17636365201	河南三门峡	472000
19030801011	李子姜	男	2001-8-14	560109200108140000	224	17788990022	湖南株洲	350000
19030801012	王富林	男	2005-4-15	420209200050415210	180	13003955548	福建福州	410000
19030801013	赵彬	男	2004-1-10	411109200401100200	256	13403956818	内蒙包头	462300

图 4-56 “19 级建筑工程专业学生信息表”工作表

具体要求如下。

（1）在个人文件夹中新建工作簿文件，命名为“19 级建筑工程专业学生信息表.xlsx”。

（2）在 Sheet1 工作表中输入数据，其中"学号""电话号码""身份证号""邮编"列为文本数据，"入学成绩"列数据要求为整数。

（3）为 B3 单元格添加批注"班长"，B8 单元格添加批注"团支书"。

（4）将 Sheet1 工作表的标签修改为"建筑工程学生基本信息表"。

（5）保存文件内容。

（6）设置表格标题行。

① 表格标题字符格式为方正姚体，24 磅，蓝色。

② 标题行行高设置为 40。

③ 标题对齐方式为水平居中、垂直居上。

④ 标题所在单元格加上、下边框，线条样式为粗实线，底纹为浅灰色。

（7）设置列标题。

① 对列标题套用单元格样式：单元格样式中的"强调文字颜色 1"。

② 设置表格列标题的字符格式为华文楷体，12 磅。

③ 设置表格列标题的对齐方式为水平居中、垂直居中。

④ 设置行高为 20。

（8）设置表格数据的格式。

① 对表格套用格式"表样式中等深浅色 9"。

② 对"高考成绩"数据列添加色阶"红-黄-绿"。

③ 使用条件格式设置籍贯中包含"河南"一词的单元格中的数据格式为"加粗、倾斜、红色"。

（9）进行打印设置。

① 设置纸张方向为横向，纸张大小为 A4，页边距上、下均为 2 厘米，左、右均为 2 厘米，页眉为 3 厘米，页脚为 3 厘米，表格数据水平方向居中。

② 将"19 级建筑工程专业学生信息表"的 A1:I15 设置为打印区域，并设置打印顶端标题为第 1 行和第 2 行（工作表的标题行和数据的列标题）。

任务 2　学生成绩表的处理

Excel 函数是 Excel 中的内置函数。Excel 函数包含 11 类，分别是数据库函数、日期与时间函数、工程函数、财务函数、信息函数、逻辑函数、查询和引用函数、数学和三角函数、统计函数、文本函数及用户自定义函数。本任务以学生成绩表的处理为例，介绍 Excel 中公式和常用函数的用法。

4.2.1　任务描述

2019—2020 学年第一学期期末考试结束，等所有任课教师将成绩录入教务系统平台后，2019 级电子商务 5 班的辅导员赵倩老师从教务系统中把本班学生的各科原始成绩导出，存放到一个名为"2019 级电商 5 班成绩表.xlsx"的工作簿文件中。赵倩老师根据学院评优评先的有关要求和教学部门评估教学效果所需，必须完成以下工作。

（1）计算出每个学生的总分、平均分和班级排名（"劳动教育"课程是考查课，其他科目是考试课，"劳动教育"课程的成绩不计入总分与平均分）。

（2）统计出本班学生各考试科目的最高分与最低分。

为尽快完成以上工作，赵倩老师学习了 Excel 中提供的几个基本函数，终于顺利完成了学生成绩的计算与各科最高分与最低分的统计工作。

4.2.2   任务分析

为了满足数据分析的需要，首先要完善工作表，如增加标题行、各科最高分与最低分行，以及增加"总分""平均分""名次""评价" 4 列；其次，为了使工作表看起来更美观，需要对工作表进行美化，如添加底纹、套用表格样式等；最后用 SUM、AVERAGE 和 RANK 函数计算出每个学生的总分、平均分及班级排名，用 MAX、MIN 函数统计出各考试科目的最高分和最低分。要完成本项工作任务，需要进行以下操作。

（1）在原始成绩表中增加行、列来完善成绩表。

（2）对完善后的成绩表进行美化修饰。

（3）处理成绩表中的数据。

4.2.3   任务实施

1．打开文件

启动 Microsoft Excel 2010，打开工作簿文件"2019 级电商 5 班成绩表.xlsx"，学生成绩在 Sheet2 中，如图 4-57 所示。

	A	B	C	D	E	F	G	H	I
1	学号	姓名	信息技术	Photoshop	思想道德	电商概论	高数	大学英语	劳动教育
2	19090705001	孙枝龙	78	29	90	75	78	78	优秀
3	19090705002	李嘉齐	80	58	96	85	81	87	优秀
4	19090705003	蔡晓帅	87	87	58	95	84	78	优秀
5	19090705004	张高杰	84	78	90	87	87	76	中等
6	19090705005	许贺鹏	86	69	67	79	90	74	优秀
7	19090705006	周旭光	81	60	90	71	93	72	优秀
8	19090705007	岳灿辉	90	67	89	63	96	70	优秀
9	19090705008	岳彦飞	92	74	87	55	99	68	优秀
10	19090705009	王鹏程	94	81	56	47	95	66	优秀
11	19090705010	王必健	96	88	78	67	91	64	及格
12	19090705041	丁关根	72	71	71	82	56	93	中等
13	19090705042	胡添怡	90	74	73	90	65	62	中等
14	19090705043	张吉山	81	77	75	98	74	67	及格
15	19090705044	刘松波	67	80	77	66	83	72	及格
16	19090705045	王梦魁	69	83	79	69	92	77	及格
17	19090705046	张家宝	口9	86	81	72	61	82	及格
18	19090705047	张豫川	60	92	68	75	60	87	及格
19	19090705048	朱斌博	73	43	94	78	72	89	优秀

图 4-57   工作表 Sheet2 中的原始成绩

2．完善成绩表

（1）双击工作表标签"Sheet2"，将之重命名为"2019 级电商 5 班成绩表"。

（2）在第一行前插入一个空行后，选中 A1 单元格，输入成绩表标题文字内容"2019—2020 学年第一学期 2019 级电商 5 班成绩表"。

（3）在"劳动教育"列右边添加 4 列，列标题分别为"总分""平均分""名次""评价"，用以计算学生个人的成绩及名次。

（4）在 A51、B51 和 B52 这 3 个单元格中分别输入数据"全班各科""最高分""最低分"，用来统计分析全班各科目的教学效果。

成绩表的框架结构已经初步形成，完善后的成绩表如图 4-58 所示。

图 4-58　完善后的成绩表

3. 美化修饰成绩表

（1）选中 A2:M52 单元格区域，给成绩表加上内边框和外边框。

（2）合并 A1:M1 单元格区域，使标题"2019—2020 学年第一学期 2019 级电商 5 班成绩表"居中，设置标题字体为"Microsoft YaHei UI"，字号为"14 磅"。

（3）选中 A51:H52 单元格区域，添加"黄色"底纹。

（4）对工作表 A2:M52 单元格区域套用表格样式"表样式浅色 16"。

（5）对工作表 A2:M2 单元格区域使用主题单元格样式"40%-着色 5"。

美化修饰后的成绩表如图 4-59 所示。

图 4-59　美化修饰后的成绩表

4．处理成绩表中的数据

（1）计算每个学生的总分，劳动教育课除外。

① 选中 J3 单元格，在编辑栏中输入公式"=SUM(C3:H3)"，再按"Enter"键确认或单击编辑栏左侧的输入按钮 ✓ 来确认，即可得到第 1 个同学的总分为 428 分，如图 4-60 所示。

② 将光标置于 J3 单元格右下角的填充柄上，按住鼠标左键向下拖动至 J50 单元格，即可得到整个"总分"列的计算结果，如图 4-61 所示。

提示：

a．SUM 函数用来实现求和计算。"="是公式的开始标记。"C3:H3"表示从 C3 到 H3 之间连续的单元格区域。公式中的所有字母、数字、符号必须在英文状态下输入。

b．在图 4-60 中，编辑栏中显示的内容是"=SUM(C3:H3)"，它是单元格 J3 中使用的计算公式，而单元格 J3 中显示的"428"则是公式的计算结果。

c．双击单元格 J3 的填充柄也可得到整个"总分"列的计算结果，此动作与按住填充柄往下拖动的效果是一样的。

图 4-60　计算出第一位同学总分后的成绩表

图 4-61　计算出全班同学总分后的成绩表

（2）计算每个同学的平均分，保留两位小数，劳动教育课除外。

① 选中 K3 单元格，在编辑栏中输入公式"=AVERAGE(C3:H3）"，再按"Enter"键确认即可得到第 1 个同学的平均分为 73.33333。

② 右击 K3 单元格，在弹出的快捷菜单中选择"设置单元格格式"选项，在打开的"设置单元格格式"对话框中，切换到"数字"选项卡，在"分类"列表框中选择"数值"选项，然后在右侧设置保留 2 位小数，如图 4-62 所示。

图 4-62　设置"平均分"保留 2 位小数

提示：改变 K3 单元格中数值保留小数位数的简便做法是：选中单元格 K3，切换到"开始"选项卡，单击其功能区"数字组"组中的"减少小数位数"按钮 ，将 K3 的值 71.33333 变为 71.33，每单击一次，小数位数减少一位；同样，每单击一次"增加小数位数"按钮 可以使小数位数增加一位。

---

③ 双击单元格 K3 右下角的填充柄，即可得到每个同学的平均分，如图 4-63 所示。

学号	姓名	信息技术	Photoshop	思想道德	电商概率	高数	大学英语	劳动教育	总分	平均分	名次	评价
19090705001	孙枝龙	78	29	90	75	78	78	优秀	428	71.33		
19090705002	李嘉齐	80	58	96	85	81	87	优秀	487	81.17		
19090705003	蔡晓帅	87	87	58	95	84	78	优秀	489	81.50		
19090705004	张高杰	84	78	90	87	87	76	优秀	502	83.67		
19090705005	许贺鹏	86	69	67	79	90	74	优秀	465	77.50		
19090705006	周旭光	81	60	90	71	93	72	优秀	467	77.83		
19090705007	岳灿辉	90	67	89	63	96	70	优秀	475	79.17		
19090705008	岳彦飞	92	74	87	55	99	68	优秀	475	79.17		
19090705009	王鹏程	94	81	56	47	95	66	优秀	439	73.17		
19090705010	王必健	96	88	78	67	91	64	及格	484	80.67		
19090705039	刘饲岩	54	65	67	66	78	79	中等	409	68.17		
19090705040	张家豪	32	68	69	74	89	86	中等	418	69.67		
19090705041	丁关殿	72	71	71	82	56	93	中等	445	74.17		
19090705042	胡添怡	90	74	73	90	65	62	中等	454	75.67		
19090705043	张青山	81	77	75	93	74	67	及格	472	78.67		
19090705044	刘松波	67	80	77	66	83	72	及格	445	74.17		
19090705045	王梦魁	69	83	79	69	92	77	及格	469	78.17		
19090705046	张家宝	59	86	81	72	61	82	及格	441	73.50		
19090705047	张键川	60	92	83	75	60	87	及格	457	76.17		
19090705048	朱斌博	73	43	94	78	72	89	优秀	449	74.83		
全班各科	最高分											
	最低分											

图 4-63　计算平均分后的成绩表

（3）计算每个同学的班内名次，劳动教育课除外。

① 选中单元格 L3，单击编辑栏左侧的"插入函数"按钮 **fx**，打开"插入函数"对话框。在"或选择类别"下拉列表中选择"兼容性"选项，在"选择函数"列表框中选择"RANK"函数，如图 4-64 所示，单击"确定"按钮。

图 4-64　"插入函数"对话框

② 在打开的"函数参数"对话框中，可以看到光标在"Number"文本框中闪烁，单击 J3 单元格，第一个参数"Number"设置完毕，如图 4-65 所示。

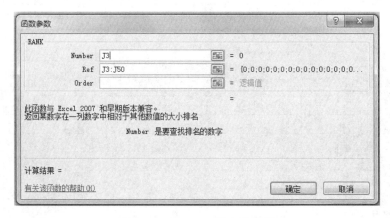

图 4-65　RANK 函数参数设置

③ 单击"Ref"文本框，输入"J3:J50"，用鼠标选中"J3:J50"后按"F4"键，此时可看到"J3:J50"变为"$J$3:$J$50"，第二个参数设置完毕。

④ 在"RANK"选项组的第三个参数"Order"框中输入"0"或不输入任何数值，单击"确定"按钮，则在 L3 单元格显示出名次为"42"，如图 4-66 所示。

提示：

a. RANK 函数的第二个参数 Ref 必须使用绝对引用的方式。此处设置值为$J$3:$J$50，如果 Ref 参数不采用绝对引用方式，当我们用填充柄将 J3 单元格的公式复制到其他地方时，Ref 参数对应的区域将不再是"J3:J50"（全班同学的总分区域），则必然会导致 RANK 函数在计算其他同学的名次时出现错误。

b. RANK 函数的第三个参数省去或填上数值"0"，表示排位方式为降序。此任务中学生的名次是按总分成绩从高至低来确定的，所以第三个参数必须是"0"或省略。

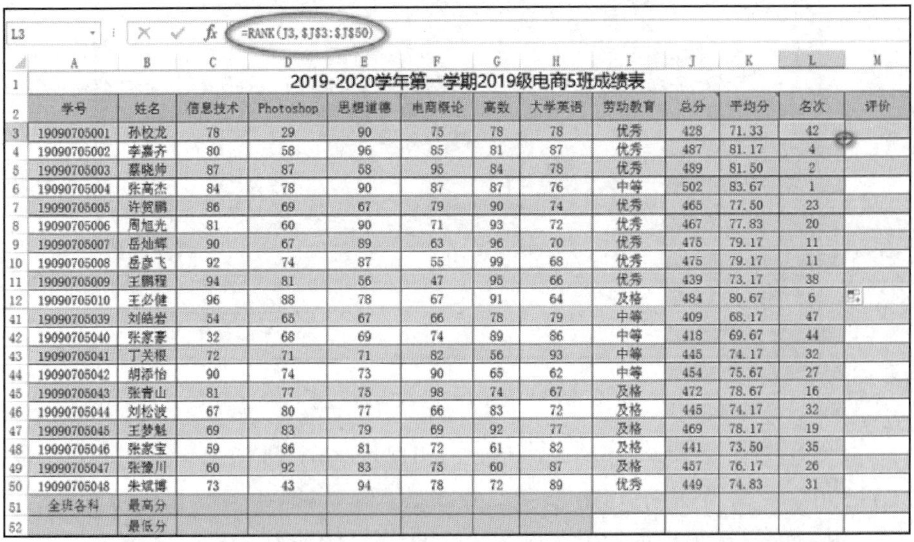

⑤ 双击 L3 单元格的填充柄即可得到全班所有同学的名次，如图 4-66 所示。

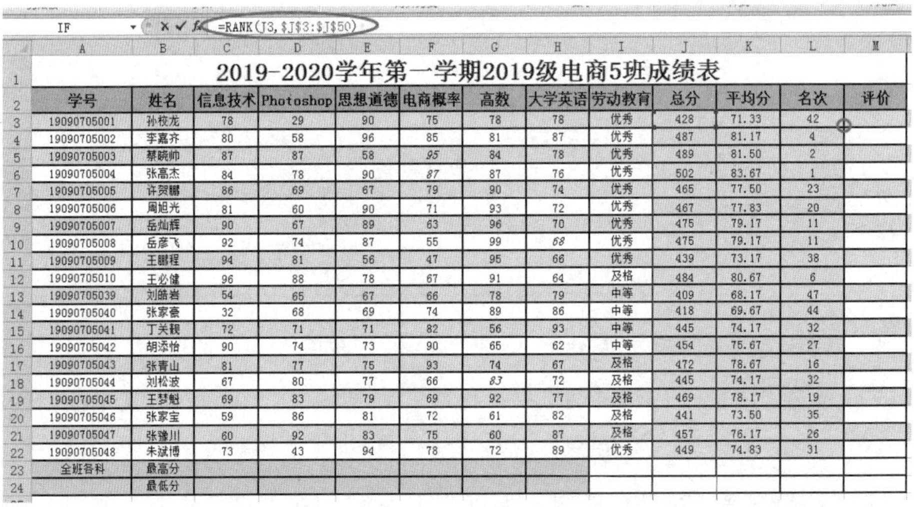

图 4-66 使用 RANK 函数计算出的名次（部分）

（4）计算出全班每个科目的最高分与最低分。

① 选中 C51 单元格，在编辑栏中输入公式"=MAX（C3:C50）"，按"Enter"键确

定，即可得到该班“信息技术”课程的最高分为98，如图4-67所示。

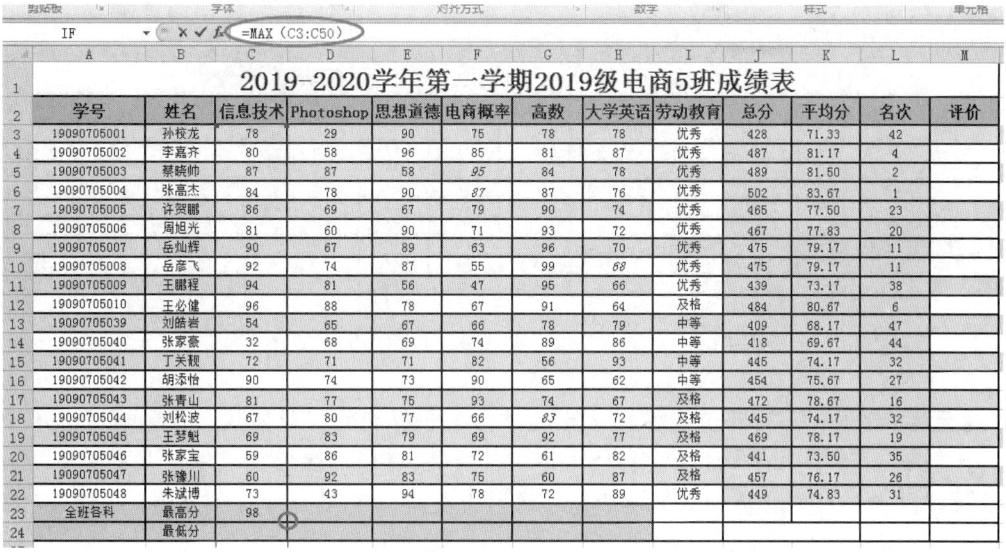

IF　=MAX（C3:C50）

	A	B	C	D	E	F	G	H	I	J	K	L	M
1	2019-2020学年第一学期2019级电商5班成绩表												
2	学号	姓名	信息技术	Photoshop	思想道德	电商概率	高数	大学英语	劳动教育	总分	平均分	名次	评价
3	19090705001	孙桉龙	78	29	90	75	78	78	优秀	428	71.33	42	
4	19090705002	李嘉齐	80	58	96	85	81	87	优秀	487	81.17	4	
5	19090705003	蔡晓帅	87	87	58	95	84	78	优秀	489	81.50	2	
6	19090705004	张高杰	84	78	90	87	87	76	优秀	502	83.67	1	
7	19090705005	许贺鹏	86	69	67	79	90	74	优秀	465	77.50	23	
8	19090705006	周旭光	81	60	90	71	93	72	优秀	467	77.83	20	
9	19090705007	岳灿辉	90	67	89	63	96	70	优秀	475	79.17	11	
10	19090705008	岳彦飞	92	74	87	55	99	68	优秀	475	79.17	11	
11	19090705009	王鹏程	94	81	56	47	95	66	优秀	439	73.17	38	
12	19090705010	王必健	96	88	78	67	91	64	及格	484	80.67	6	
13	19090705039	刘皓岩	54	65	67	66	78	79	中等	409	68.17	47	
14	19090705040	张家豪	32	68	69	74	89	86	中等	418	69.67	44	
15	19090705041	丁关靓	72	71	71	82	56	93	中等	445	74.17	32	
16	19090705042	胡添怡	90	74	73	90	65	62	中等	454	75.67	27	
17	19090705043	张青山	81	77	75	93	74	67	及格	472	78.67	16	
18	19090705044	刘松波	67	80	77	66	83	72	及格	445	74.17	32	
19	19090705045	王梦魁	69	83	79	69	92	77	及格	469	78.17	19	
20	19090705046	张家宝	59	86	81	72	61	82	及格	441	73.50	35	
21	19090705047	张豫川	60	92	83	75	60	87	及格	457	76.17	26	
22	19090705048	朱斌博	73	43	94	78	72	89	优秀	449	74.83	31	
23	全班各科	最高分	98										
24		最低分											

图4-67　计算“信息技术”课程的最高分

② 选中C52单元格，在编辑栏中输入公式“=MIN（C3:C50）”，按“Enter”键确定，即可得到该班“信息技术”课程的最低分为32，如图4-68所示。

③ 选中C51:C52单元格区域，将光标置于选中的单元格区域右下角的填充柄上，按下鼠标左键往右拖动到H列时释放鼠标左键，即可得到其余几门科目的最高分与最低分，如图4-68所示。

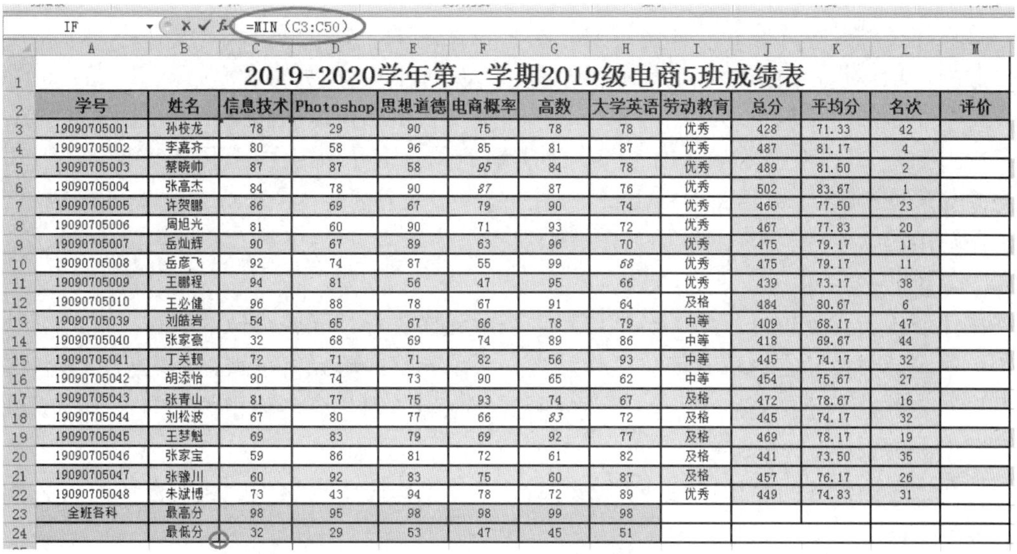

IF　=MIN（C3:C50）

	A	B	C	D	E	F	G	H	I	J	K	L	M
1	2019-2020学年第一学期2019级电商5班成绩表												
2	学号	姓名	信息技术	Photoshop	思想道德	电商概率	高数	大学英语	劳动教育	总分	平均分	名次	评价
3	19090705001	孙桉龙	78	29	90	75	78	78	优秀	428	71.33	42	
4	19090705002	李嘉齐	80	58	96	85	81	87	优秀	487	81.17	4	
5	19090705003	蔡晓帅	87	87	58	95	84	78	优秀	489	81.50	2	
6	19090705004	张高杰	84	78	90	87	87	76	优秀	502	83.67	1	
7	19090705005	许贺鹏	86	69	67	79	90	74	优秀	465	77.50	23	
8	19090705006	周旭光	81	60	90	71	93	72	优秀	467	77.83	20	
9	19090705007	岳灿辉	90	67	89	63	96	70	优秀	475	79.17	11	
10	19090705008	岳彦飞	92	74	87	55	99	68	优秀	475	79.17	11	
11	19090705009	王鹏程	94	81	56	47	95	66	优秀	439	73.17	38	
12	19090705010	王必健	96	88	78	67	91	64	及格	484	80.67	6	
13	19090705039	刘皓岩	54	65	67	66	78	79	中等	409	68.17	47	
14	19090705040	张家豪	32	68	69	74	89	86	中等	418	69.67	44	
15	19090705041	丁关靓	72	71	71	82	56	93	中等	445	74.17	32	
16	19090705042	胡添怡	90	74	73	90	65	62	中等	454	75.67	27	
17	19090705043	张青山	81	77	75	93	74	67	及格	472	78.67	16	
18	19090705044	刘松波	67	80	77	66	83	72	及格	445	74.17	32	
19	19090705045	王梦魁	69	83	79	69	92	77	及格	469	78.17	19	
20	19090705046	张家宝	59	86	81	72	61	82	及格	441	73.50	35	
21	19090705047	张豫川	60	92	83	75	60	87	及格	457	76.17	26	
22	19090705048	朱斌博	73	43	94	78	72	89	优秀	449	74.83	31	
23	全班各科	最高分	98	95	98	98	99	98					
24		最低分	32	29	53	47	45	51					

图4-68　计算所有科目的最高分与最低分

（5）“评价”一列的结果是用IF函数来实现的，单元格M3中的公式是“=IF（L3<=15,

"优秀"," ")",如图 4-69 所示。

图 4-69　对学生的综合排名进行自动评价（部分）

提示："评价"一列的值是根据学生的"名次"得到的，如果该学生的班级名次小于或等于 15，则该学生的"评价"栏中填写"优秀"，否则"评价"栏中什么也不填写。用 IF 函数可以代替人们从两种情况中选择一种，大大减轻了人们的脑力劳动。关于 IF 函数的用法将在下一个任务中详细介绍，此处不做过多解释。

至此，赵倩老师按照学院的要求完成了对 2019 级电商 5 班的学生成绩表各项数据的处理工作。

4.2.4　知识储备

1．单元格地址、名称和引用

（1）单元格地址。

工作簿中的基本元素是单元格，单元格中包含文字、数字或公式。单元格在工作簿中的位置用地址标识，由列号和行号组成。例如，A100 表示 A 列第 100 行交叉处的单元格。

一个完整的单元格地址除列号和行号外，还要指定工作簿名和工作表名。其中，工作簿名用方括号"[]"括起来，工作表名与列号、行号之间用叹号"！"隔开。例如，"[2019 级电商 5 班成绩表．xlsx]Sheet1！A1"表示 A1 是一个来自名字为"2019 级电商 5 班成绩表"的工作簿中的名字为"Sheet1"的工作表中的一个单元格。

（2）单元格名称。

在 Excel 数据处理过程中，经常要对多个单元格进行相同或类似的操作，此时可以利用单元格区域或单元格名称来简化操作。当一个单元格或单元格区域被命名后，该名称会出现在"名称框"下拉列表中，如果选中所需的名称，则与该名称相关联的单元格或单元格区域就会被选中。

例如，在该任务的"2019 级电商 5 班成绩表"工作表中为学生姓名所在单元格区域命名，操作方法如下。

方法一：选中所有学生"姓名"单元格区域（B3:B50），在"编辑栏"左侧的"名称框"中输入名称"姓名"，按"Enter"键完成命名。

方法二：在"公式"选项卡中的"定义的名称"组中单击"定义名称"右侧的下拉按

钮，在其下拉列表中选择"定义名称"选项，打开"新建名称"对话框，如图 4-70 所示，在"名称"文本框中输入名称，在"引用位置"框中对要命名的单元格区域进行正确引用，单击"确定"按钮完成命名。

要删除已定义的单元格名称，可在"公式"选项卡中的"定义的名称"组中单击"名称管理器"图标，打开"名称管理器"对话框，如图 4-71 所示。选择"名称"组中的"姓名"，单击"删除"按钮即可删除已定义的单元格名称。

图 4-70　"新建名称"对话框　　　　　　图 4-71　"名称管理器"对话框

提示： 通过"名称管理器"对话框还可以完成新建名称、编辑名称的操作，使用"Ctrl+F3"组合键可以直接打开"名称管理器"对话框。

（3）单元格引用。

单元格引用的作用是标识工作表中的一个单元格或一组单元格，以便说明要使用哪些单元格中的数据。Excel 2010 中提供了如下 3 种单元格引用方式。

① 相对引用。相对引用是以某个单元格的地址为基准来决定其他单元格地址的方式。在公式中如果有对单元格的相对引用，则当公式移动或复制时，将根据移动或复制的位置自动调整公式中引用的单元格地址。Excel 2010 默认的单元格引用为相对引用，如 A1。

例如，该任务中在计算总分时，首先选中 J3 单元格，应用公式 "=SUM(C3:H3)" 计算出第一个学生的总分，然后复制公式至其他单元格，选中任意一个结果单元格，如 J6 单元格，则在编辑栏中可以看到该单元格中的公式为 "=SUM(C6:H6)"，这说明公式的位置不同，公式中操作的单元格也发生了变化。

② 绝对引用。绝对引用指向使用工作表中位置固定的单元格，公式的移动或复制不影响它所引用的单元格位置。使用绝对引用时，要在行号和列号前加 "$" 符号，如$A$1。

例如，在本节任务中计算"名次"时，首先选中 L3 单元格，应用公式 "=RANK(J3,$J$3:$J$50)" 可计算出第一个学生的班级排名，然后复制公式至该列其他单元格，如 L6，则在编辑栏中可以看到该单元格中的公式为 "=RANK(J6,$J$3:$J$50)"，它能够计算出第四个学生的正确名次；如果把 L3 单元格中的公式写为 "=RANK(J3,J3:J50)"，则当我们把 L3 单元格的公式复制到单元格 L6 中时，可在编辑栏中看到该单元格的公式为"=RANK (J6,J6:J53)"，其计算结果肯定是错误的，因为单元格区域"J6:J53"并非该班全体学生总分区域（J6 上方面了 3 个学生的总分，J50 单元格下面的 3 个单元格明显是多余的），因此，此时用总分 J6 在此区域计算第四个学生的名次在理论上肯定是错误的。由此可见，当函数中使用了单元格绝对引用方式时，无论将包含绝对引用的单元格的公式复制到哪里，这些单元格的引用区域始终都是固定不变的。

③ 混合引用。混合引用是指相对引用与绝对引用在单元格的名字中混合使用，如 A$1、$A1。

2. 公式

公式是对工作表中的数值执行计算的表达式，公式以等号（=）开头，等号后面一般包括函数、引用、运算符和常量等元素。

（1）输入公式。

Excel 中的公式是由数字、运算符、单元格引用、名称和内置函数构成的。具体操作方法是：选中要输入公式的单元格，在编辑栏中输入"="后，再输入具体的公式，单击编辑栏左侧的输入按钮或按"Enter"键完成公式的输入。

（2）复制公式。

方法一：选中包含公式的单元格，可利用复制、粘贴命令完成公式的复制。

方法二：选中包含公式的单元格，拖动填充柄选中所有需要运用此公式的单元格，释放鼠标后，公式即被复制。

（3）创建公式。

如果公式中包含了对其他单元格的引用或使用了单元格名称，则可以用以下方法创建公式。下面以在 C1 单元格中创建公式"=A1+SUM（B1:B4）"为例进行说明，如图 4-72 所示。

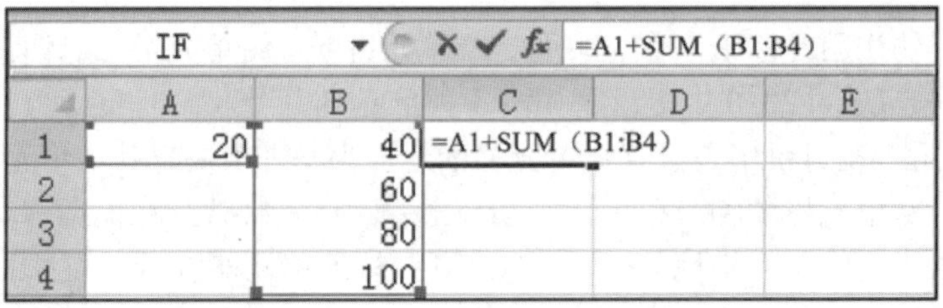

图 4-72　使用单元格引用创建公式

① 单击需要输入公式的单元格 C1，在编辑栏中输入"="。

② 单击 A1 单元格，此单元格将出现一个带有方角的蓝色边框。

③ 在"编辑栏"中接着输入"+SUM()"，将光标移到圆括号内。

④ 在工作表中选择单元格区域 B1:B4，此单元格区域将出现一个带有方角的绿色边框。

⑤ 按"Enter"键结束。

如果彩色边框上没有方角，则引用的是命名区域。例如，已经提前将单元格区域 B1:B4 命名为"奖金 B 区"，则使用类似的方法来创建公式"=A1+SUM（奖金 B 区）"，如图 4-73 所示。

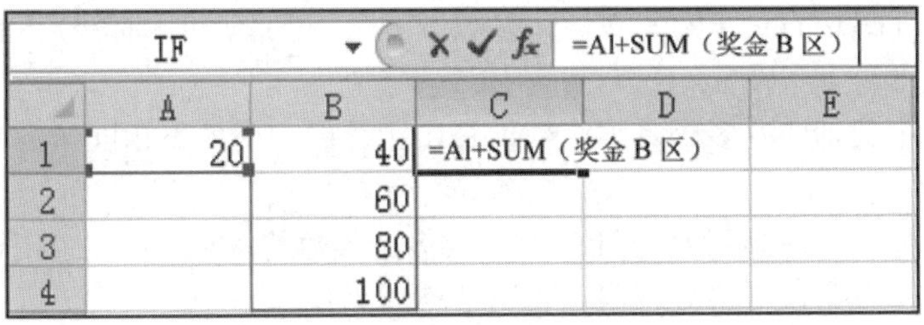

图 4-73　使用单元格名称创建公式

提示：要输入单元格名称，可以按"F3"键，在"粘贴名称"对话框中选择所需要的名称即可。

---

3. 函数

函数将具有特定功能的一组公式组合在一起作为预定义的内置公式，可以进行数学、文本、逻辑的运算，或者查找工作表的信息。函数常常是公式中的一部分，如在 Excel 中计算几十个不同半径的圆的面积，可以把圆的半径放在 A 列 A2,A3,A4…，将计算出的圆的面积放在 B 列的 B2,B3,B4…，那么单元格 B2 中的公式为"=PI()*A2*A2"，如图 4-74 所示。此公式中的函数 PI() 就是构成求圆面积公式的一部分，它是 Excel 内部的圆周率函数，它的函数值就是数学上的 π。

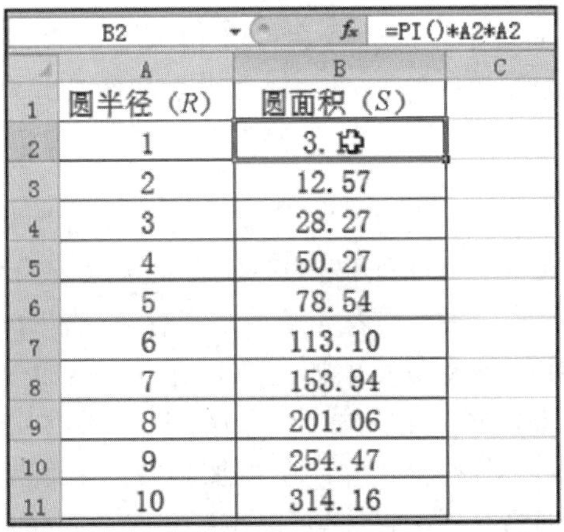

图 4-74　Excel 中构造计算圆面积的公式

（1）函数组成结构。

函数一般包含函数名和参数两部分，结构如下。

函数名(参数 1,参数 2,…)

其中，函数名是函数的名称，每个函数由函数名作为唯一标识；参数是函数的输入值，用来计算所需数据，可以是常量、单元格引用、数组、逻辑值或其他函数，如"=SUM（C3:H3）"表示对 C3:H3 单元格区域内的所有数据求和。

函数按照参数的数量和使用区分为无参数型函数和有参数型函数，有参数型函数要求参数必须出现在括号内，否则会产生错误信息。即便函数无参数，函数名后的一对小括号也不能省去，如 TDDAY()、PI() 等均是无参数型函数，但使用时圆括号不能省去。

（2）常用函数。

Excel 2010 中包括 300 多个具体函数，每个函数的应用各不相同。下面对几种常用的函数进行讲解。

① SUM 函数。SUM 函数用于计算单个或多个参数的总和，通过引用进行求和，其中空白单元格、文本或错误值将被忽略。其语法格式为：

SUM(numberl,number2,…)

提示：

a. 如果要求和的单元格是一个连续的区域，如在"2019 级电商 5 班成绩表"中求第一个学生的总成绩（劳动教育课除外），即对 C3、D3、E3、F3、G3、H3 这六个连续的单元格求和。对连续的单元格引用，只需在第一个单元格名字与最后一个单元格名字之间用冒号隔开就可以了，即"(C3:H3)"，对这六个连续的单元格求和可以用公式"=SUM(C3:H3)"来计算。

b. 如果要求和的单元格不是一个连续的区域，如在"2019 级电商 5 班成绩表"中求第一个学生的信息技术、思想道德、高数这三门课的总成绩，即对 C3、E3、G3 这三个不连续的单元格求和。对不连续的单元格引用，可以用逗号将各个参数隔开，即"(C3,E3,G3)"，对 C3、E3、G3 这三个不连续的单元格求和可以用公式"=SUM(C3,E3,G3)"来计算。

c. 能用函数计算，尽量不要用表达式（用加、减、乘、除运算符连接起来的式子）来计算。如图 4-75 所示的"应发小计"的计算可以用公式"=D2+E2+F2+G2+H2"来计算，也可用公式"=SUM(D2:H2)"来计算，两种计算方法的结果肯定是一样的。

从长远来看，用 SUM 函数来进行求和计算比用加号构造表达式的方法来计算更为合适。例如，财务人员用公式"=D2+E2+F2+G2+H2"方法完成了本月员工的"应发小计"一栏的计算后，如图 4-75 所示，将工资表送给厂长审核时，恰巧该厂被评为省级文明单位，每人发 800 元文明奖，需要把该文明奖项加上。此时直接增加一列"文明奖"后，后面的"应发小计"一列并不会自动将该列数值加上，如图 4-76 所示，必须手动修改"应发小计"一列的公式构成才能让 Excel 自动将"文明奖"加到每一个职工身上。相反，如果财务人员原来是采用"=SUM(D2:H2)"公式来计算"应发小计"的，如图 4-77 所示，此时增加一列"文明奖"后，Excel 会自动将 800 元的文明奖加到每一个职工身上，如图 4-78 所示。

	K2			f_x	=D2+E2+F2+G2+H2							
	A	B	C	D	E	F	G	H	I	J	K	L	M
1	姓名	出生日期	年龄	基本工资	岗位工资	职务津贴	加班费	工龄补贴	考勤扣款	事故扣款	应发小计	扣发小计	实发工资
2	薛中西	1998/12/9	22	1200	2300	0	2500	3	0	20	6003	20	5983
3	张曦	2001/2/10	19	2500	3000	0	2100	0	15	10			
4	孙明华	1994/2/10	26	2300	2800	1200	200	6	40	0			
5	刘德峰	1994/2/10	26	2000	2400	0	100	5		0			
6	樊花	1997/1/12	23	2300	3000	500	0	4		0			

图 4-75　"应发小计"的计算（利用公式）

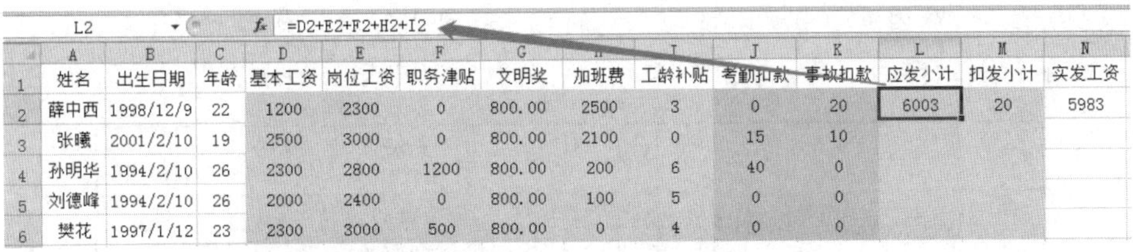

图 4-76　增加文明奖之后"应发小计"的计算（利用公式）

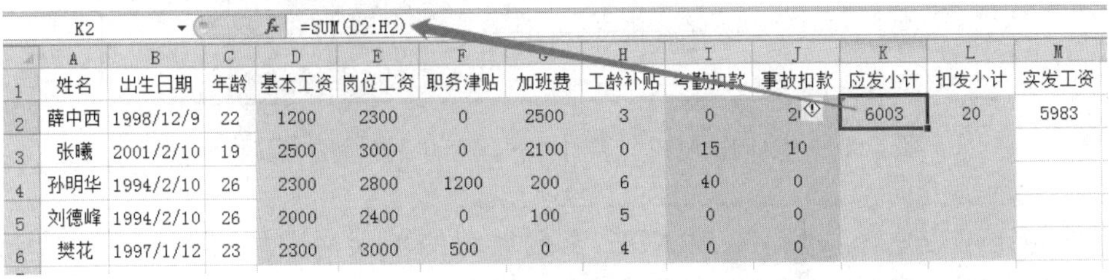

图 4-77　"应发小计"的计算（利用函数）

图 4-78　增加文明奖之后"应发小计"的计算（利用函数）

② AVERAGE 函数。AVERAGE 函数可以对所有参数计算平均值，参数应该是数字或包含数字的单元格引用。其语法格式为：

AVERAGE(Numberl, Number2, …)

提示：

a. AVERAGE 函数计算的单元格中如果含有空白单元格，AVERAGE 计算时会出错，如图 4-79 所示。图中"平均分（方法 1）"使用的公式是"=AVERAGE(C2:F2)"，"平均分（方法 2）"使用的公式是"=SUM(C2:F2)/4"，可以看出两列部分数据不相等。

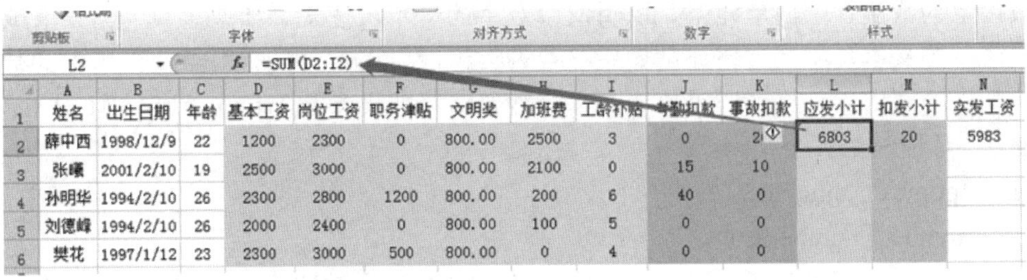

学号	姓名	语文	数学	英语	物理	平均分（方法1）	平均分（方法2）	两种计算结果相等吗？
1001001	张三风		100		100	100.00	50	Error
1001002	李四铭	89	78	90	87	86.00	86	oK
1001003	孙明德	76	78	90	87	82.75	82.75	oK
1001004	刘德飞	89		90	87	88.67	66.5	Error
1001005	罗光要	56	43	90	87	69.00	69	oK
1001006	范鹏飞	89	78	90	76	83.25	83.25	oK
1001007	张林朋	23	78	34	87	55.50	55.5	oK

图 4-79　用 AVERAGE 函数计算平均分（含空白单元格）

b. 把由于各种原因没有参加考试的人员的相应科目成绩填为 0 后，AVERAGE 函数计算平均值时就能得到正确的结果，如图 4-80 所示，两种计算平均值的方法得到的结果完全相等。

学号	姓名	语文	数学	英语	物理	平均分（方法1）	平均分（方法2）	两种计算结果相等吗？
1001001	张三风	0	100	0	100	50.00	50	oK
1001002	李四铭	89	78	90	87	86.00	86	oK
1001003	孙明德	76	78	90	87	82.75	82.75	oK
1001004	刘德华	89	0	90	87	66.50	66.5	oK
1001005	罗光要	56	43	90	87	69.00	69	oK
1001006	范鹏飞	89	78	90	76	83.25	83.25	oK
1001007	张林朋	23	78	34	87	55.50	55.5	oK

图 4-80　用 AVERAGE 函数计算平均分（不含空白单元格）

经过对比可以看出，用 AVERAGE 函数计算的单元格中如果含有空白单元格，AVERAGE 函数计算时会出错，建议将空白的单元格填为 0。

③ MAX 和 MIN 函数。MAX 和 MIN 函数将返回一组值中的最大值和最小值，可以将参数指定为数字、空白单元格、逻辑值或数字的文本表达式。如果参数为错误值或不能转换成数字的文本，将产生错误；如果参数为数组或引用，则只有数组或引用中的数字被计算，其中的空白单元格、逻辑值或文本将被忽略；如果参数不包含数字，则 MAX 函数将返回 0。其语法格式分别为：

MAX(number1,number2,…)

MIN(number1,number2,…)

④ RANK 与 RANK.EQ 函数。RANK 与 RANK.EQ 函数即排序函数，排序的方法可以按数值从大到小排列，称之为降序排列；也可以按数值从小到大排列，称之为升序排列。如高考成绩一般按降序排列，700 分的学生的名次比较靠前；而百米赛跑成绩却是按升序排列的，跑 10 秒的选手名次靠前，而跑 18 秒的选手名次靠后。其语法格式为：

RANK(Number, Ref, Order)

RANK.EQ(Number, Ref, Order)

提示：

a. Number 就是自己成绩所在的单元格。

b. Ref 是全体成员成绩所在的单元格，一般是一个区域。为防止该区域在计算第 2、第 3……成员的名次时发生变化，一般可选中该区域后按"F4"键，将该区域加上四个地址引用符号$，称之为绝对引用，如图 4-66 所示。

c. 第三个参数 Order，是 0 或 1。如果按升序排名次，Order 的值是 1，否则就填为 0。日常生活中绝大部分排序都是降序，如按点赞数决定作品名次是降序，体育比赛中举重、跳高、铅球、标枪的成绩排名也是降序，但百米赛跑、自行车比赛等项目的成绩一般按升序排名次，用时少的名次靠前。

d. RANK 与 RANK.EQ 函数的作用完全一样，只不过 RANK.EQ 函数是 Excel 2010 中新增的，它完全兼容低版本中的 RANK 函数。由于 RANK 函数在输入时比 RANK.EQ 函数更为简便，所以建议大家使用 RANK 函数。

下面以信息工程学院百米赛成绩排名为例，讲解按升序对数值进行排序的方法，求出每个参赛学生的名次，如图 4-81 所示。

D21				f_x	=RANK(C21,C\$21:\$C\$36,1)

信息工程学院百米赛成绩表			
学号	姓名	成绩（秒）	名次
1001001	张三凤	12.00	8
1001002	李晓丽	10.00	2
1001003	孙明雨	15.00	15
1001004	刘德飞	13.40	12
1001005	罗光耀	12.50	10
1001006	范鹏飞	10.20	5
1001007	张林朋	11.50	7
1001008	吕世龙	14.50	14
1001009	张嘉齐	16.00	16
1001010	蔡晓帅	12.80	11
1001011	张高杰	10.10	4
1001012	许贺鹏	9.99	1
1001013	周旭光	10.01	3
1001014	朱之文	11.05	6
1001015	李琦	12.04	9
1001016	罗志文	13.89	13

图 4-81　用 RANK 函数对全体参赛学生成绩排名

方法一：全体学生成绩区域使用单元格绝对引用的形式。

在图 4-81 中，公式"=RANK(C21,C\$21:\$C\$36,1)"用来计算第一个参赛学生的排名。其中，第一个参数 C21 表示第一个参赛学生的成绩；第二个参数"C\$21:\$C\$36"表示全体参赛学生的成绩存放区域，由于全体参赛学生的成绩存放区域是固定不变的，所以第二个参数使用绝对引用方式；第三个参数"1"表明该排序是升序，即数据按照由小到大的顺序排列，用时最少的排第一名，用时最多的排最后一名。

方法二：全体学生成绩区域使用单元格名称的形式。

选中 C21:C36 单元格区域，在"公式"选项卡中，单击"定义名称"按钮，定义"C\$21:\$C\$36"单元格区域为"全体参赛学生成绩"，如图 4-82 所示。在 RANK 函数的第二个参数使用单元格名称"全体参赛学生成绩"也可以计算出所有参赛学生的名次，如图 4-83 所示。

D21				f_x	=RANK(C21,全体参赛学生成绩,1)

信息工程学院百米赛成绩表			
学号	姓名	成绩（秒）	名次
1001001	张三凤	12.00	8
1001002	李晓丽	10.00	2
1001003	孙明雨	15.00	15
1001004	刘德飞	13.40	12
1001005	罗光耀	12.50	10
1001006	范鹏飞	10.20	5
1001007	张林朋	11.50	7
1001008	吕世龙	14.50	14
1001009	张嘉齐	16.00	16
1001010	蔡晓帅	12.80	11
1001011	张高杰	10.10	4
1001012	许贺鹏	9.99	1
1001013	周旭光	10.01	3
1001014	朱之文	11.05	6
1001015	李琦	12.04	9
1001016	罗志文	13.89	13

新建名称

名称(N)：全体参赛学生成绩
范围(S)：函数讲解
备注(O)：

引用位置(R)：=函数讲解!\$C\$21:\$C\$36

确定　　取消

图 4-82　定义单元格区域名称　　　　图 4-83　用单元格名称作为参数计算排名

通过方法一、方法二对比可以发现，方法一虽然省去了定义单元格名称的麻烦，但许多 Excel 的初学者往往忘记将 RANK 函数的第二个参数加上绝对引用的标志$，建议初学者使用 RANK 函数时用方法二，可以减少 RANK 函数计算位次出错的概率。

⑤ VLOOKUP 函数。VLOOKUP 函数的基本功能就是数据查询。其语法结构为：

VLOOKUP(查找的值,查找范围,查找范围中的第几列,精准匹配还是模糊匹配)

例如，在目标单元格中输入公式"=VLOOKUP(H3,B3:C9,2,0)"，意思是在 B3:C9 单元格区域的第二列查找和 H3 单元格相对应的数值。

使用该函数时，需要注意以下几点。

a. 第四个参数一般用 0（或 FASLE）以精确匹配方式进行查找。

b. 第三个参数中的列号，不能理解为工作表中实际的列号，而是指定返回值在查找范围中的第几列。

c. 如果查找值与数据区域关键字的数据类型不一致，则会返回错误值#N/A。

d. 查找值必须位于查询区域中的第一列。

⑥ LOOKUP 函数。LOOKUP 函数是多条件查找，其作用是查找指定区域中满足多个条件的数据。其语法结构为：

LOOKUP(1,0/((条件区域1=条件1)*(条件区域2=条件2)),查询区域)

⑦ SUMIF 函数。SUMIF 函数的基本功能就是条件求和。其语法结构为：

SUMIF(条件区域,指定的求和条件,求和的区域)

⑧ COUNT 函数。COUNT 函数用于 Excel 中对给定数据集合或单元格区域中数据的个数进行计数，COUNT 函数只能对数字数据进行统计，对于空单元格、逻辑值或文本数据将被忽略，因此可以利用该函数来判断给定的单元格区域中是否包含空单元格。其语法结构为：

COUNT(单元格区域)

⑨ COUNTA 函数。COUNTA 函数是统计单元格区域内非空单元格的个数。其语法结构为：

COUNTA(单元格区域)

注意：如果统计单元格区域内包含数字数据的单元格个数，则用 COUNT 函数；如果统计单元格区域内非空（可以是数字数据单元格，也可以是包含汉字字符或英文字符的数据单元格）单元格的个数，则用 COUNTA 函数。

------

⑩ LEFT 函数。LEFT 函数用于从一个文本字符串的第一个字符开始返回指定个数的字符。其语法结构为：

LEFT(文本字符串,要截取的字符个数)

⑪ RIGHT 函数。RIGHT 函数用于从字符串右端取指定个数字符。其语法结构为：

RIGHT(文本字符串,要截取的字符个数)

⑫ MID 函数。MID 函数的作用是从一个字符串中截取指定数量的字符。其语法结构为：

MID (文本字符串，从左起第几位开始截取，要截取的字符个数)

⑬ FIND 函数。FIND 函数用来对原始数据中某个字符串进行定位，以确定其位置。当 FIND 函数进行定位时，总是从指定位置开始，返回找到的第一个匹配字符串的位置，而不管其后是否还有相匹配的字符串。其语法结构为：

FIND (要查找的文本，包含要查找文本的文字区域，文本中开始查找的字符位置)

⑭ LEN 函数。LEN 函数返回文本字符串中字符的个数。其语法结构为：

LEN (文本字符串)

注意：LEN 函数是不区分单字节字符和双字节字符的，一个汉字的长度是 1，1 个字母或数字的长度也是 1。

----

⑮ LENB 函数。LENB 函数返回文本字符串中用于代表字符的字节数。其语法结构为：

LENB (文本字符串)

注意：LENB 函数是区分单字节字符和双字节字符的，一个汉字的长度是 2，1 个字母或数字的长度也是 1。

----

⑯ DAY 函数。DAY 函数用于提取日期中的日。其语法结构为：

DAY (日期)

⑰ MONTH 函数。MONTH 函数提取日期中的月。其语法结构为：

MONTH (日期)

⑱ YEAR 函数。YEAR 函数提取日期中的年。其语法结构为：

YEAR (日期)

（3）函数的输入。

在 Excel 2010 中，函数可以手动输入，也可以使用函数向导或工具栏按钮输入。

① 手动输入。输入函数最直接的方法就是选中要输入函数的单元格，在单元格或其编辑栏中输入"="，然后输入函数表达式，最后按"Enter"键确定。

② 选择要输入函数的单元格，单击编辑栏左侧的"插入函数"按钮或在"公式"选项卡中的"函数库"组中单击"插入函数"图标，打开"插入函数"对话框，从中选择需要的函数，单击"确定"按钮，打开"函数参数"对话框。设置需要的函数参数，单击"确定"按钮即可完成函数的输入。

③ 使用工具栏按钮输入。选择需要输入函数的单元格，在"公式"选项卡中的"函数库"组中单击"自动求和"图标，在弹出的下拉列表中选择相应的函数，按"Enter"键即可。

4．自动求和

在 Excel 2010 中，"自动求和"图标被赋予了更多的功能，借助这个功能更强大的自动求和函数，可以快速计算选中单元格的平均值、最小值和最大值等。

具体的使用方法如下。

选中某列需要计算的单元格，或者选中某行需要计算的单元格，在“公式”选项卡中的“函数库”组中单击“自动求和”图标，在其下拉列表中选择需要使用的函数即可。

如果要进行求和的是 m 行×n 列的连续区域，并且此区域的右边一列和下面一行是空白的，用于存放每行之和及每列之和，此时，选中该区域及其右边一列或下面一行，也可以两者同时选中，单击“自动求和”图标，则在选中区域的右边一列或下面一行自动生成求和公式，得到计算结果。

4.2.5 任务强化

请你为学院的“校园好声音”大奖赛决赛现场设计一个评分表，如图 4-84 所示。该评分表能完成如下功能。

（1）每当一个选手演唱完毕后，由 10 个评委依次为他评分、亮分。主持人报分的同时，有操作员录入计算机。等第 10 个评委评分后，主持人看着大屏幕报幕“某某选手去掉一个最高分 x，去掉一个最低分 y，最后得分 z，该选手的当前名次是 m，有请下一个选手演唱。”

（2）等最后一个选手演唱完毕，每个选手的名次已经在大屏幕上显示出来，主持人可以按照大屏幕上显示的选手名次进行颁奖。

（3）为监督评委的公正性，最后统计出每个评委在决赛过程中给出的最高分与最低分。

“校园好声音”大奖赛决赛现场评分表

选手编号	姓名	评委1	评委2	评委3	评委4	评委5	评委6	评委7	评委8	评委9	评委10	去掉一个最高分	去掉一个最低分	最后得分	当前名次
JS1001	王杰														
JS1002	马格尔														
JS1003	李飞														
JS1004	张晨														
JS1005	张伟														
JS1006	邓鹏														
JS1007	周志														
JS1008	罗卫														
JS1009	李小薇														
JS1010	罗权														
JS1011	董黎明														
JS1012	闫东														
JS1013	周波														
JS1014	韩佩														
JS1015	贺平														
JS1016	齐超														
评委		评委1	评委2	评委3	评委4	评委6	评委6	评委7	评委8	评委9	评委10				
评委最高分															
评委最低分															

图 4-84 “校园好声音”大奖赛决赛现场评分表

任务 3 学生评优评先问题的处理

Excel 最具特色的功能是数据计算和统计，这些功能是通过公式和函数来实现的。Excel 允许实时更新数据，以帮助用户分析和处理工作表中的数据。

4.3.1　任务描述

9 月开学后，双汇学院下发了有关奖学金和优秀学生的评选通知。根据学院要求，19 级市场营销班辅导员张鹏老师统计出全班学生的各科成绩及各种加分项目的原始数据，在 Excel 中创建了图 4-85 所示的工作表，对全班学生的各项评分项目进行计算，完成本班的评优评先及统计工作。评优评先工作中的各项评分依据、评选标准及统计工作的具体要求如下。

学号	姓名	民族	高数	大学英语	计算机基础	管理学	是否竞赛获奖	竞赛加分	少数民族加分	总分	班级排名	能否参评优秀学生	奖学金等级	奖学金金额
1901160101	丁玲	汉族	78.0	45.0	60.0	71.0	否							
1901160102	王家乐	汉族	90.0	45.0	76.4	90.3	是							
1901160103	贾成功	汉族	56.8	90.0	91.6	56.9	否							
1901160104	李思君	藏族	56.9	89.7	55.5	64.7	否							
1901160105	王宏成	汉族	95.0	78.5	53.0	95.0	否							
1901160106	刘丽丽	汉族	67.8	56.7	58.0	82.0	否							
1901160107	刘家玲	汉族	67.0	81.0	61.0	43.0	否							
1901160108	夏天	汉族	98.5	78.0	56.7	67.0	否							
1901160109	郭俊杰	回族	89.0	56.0	89.5	98.0	是							
1901160110	龙瑞锋	汉族	56.0	90.7	89.0	78.9	否							
1901160111	周宏伟	汉族	100.0	98.0	78.0	78.8	否							
1901160112	袁小玉	壮族	87.0	78.0	67.7	69.0	否							
1901160113	陈莹莹	汉族	80.0	80.0	90.0	58.0	否							
1901160114	张琪琪	汉族	92.0	90.0	98.0	56.7	否							
1901160115	张媛媛	汉族	90.4	78.4	76.8	66.8	否							
1901160116	陈天悦	汉族	80.0	80.0	90.0	58.0	否							
1901160117	张丹琪	汉族	92.0	90.0	98.0	56.7	否							
1901160118	张玉梅	汉族	90.4	78.4	76.8	66.8	否							
1901160119	刘依正	汉族	43.0	87.0	72.0	57.0	否							
1901160120	李倩	汉族	78.0	67.6	54.0	56.0	否							
1901160121	张玉玲	汉族	89.6	89.0	98.0	67.3	否							
1901160122	潘超锋	汉族	99.0	78.0	90.0	89.5	否							

图 4-85　19 级市场营销班综合评分表（原始数据）

（1）凡是参加竞赛获奖的，评优评先时在总分中加 5 分。

（2）民族政策加分：为照顾少数民族，评优评先时给少数民族学生加 5 分，其他学生不加分。

（3）评优评先总分的计算公式为：总分=高数+大学英语+计算机基础+管理学+竞赛加分+少数民族加分。

（4）可以参加评优评先的条件：学生的"总分"必须在 320 分以上。

（5）"奖学金等级"评定条件如下。

① 班级排名=1 的（含并列名次，下同），为"一等奖"。

② 班级排名≤3 的，为"二等奖"。

③ 班级排名≤6 的，为"三等奖"。

④ 班级排名在第 6 名之后的学生无奖学金，该列相应单元格的值为空。

（6）根据双汇学院奖学金等级与奖学金金额的对应关系，如表 4-1 所示，自动计算出"奖学金金额"一列的数值。

表 4-1　奖学金等级与奖学金金额的对应关系

奖学金等级	奖学金金额（元）
一等奖	5000
二等奖	3000
三等奖	1000
没有获奖的	0

（7）根据 19 市场营销班综合评分表，按照奖学金等级统计出不同等级的获奖人数及金额小计，最后统计出全班获得奖学金的总人数及奖学金总额。

张鹏老师熟悉了 Excel 中的几个基本函数、IF 函数和 COUNTIF 函数等的用法后，使用它们对 19 市场营销班综合评分表中的原始数据进行处理，最终完成了班级的评优评先及统计工作，结果如图 4-86 和图 4-87 所示。

学号	姓名	民族	高数	大学英语	计算机基础	管理学	是否竞赛获奖	竞赛加分	少数民族加分	总分	班级排名	能否参评优秀学生	奖学金等级	奖学金金额
1901160101	丁玲	汉族	78.0	45.0	60.0	71.0	否	0	0	254.0	21	否		0
1901160102	王家乐	汉族	90.0	45.0	76.4	90.3	是	5	0	306.7	13	否		0
1901160103	贾成功	汉族	56.8	90.0	91.6	56.9	否	0	0	295.3	16	否		0
1901160104	李思君	藏族	56.9	89.7	55.5	64.7	否	0	5	271.8	17	否		0
1901160105	王宏成	汉族	95.0	78.5	53.0	95.0	否	0	0	321.5	7	能		0
1901160106	刘丽丽	汉族	67.8	56.7	58.0	82.0	否	0	0	264.5	18	否		0
1901160107	刘家玲	汉族	67.0	81.0	61.0	43.0	否	0	0	252.0	22	否		0
1901160108	夏天	汉族	98.5	78.0	56.7	67.0	否	0	0	300.2	15	否		0
1901160109	郭俊杰	回族	89.0	56.0	89.5	98.0	是	5	5	342.5	4	能	三等奖	1000
1901160110	龙瑞峰	汉族	56.0	90.7	89.0	78.9	否	0	0	314.6	8	否		0
1901160111	周宏伟	汉族	100.0	98.0	78.0	78.8	否	0	0	354.8	2	能	二等奖	3000
1901160112	袁小玉	壮族	87.0	78.0	67.7	69.0	否	0	5	306.7	13	否		0
1901160113	陈莹莹	汉族	80.0	80.0	90.0	58.0	是	5	0	313.0	9	否		0
1901160114	张琪琪	汉族	92.0	90.0	98.0	56.7	否	0	0	336.7	5	能	三等奖	1000
1901160115	张媛媛	汉族	90.4	78.4	76.8	66.8	否	0	0	312.4	10	否		0
1901160116	陈天悦	汉族	80.0	80.0	90.0	58.0	否	0	0	308.0	12	否		0
1901160117	张丹琪	汉族	92.0	90.0	98.0	56.7	否	0	0	336.7	5	能	三等奖	1000
1901160118	张玉梅	汉族	90.4	78.4	76.8	66.8	否	0	0	312.4	10	否		0
1901160119	刘依芷	汉族	43.0	87.0	72.0	57.0	否	0	0	259.0	19	否		0
1901160120	李倩	汉族	78.0	67.6	54.0	56.0	否	0	0	255.6	20	否		0
1901160121	张玉玲	汉族	89.6	89.0	98.0	67.3	否	0	0	343.9	3	能	二等奖	3000
1901160122	潘超锋	汉族	99.0	78.0	90.0	89.5	否	0	0	356.5	1	能	一等奖	5000

图 4-86　19 市场营销班评优评先结果

奖学金汇总表			
奖学金等级	人数	标准（元）	金额小计
一等奖	1	5000	5000
二等奖	2	3000	6000
三等奖	3	1000	3000
获奖人数合计	6	奖学金总计	14000

图 4-87　班级评优评先统计结果

4.3.2　任务分析

Excel 内置了众多不同类别的函数，在工作中可以根据所处理数据的特点，灵活选用不同的函数来构造解决问题的公式，既能减少用户重复输入数据的枯燥操作，还能替代人的部分脑力劳动。本任务主要根据评优评先政策，使用 IF 函数完成"竞赛加分""少数民族加分"等列的数据计算，最后用 COUNTIF、SUM 函数对班级获得奖学金情况进行统计汇总。因此，完成本工作任务需要做如下工作。

（1）根据"是否竞赛获奖"列的内容计算"竞赛加分"列相应的值。其处理流程如图 4-88 所示。

（2）根据"民族"一列的数据计算"少数民族加分"列对应的值。

我国是多民族国家，少数民族指的是除汉族之外的民族，有 55 个。如果由计算机来直接判断某个学生是否为少数民族，用 IF 函数写起来需要很长的一串代码，较为麻烦。换一种思路，可以判断学生的民族是否为"汉族"，若为"汉族"，该学生加 0 分，否则加 5 分。这样，只需判断一次就可计算出该学生获得民族加分的具体值。

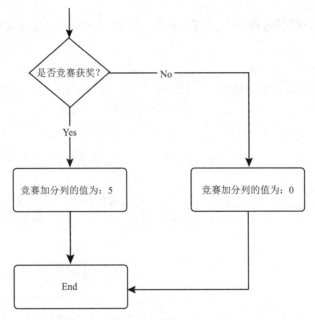

图 4-88　"竞赛加分"列的处理流程

（3）用 SUM 函数计算出每个学生的"总分"，并根据"总分"计算出"班级排名"。

（4）用 IF 函数根据"总分"把"能否参评优秀学生"一列填上"能"或"否"。

（5）用 IF 函数根据"班级排名"计算出"奖学金等级"。

根据"班级排名"把学生区分为 4 个等次，不同等次对应不同的奖学金等级。其判定思路如图 4-89 所示。

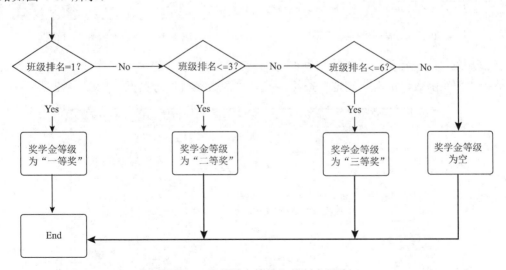

图 4-89　"奖学金等级"的判定思路

（6）根据"奖学金等级"一列的值计算出该等级对应的奖学金数额，填到"奖学金金额"一列对应的位置。该问题的解决思路与"奖学金等级"的计算相似。

（7）用 COUNTIF 函数、SUM 函数来完成本班奖学金的获奖人数、金额等方面的汇总统计工作。

在本任务解决问题的过程中，公式的创建、函数的使用、单元格的引用方式是关键。

4.3.3 任务实施

打开"评优评先问题的处理.xlsx"工作簿文件，选择"19 市场营销班综合评分表"工作表。

1. 填充"竞赛加分"列数据

利用 Excel 2010 中的 IF 函数实现根据"是否竞赛获奖"填充"竞赛加分"数据。

操作步骤如下。

（1）选中 I3 单元格，单击编辑栏中的"插入函数"按钮（见图 4-90），或者在"公式"选项卡中的"函数库"组中单击"插入函数"图标，打开"插入函数"对话框，如图 4-91 所示。

图 4-90　使用编辑栏插入函数　　　　　　　图 4-91　"插入函数"对话框

（2）在"或选择类别"下拉列表框中选择"常用函数"选项，在"选择函数"列表框中选择"IF"函数，单击"确定"按钮，打开"函数参数"对话框，如图 4-92 所示。

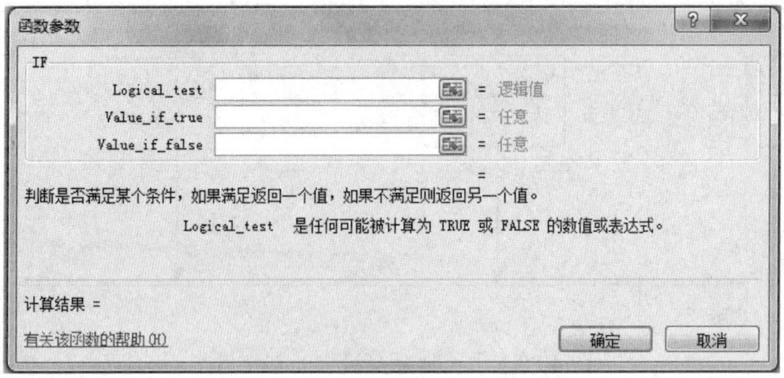

图 4-92　"函数参数"对话框

（3）将光标定位于 Logical_test 文本框，单击右侧的 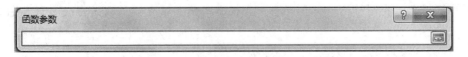按钮，压缩了的"函数参数"对话框如图 4-93 所示。

图 4-93　压缩了的"函数参数"对话框

（4）此时在工作表中选中 H3 单元格，然后单击压缩后的"函数参数"对话框右边的 按钮，重新扩展"函数参数"对话框。在"Logical_test"文本框中将条件式"H3="是""填写完整（双引号必须是英文输入方式下的双引号），在"Value_if_true"文本框中输入"5"，在"Value_if_false"文本框中输入"0"。该 IF 函数的作用就是当条件"H3="是""成立时（该学生参加竞赛获奖），函数返回值为"5"，否则函数返回值为"0"，如图 4-94 所示。

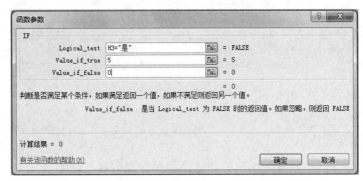

图 4-94　已填写 3 个参数的 IF 函数参数对话框

（5）单击"确定"按钮返回工作表，可看到 I3 单元格中的公式是"=IF(H3="是", 5, 0)"，其返回值为 0。

（6）选中 I3 单元格，将指针移至该单元格右下角的填充柄上，双击鼠标完成对本列所有数据的计算。

2．填充"少数民族加分"列数据

熟练掌握 IF 函数用法后，也可以选中 J3 单元格，在编辑栏中直接输入公式"=IF(C3="汉族",0,5)"，输入后单击编辑栏左侧的"输入"按钮 或按"Enter"键，结束公式的编辑，即可得到该学生的"少数民族加分"数值。此公式表示当条件成立时（该学生是汉族学生），函数返回值为 0，否则（即这个学生是少数民族学生），函数返回值为 5。

其他学生的"少数民族加分"列的值可通过复制函数的方式获得，计算结果如图 4-86 所示。

3．计算并填充"总分"列数据

选中 K3 单元格，在编辑栏中输入公式"=SUM(D3:G3,I3:J3)"并按"Enter"键，计算出第一个学生的总分，其他学生的总分可以通过复制函数的方式填充。

4．根据"总分"计算每个学生的"班级排名"

选中 L3 单元格，输入公式"=RANK(K3,$K$3:$K$24,0)"并按"Enter"键，计算出该学生的班级排名。将鼠标指针移至 L3 单元格右下角的填充柄，双击完成所有学生"班级排名"的计算。

5．填充"能否参评优秀学生"列数据

选中 M3 单元格，直接输入"=IF(K3>=320,"能","否")"，单击编辑栏左侧的"输入"按钮 ✓ 或按"Enter"键，即可确定这个学生能否参评优秀学生，如图 4-95 所示。

	M3		▼	(	fx	=IF(K3>=320,"能","否")							

学号	姓名	民族	高数	大学英语	计算机基础	管理学	是否竞赛获奖	竞赛加分	少数民族加分	总分	班级排名	能否参评优秀学生
1901160101	丁玲	汉族	78.0	45.0	60.0	71.0	否	0	0	254.0	21	否
1901160102	王家乐	汉族	90.0	45.0	76.4	90.3	是	5	0	306.7	13	
1901160103	贾成功	汉族	56.8	90.0	91.6	56.9	否	0	0	295.3	16	
1901160104	李思君	藏族	56.9	89.7	55.5	64.7	否	0	5	271.8	17	

（表上方标题：19市场营销班综合评分表）

图 4-95　计算 M3 单元格的值

将鼠标指针移至 M3 单元格右下角的填充柄，双击可以得到"能否参评优秀学生"一列其余单元格的计算结果。

6．计算奖学金等级

在任务分析部分已经分析了如何解决这个问题，很明显，这是多分支判断问题，需要使用 IF 函数的嵌套来解决。

操作步骤如下。

（1）选中 N3 单元格，单击编辑栏中的"插入函数"按钮，选择 IF 函数，打开"函数参数"对话框，将鼠标指针定位于 Logical_test 文本框。

（2）在工作表中单击 L3 单元格，则 L3 单元格名字出现在"Logical_test"文本框中，在"Logical_test"文本框中将条件式"L3=1"补充完整；在"Value_if_true"文本框中输入"一等奖"，表示当条件成立时（该学生在班级中的排名是第一名），函数返回值为"一等奖"，如图 4-96 所示。

图 4-96　填写了条件式"L3=1"的 IF 函数参数对话框

（3）当条件式"L3=1"不成立，即当前学生的班级排名不是第一名时，无法立即确定该学生的奖学金等级，还需要再次依据学生的班级排名来判断。所以，在"Value_if_false"文本框中需要再嵌套一个 IF 函数进行班级排名情况的判断，即用另一个 IF 函数来作为上一个 IF 函数的第三个参数，这在 Excel 中称为 IF 函数的嵌套。

将光标定位于"Value_if_false"文本框中，然后在工作表的编辑栏最左侧的函数下拉列表中选择"IF"函数，如图 4-97 所示，再次打开"函数参数"对话框。

图 4-97　编辑栏左侧的函数下拉列表

（4）此时将光标定位于"Logical_test"文本框，并将条件式"L3<=3"填写完整，在"Value_if_true"文本框中输入"二等奖"，如图 4-98 所示，表示当 L3 的值小于或等于 3 时，该学生的奖学金等级是"二等奖"。

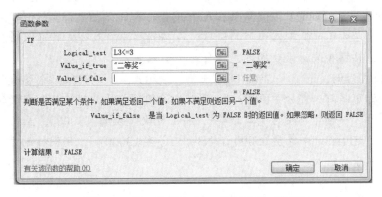

图 4-98　第 1 次嵌套的 IF 函数参数对话框

（5）在"Value_if_false"文本框中依然没有办法确定该学生的奖学金等级，需要再次嵌套一个 IF 函数，填写参数如图 4-99 所示。

表示当条件成立时（该学生班级排名小于或等于 6 时），该学生的奖学金等级为"三等奖"，否则没有奖学金。在"Value_if_false"文本框中，用" " "表示没有奖学金。

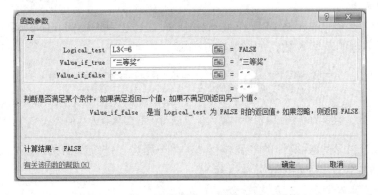

图 4-99　第 2 次嵌套的 IF 函数参数对话框

（6）单击"确定"按钮返回工作表，此时 N3 单元格中的公式是"=IF(L3=1, "一等奖", IF(L3<=3, "二等奖", IF(L3<=6, "三等奖", " ")))"，其返回值是空值，即该学生没有获得奖学金。

（7）用鼠标指针指向 N3 单元格右下角的填充柄，双击计算出所有学生的奖学金等级，结果如图 4-86 所示。

7. 计算奖学金金额

（1）选中"奖学金金额"列的 O3 单元格，在编辑栏中输入公式"=IF(N3="一等奖", 5000,IF(N3="二等奖",3000,IF(N3="三等奖",1000,0)))"，输入后按"Enter"键确认。

（2）用鼠标指针指向 O3 单元格右下角的填充柄，双击计算出所有学生的奖学金金额，结果如图 4-86 所示。

提示：

① 在此公式中，汉字和英文字符交替出现，需要反复切换中英文状态（按"Ctrl+Space"组合键），且公式中的 Logical_test 参数在几个嵌套的函数中内容高度相似。为了减少手工输入的工作量，也为了降低输入出错的概率，在编辑栏中输入公式时可以对多次出现的部分内容用复制、粘贴和编辑修改的方式代替逐个输入字符。

② 以此公式为例，先输入"=IF(N3="一等奖",5000,)"，编辑第三个参数时，可以在编辑栏中拖动鼠标复制前一部分"IF(N3="一等奖",5000,)"，粘贴到第三个参数的位置，再将粘贴的部分中的"一等奖"改为"二等奖"，将"5000"改为"3000"，至此，函数已输入的部分改成了"=IF(N3="一等奖",5000,IF(N3="二等奖",3000))"，用同样的方法完成 IF 函数第二次嵌套部分的输入。

----

8. 统计各等级奖学金获奖人数

（1）统计一等奖学金的获奖人数。

此操作需要使用 COUNTIF 函数来完成。COUNTIF 函数的功能是计算单元格区域中满足给定条件的单元格的个数。COUNTIF 函数的具体语法可参考项目 4 任务 5 的知识储备部分。

操作步骤如下。

选中要存放结果的单元格 L29，在编辑栏中输入公式"=COUNTIF(N3:N24, "一等奖")"，计算出一等奖学金的获奖人数，如图 4-100 所示。

图 4-100　在编辑栏中输入计算获得一等奖学金人数的公式

其中，N3:N24 表示要统计的单元格区域，"一等奖"是统计的条件。在这个公式中，条件是文本型数据，用英文的双引号引起来。

（2）统计二等奖学金、三等奖学金获奖人数。

使用同样的方法，选中 L30 单元格，在编辑栏中输入公式"=COUNTIF(N3:N24, "二等奖"）"并按"Enter"键，计算出二等奖学金获奖人数。 选中 L31 单元格，输入公式"=COUNTIF(N3:N24, "三等奖")"并按"Enter"键，计算出三等奖学金的获奖人数。

（3）选中 L32 单元格，输入公式"=SUM(L29:L31)"，计算出"获奖人数合计"。

（4）选中 N29 单元格，输入公式"=L29*M29"并按"Enter"键，计算出一等奖学金金额小计。拖动 N29 单元格右下角的填充柄，将公式一直复制到 N31，计算出二等奖学金金额小计和三等奖学金金额小计。

（5）选中 N32 单元格，输入公式"=SUM(N29:N31)"，计算出全班的"奖学金总计"，结果如图 4-87 所示。

至此，19 市场营销班综合评分表全部处理完毕。

4.3.4　知识储备

1．IF 函数

IF 函数是条件判断函数，它的功能是根据对指定条件的计算结果（True 或 False），返回不同的函数值。

IF 函数的语法格式如下。

```
IF(Logical_test, Value_if_true, Value_if_false)
```

（1）Logical_test 是计算结果可能为 True 或 False 的任意值或表达式。此参数中可以是由比较运算符构成的关系表达式，也可以是由 NOT()、AND()、OR()等逻辑函数构成的逻辑表达式。

例如，"B5=100"就是一个关系表达式，其中，等号"="在这里是比较运算符，用来比较等号左右两侧对象的值是否相等。如果等号左右两侧对象的值相等，则关系表达式成立，其值为逻辑真值 True，否则关系表达式不成立，其值为逻辑假值 False。又如，"AND(B1>500,B2>1000)"是一个由 AND 函数组成的逻辑表达式，该表达式只有当关系表达式"B1>500"与关系表达式"B2>1000"同时成立时，AND 函数的值才为逻辑真值 True，否则它的值是逻辑假值 False。

（2）Value_if_true 表示 Logical_test 为 True 时 IF 函数的返回值。

（3）Value_if_false 表示 Logical_test 为 False 时 IF 函数的返回值。

下面用一个例子来讲解 IF 函数中 Logical_test 参数为关系表达式或逻辑表达式的应用情况。

如图 4-101 所示，某工厂一个销售小组由 2 个人组成，上半年的销售额已经统计出来了，用 Excel 中的有关函数对销售小组每月销售额达标情况及上半年个人销售额达标情况来进行自动评判。评判达标与否的标准如下。

- 对于小组而言，小组中每人每月销售额达到 8 万元以上，则小组月销售额为"达标"，否则为"未达标"。
- 对于个人而言，上半年个人销售额合计达到 60 万元以上，则个人销售额为"达标"，否则为"未达标"。

某工厂销售小组上半年销售情况统计表				
				销售额单位（万元）
月份＼销售员	张丽娜	郑泽强	小组合计	小组月销售额达标与否
1月	5	6	11	
2月	12	8	20	
3月	23	8	31	
4月	10	8	18	
5月	6	18	24	
6月	9	10	19	
上半年个人销售额合计	65	58	123	
上半年个人销售额达标与否				

图 4-101　IF 函数简单示例

解决问题的步骤如下。

① 在 B11 单元格中输入公式"=IF(B10>=60,"达标","未达标")"，按"Enter"键确认输入。

② 选中 B11 单元格，按"Ctrl+C"组合键复制；单击 C11 单元格，按"Ctrl+V"组合键完成公式的粘贴。上半年个人销售额达标情况的判定已完成。

③ 在 E4 单元格中输入公式"=IF(AND(B4>=8,C4>=8),"达标","未达标")"，按"Enter"键确认输入。

④ 将鼠标指针放到 E4 单元格右下角的填充柄上，拖拉填充柄至 E9 单元格，完成对该小组每月销售额达标情况的判定。

提示：

a. 对 B11 单元格中公式"=IF(B10>=60,"达标","未达标")"来说，IF 函数的返回值（结果）究竟是第二个参数"达标"还是第三个参数"未达标"呢？这主要取决于 IF 函数的第一个参数"B10>=60"成立与否，如果成立，则 IF 函数的结果就是"达标"，否则，IF 函数的结果就是"未达标"。查看单元格 B10 的值是 65，显然 65>=60 是成立的，所以该公式的值等于"达标"。

b. 当 B11 单元格的公式复制到 C11 时，C11 的公式就变为"=IF(C10>=60,"达标","未达标")。分析过程与上面类似，不再赘述。

c. 对于 E4 单元格中公式"=IF(AND(B4>=8,C4>=8),"达标","未达标")"而言，IF 函数返回值的决定权在逻辑表达式"AND(B4>=8,C4>=8)"的运算结果。如果该逻辑表达式的值是 True，则 IF 函数的结果就是"达标"，否则就是"未达标"。该逻辑表达式使用的是一个 AND 函数，当 AND 函数的参数有多个时，只有它的每一个参数的运算结果都是 True 时，AND 函数的值才是 True，否则，AND 函数的值就是 False。此处 AND 函数的参数是由两个关系表达式构成的，只有当这两个关系表达式的值同时为 True（或者说关系表达式成立）时，AND 函数的结果才是 True，否则 AND 函数的结果就是 False。查看 B4、C4 单元格可知 B4=5、C4=6，那么，关系表达式"B4>=8"与"C4>=8"显然一个也不成立，则根据 AND 函数的运算规则，AND(B4>=8,C4>=8)的值就是 False。根据前面的分析可知，E4 单元格的值就是"未达标"。

　　d．对于 E6 单元格而言，其公式是 "=IF(AND(B6>=8,C6>=8), "达标","未达标")"。查看单元格 B6、C6，可知 B6=23、C6=8。经分析可知，这两个关系表达式都成立，那么 AND(B6>=8,C6>=8)函数的值是 True。所以，E6 单元格中 IF 函数的值就是 "达标"。

　　e．对于 E8 单元格而言，其公式是 "=IF(AND(B8>=8,C8>=8), "达标","未达标")"。查看单元格 B8、C8，可知 B8=6、C8=18。这两个关系表达式中只有一个 "C8>=8" 是成立的，可知 AND(B8>=8,C8>=8)函数的值是 False，所以 E6 单元格中 IF 函数的值就是 "未达标"。

　　其余单元格的公式不再逐一分析，读者可以自己多分析几个，从而更容易理解关系表达式、逻辑表达式与逻辑函数 IF 的关系，这样才能更容易理解 IF 函数的执行过程。

2．IF 函数的嵌套

　　如果在 Value_if_true 参数或 Value_if_false 参数的位置又出现 IF 函数，则称之为 IF 函数的嵌套。未嵌套的 IF 函数只能处理两种情况：非此即彼类型（结果是从两个值中选一个），如果根据条件要对三种以上情况做出选择，就必须使用 IF 函数的嵌套。

　　IF 函数最多允许使用 64 个 IF 函数作为 Value_if_true 参数和 Value_if_false 参数进行嵌套，实现多分支判断。

　　如图 4-85 所示，奖学金等级的计算问题就是用 IF 函数的嵌套来实现的。N3 单元格中输入的公式为："=IF(L3=1, "一等奖", IF(L3<=3, "二等奖", IF(L3<=6, "三等奖", " ")))"。

　　在此公式中，第一个 IF 函数的 Value_if_false 参数嵌套了函数 IF(L3<=3, "二等奖", IF(L3<=6, "三等奖", " "))，在第二个 IF 函数中，Value_if_false 参数又嵌套了函数 IF(L3<=6, "三等奖", " ")。

　　提示：

　　（1）在单元格中直接输入函数时，函数中的括号、标点符号都是英文状态下的标点符号。如果需要在函数中输入汉字，必须在输入汉字后再转换成英文标点输入状态，以免错误输入中文标点符号，导致公式出现错误。

　　（2）当多个 IF 函数嵌套时，每个 IF 函数名字后的一对小括号必不可少。

　　（3）公式中出现文本型数据时，需要用英文的双引号将文本型数据引起来。

　　除了在单元格中直接输入公式，也可以利用插入函数功能完成单元格中公式的输入，具体方法详见 4.3.3 节任务实施部分。

3．运算符及优先级

　　Excel 中的公式一般包括函数、引用、运算符和常量。而单元格、常量、运算符与函数则是构造 Excel 表达式的基石，所以有必要了解 Excel 中运算符的类型。

　　运算符有以下 4 种类型。

　　（1）算术运算符，如加 "+"、减 "–"、乘 "*"、除 " / "、乘幂 "^"、百分比 "%"、括号 "（）" 等，算术运算的结果为数值型。

　　（2）比较运算符，如等于 "="、大于 ">"、小于 "<"、大于或等于 ">="、小于或等于 "<="，不等于 "<>"，比较运算结果为逻辑值 True 或 False。

用比较运算符计算时，运算符两边数据类型应该相同。如 3>5、3*5<>6+9 为数值比较，如"abc">="ABC"是文本型数据比较。

（3）文本连接运算符"&"用于连接一个或多个文本。例如，"辽宁"&"沈阳"的结果为"辽宁沈阳"。

（4）引用运算符，如":"","" "，如表 4-2 所示。

表 4-2　引用运算符

引用运算符	功　　能	示　　例	解　　析
冒号":"	表示一个连续的单元格区域	A1:C3	包含（A1,A2,A3,B1,B2,B3,C1,C2,C3）单元格的区域
逗号","	将多个单元格区域合并成一个引用	AVERAGE(A1:A3,Cl)	计算单元格区域 Al:A3 和单元格 Cl（Al,A2,A3,Cl）的平均值
空格" "	处理区域中互相重叠的部分	AVERAGE(Al:B3　Bl:C3)	计算单元格区域 Al:B3 和单元格区域 Bl:C3 相交部分单元格区域（Bl,B2,B3）的平均值

当一个表达式中出现多种运算符时，如果不注意各类运算符的优先级，就无法分析出一个表达式的运算结果。运算符的优先级如表 4-3 所示。

表 4-3　运算符的优先级

优先级	运算符号	符号名称	运算符类别	优先级	运算符号	符号名称	运算符类别
1	:	冒号	引用运算符	6	+、-	加号和减号	算术运算符
1		单个空格	引用运算符	7	&	连接符号	连接运算符
1	,	逗号	引用运算符	8	=	等于符号	比较运算符
2	-	负号	算术运算符	8	<和>	小于和大于	比较运算符
3	%	百分比	算术运算符	8	<>	不等于	比较运算符
4	^	乘方	算术运算符	8	<=	小于等于	比较运算符
5	*、\	乘号和除号	算术运算符	8	>=	大于等于	比较运算符

4.3.5　任务强化

按要求完成"音乐表演班成绩单"的编制，如图 4-102 所示。

准考证号	姓名	性别	民族	竞赛等级	高考裸分	民族加分	竞赛加分	高考综合分	奖学金
20201001	李萍	女	汉族	国赛一等奖	568	0	10	578	3000
20201002	张三凤	女	回族		443	5	0	448	0
20201003	李小柯	男	汉族	国赛二等奖	534	0	8	542	3000
20201004	王同同	男	满族		590	5	0	595	3000
20201005	张柳圈	男	汉族		456	0	0	456	0
20201006	樊九晶	男	汉族		624	0	0	624	5000
20201007	孙品	女	蒙古族	国赛二等奖	500	5	8	513	3000
20201008	张顺	女	汉族		125	0	0	125	0
20201009	王丽荣	女	汉族	国赛三等奖	589	0	5	594	3000

				最高分	最低分	男生人数	女生人数		
				624	125	4	5		

（表头：音乐表演班成绩单）

图 4-102　音乐表演班成绩单

具体编制要求如下。

（1）计算每个学生的民族加分，少数民族加 5 分，汉族不加分。

（2）计算每个学生的竞赛加分，国赛一等奖加 10 分，二等奖加 8 分，三等奖加 5 分，其他不加分。

（3）计算每个学生的高考综合分，并统计高考综合分的最高分、最低分。统计男女生人数。

（4）根据每个学生的高考综合分，计算学生的奖学金数额，具体规定如下：

① 高考综合分≥600 时，奖学金金额为 5000 元。

② 500≤高考综合分<600 时，奖学金金额为 3000 元。

③ 高考综合分<500 分时，没有奖学金。

任务 4　信息工程学院新生录取信息的处理

Excel 工作表中包含大量的信息，面对这些信息，不同的人员会有不同的需求。为满足这些需求就必须对这些数据进行不同方式的分类、查询、统计等操作，也就是用 Excel 中的排序、筛选、分类汇总等功能来对数据进行分析与处理，从而满足人们各种不同的需求。

4.4.1　任务描述

每年 8 月份高职批次录取结束，信息工程学院负责招生的张老师都要给学院的领导提供有关新生录取的信息，以满足学院在宿舍分配、专业分班、贫困生资助等方面的需求。目前，张老师准备对今年新录取的学生数据信息进行处理，给负责学生管理和教学管理的领导提供相关的数据。综合各位主管领导的需求，需要完成的工作如下。

（1）按"录取专业"对所有新生进行分类，同一专业的排在一起。

（2）按"录取专业""性别""户籍所在地"对新生进行分类，相同专业的学生排在一起；如果专业相同，就把性别相同的学生排在一起；如果学生的专业与性别都相同，学生就按户籍所在地的不同顺序排列。

（3）对表中数据记录行按户口所在地城市"郑州""许昌""新乡""开封""周口"的顺序排列。

（4）找出符合指定的"姓名""性别""户籍所在地""录取专业"等单个或多个条件的学生名单。

（5）统计每个专业的人数及每个专业中男生、女生的人数。

4.4.2　任务分析

必须使用 Excel 2010 中提供的数据排序功能、数据筛选功能和数据的分类汇总功能才能实现任务要求的各项数据分析和统计要求。

1．利用数据排序功能可实现以下按不同标准对新生进行分类的需求

（1）通过"排序"对话框实现按"录取专业"给新生分类，相同专业的学生排在一起。

（2）通过"排序"对话框的多条件排序实现按"录取专业""性别""户籍所在地"对新生分类，同一专业的排在一起；专业相同的按性别来排列，性别相同的排在一起；专业与性别都相同的按户籍所在地的顺序来排列。

（3）通过"排序"对话框中自定义排序序列，对新生的分类按户籍所在地城市的先后顺序排列。户籍所在地的城市按"郑州""许昌""新乡""开封""周口"的顺序作为排列新生名单先后的依据。

2．利用筛选功能可实现以下根据不同条件从数据表中进行的各类查询

（1）使用自动筛选功能可以查询出新生名单中女生的名单，所有的男生名单则被隐藏。

（2）通过自定义筛选功能可以查询出户籍所在地是"周口"或"许昌"的男生名单，其余名单则被隐藏。

（3）通过高级筛选功能可以一次性查询出新生名单中女生的名单以及户籍所在地是"郑州"的新生名单，其余名单则被隐藏。

3．利用分类汇总功能统计新生名单中每个专业的人数及每个专业中男生、女生的人数

（1）将"录取专业"作为主关键字、"性别"作为次关键字进行排序。

（2）在"数据"选项卡中的"分级显示"组中单击"分类汇总"按钮，设置"分类字段"为"录取专业"，"汇总方式"为"计数"，按录取专业对数据进行一级分类汇总。

（3）再次执行分类汇总。在"分类汇总"对话框中设置"分类字段"为"性别"，实现了二级分类汇总。

4.4.3　任务实施

1．数据排序

（1）按"录取专业"给新生分类，将同一专业的学生排在一起。

打开"信息工程学院新生录取信息表.xlsx"文件，切换到"新生录取名单"工作表，并建立其副本，将副本更名为"单排序"，将"单排序"工作表设置为当前工作表。

① 选中工作表中的任意单元格，在"数据"选项卡中的"排序和筛选"组中单击"排序"图标，打开"排序"对话框，如图4-103所示。

图4-103　"排序"对话框

② 在"主要关键字"下拉列表中选择"录取专业"选项，在"次序"下拉列表中选择"升序"选项。排序后的结果如图 4-104 所示。

	A	B	C	D	E	F
1	准考证号	姓名	性别	户籍所在地	录取专业	录取通知书编号
2	13411301111004	魏龙培	男	郑州	大数据技术	25184
3	13411313150686	许明霜	男	周口	大数据技术	25232
4	13411314110234	侯帅磊	女	周口	大数据技术	25256
5	13410401110108	郭乐天	男	开封	计算机网络技术	24356
6	13410411158047	毛晓南	男	新乡	计算机网络技术	24402
7	13410317150921	张要武	女	新乡	计算机网络技术	24317
8	13410412110001	李榴菲	男	周口	计算机网络技术	24404
9	13410316110280	李帅奇	女	周口	计算机网络技术	24300
10	13411114150043	顾冰阳	男	开封	计算机应用技术	24931
11	13411011111725	王秦花	男	许昌	计算机应用技术	24789
12	13410813119462	魏士川	女	许昌	计算机应用技术	24723
13	13410111110456	王鑫博	女	郑州	计算机应用技术	24019
14	13411213110009	杨士浩	男	郑州	计算机应用技术	25136
15	13411012119108	张梦琪	男	周口	计算机应用技术	24796
16	13411114110334	周召帝	女	郑州	计算机应用技术	24895
17	13410113111290	路卫伟	男	开封	数字媒体技术	24065
18	13410213118031	刘文奇	女	新乡	数字媒体技术	24152
19	13410214151247	徐万里	男	许昌	数字媒体技术	24183
20	13410215118029	陈晨	女	许昌	数字媒体技术	24215
21	13410111151789	张帅	男	周口	数字媒体技术	24026
22	13411416151402	王景云	男	开封	物联网应用技术	25584
23	13411419110319	李永坡	男	新乡	物联网应用技术	25639
24	13411416150553	郑超超	男	新乡	物联网应用技术	25578
25	13411417151308	倪明坤	女	新乡	物联网应用技术	25614
26	13411419155655	许宏基	男	周口	物联网应用技术	25674

图 4-104　按"录取专业"排序后的效果

（2）按"录取专业""性别""户籍"三个关键字给新生分类。

打开"信息工程学院新生录取信息表.xlsx"文件，切换到"新生录取名单"工作表，并建立其副本，将副本更名为"多排序"，将"多排序"工作表设置为当前工作表。

① 选中工作表中的任意单元格，在"数据"选项卡中的"排序和筛选"组中单击"排序"图标，打开"排序"对话框。

② 在"主要关键字"下拉列表中选择"录取专业"选项，在"次序"下拉列表中选择"升序"选项。

③ 在"排序"对话框中单击"添加条件"按钮，添加次要关键字，如图 4-105 所示。

图 4-105　多关键字"排序"对话框

④ 与设置主要关键字的方式一样，在"次要关键字"下拉列表中选择"性别"选项，在"次序"下拉列表中选择"升序"选项，表示在"录取专业"相同的情况下按"性别"升序排列。

⑤ 使用同样的方法在"排序"对话框中单击"添加条件"按钮，添加次要关键字，在"次要关键字"下拉列表中选择"户籍所在地"选项，在"次序"下拉列表中选择"升

序"选项，表示在"录取专业"相同的情况下按"性别"升序排列，在"性别"相同的情况下按"户籍所在地"升序排列。排序后的结果如图 4-106 所示。

	A	B	C	D	E	F
1	准考证号	姓名	性别	户籍所在地	录取专业	录取通知书编号
2	13411301111004	魏龙培	男	郑州	大数据技术	25184
3	13411313150686	许明雷	男	周口	大数据技术	25232
4	13411314110234	侯帅磊	女	周口	大数据技术	25256
5	13410401110108	郭乐天	男	开封	计算机网络技术	24356
6	13410411158047	毛晓南	男	新乡	计算机网络技术	24402
7	13410412110001	李倡非	男	周口	计算机网络技术	24404
8	13410317150921	张要武	女	新乡	计算机网络技术	24317
9	13410316110280	李帅奇	女	周口	计算机网络技术	24300
10	13411114150043	顾永阳	男	开封	计算机应用技术	24931
11	13411011111725	王秦花	男	许昌	计算机应用技术	24789
12	13411213110009	杨士洁	男	郑州	计算机应用技术	25136
13	13411012119108	张梦琪	男	新乡	计算机应用技术	24796
14	13410813119462	魏十川	女	许昌	计算机应用技术	24723
15	13410111110456	王鑫博	女	郑州	计算机应用技术	24019
16	13411114110334	周召帝	女	郑州	计算机应用技术	24895
17	13410113111290	路亚伟	男	开封	数字媒体技术	24065
18	13410214151247	徐万里	男	许昌	数字媒体技术	24183
19	13410111151789	张帅	男	新乡	数字媒体技术	24026
20	13410213118031	刘文奇	女	新乡	数字媒体技术	24152
21	13410215118029	陈晨	女	许昌	数字媒体技术	24215
22	13411416151402	王景云	男	开封	物联网应用技术	25584
23	13411419110319	李永坡	男	新乡	物联网应用技术	25639
24	13411416150553	郑超超	男	新乡	物联网应用技术	25578
25	13411419155655	许宏基	男	周口	物联网应用技术	25674
26	13411417151308	倪明坤	女	新乡	物联网应用技术	25614

图 4-106　多关键字排序后的结果

提示：排序时如果关键字的值是文本型的，则计算机通过比较同一列中不同文本的"大小"来确定每条记录的顺序。而文本的"大小"比较方法与文本是汉语的还是英语的密切相关，英语文本是比较两个字符的 ASCII 值的大小来确定文本的"大小"，而汉语文本的比较在默认情况下是比较两个汉字的拼音字母的顺序决定其"大小"的。

（3）对表中的数据按户籍所在地分类时，城市的先后按"郑州""许昌""新乡""开封""周口"的顺序排列。

打开"信息工程学院新生录取信息表.xlsx"文件，切换到"新生录取名单"工作表，并建立其副本，将副本更名为"自定义排序"，将"自定义排序"工作表设置为当前工作表。

在依据"户籍所在地"字段对新生进行排序时，系统默认的汉字排序方式是以汉字拼音的字母顺序排列的，所以学生在表中的先后顺序是按"开封""新乡""许昌""郑州""周口"的次序来排列的，不符合任务中的要求。为达到任务中的要求，这里必须采用自定义排序方式排序，首先要给"户籍所在地"字段的值人为规定一个排列顺序，即按"郑州""许昌""新乡""开封""周口"的顺序进行排列。

① 选中工作表中的任意数据单元格，在"数据"选项卡中的"排序和筛选"组中单击"排序"图标，打开"排序"对话框。

② 将主要关键字设置为"户籍所在地"，在"次序"下拉列表中选择"自定义序列"选项，打开"自定义序列"对话框，如图 4-107 所示。在"输入序列"列表框中依次输入"郑州""许昌""新乡""开封""周口"，单击"添加"按钮，再单击"确定"按钮返回"排序"对话框，这样"次序"下拉列表中已设置为定义好的序列。排序后的结果如图 4-108 所示。

图 4-107　"自定义序列"对话框

	A	B	C	D	E	F
1	准考证号	姓名	性别	户籍所在地	录取专业	录取通知书编号
2	13411301111004	魏龙培	男	郑州	大数据技术	25184
3	13410111110456	王鑫博	女	郑州	计算机应用技术	24019
4	13411213110009	杨士浩	男	郑州	计算机应用技术	25136
5	13411114110334	周召蒂	女	郑州	计算机应用技术	24895
6	13411011111725	王秦花	男	许昌	计算机应用技术	24789
7	13410813119462	魏士川	女	许昌	计算机应用技术	24723
8	13410214151247	徐万里	男	许昌	数字媒体技术	24183
9	13410215118029	陈晨	女	许昌	数字媒体技术	24215
10	13410411158047	毛晓南	男	新乡	计算机网络技术	24402
11	13410317150921	张要武	女	新乡	计算机网络技术	24317
12	13410213118031	刘文奇	女	新乡	数字媒体技术	24152
13	13411419110319	李永坡	男	新乡	物联网应用技术	25639
14	13411416150553	郑超超	男	新乡	物联网应用技术	25578
15	13411417151308	倪明坤	女	新乡	物联网应用技术	25614
16	13410401110108	郭乐天	男	开封	计算机应用技术	24356
17	13411114150043	顾永阳	男	开封	计算机应用技术	24931
18	13410113111290	路亚伟	男	开封	数字媒体技术	24065
19	13411416151402	王景云	男	开封	物联网应用技术	25584
20	13411313150686	许明雷	男	周口	大数据技术	25232
21	13411314110234	侯帅磊	女	周口	大数据技术	25256
22	13410412110001	李榴非	男	周口	计算机网络技术	24404
23	13410316110280	李帅奇	女	周口	计算机网络技术	24300
24	13411012119108	张梦琪	男	周口	计算机应用技术	24796
25	13410111151789	张帅	男	周口	数字媒体技术	24026
26	13411419155655	许宏基	男	周口	物联网应用技术	25674

图 4-108　"自定义序列"排序的结果

2．数据筛选

（1）从新生录取信息表中找出所有女生的名单，男生名单暂时被隐藏。

打开"信息工程学院新生录取信息表.xlsx"文件，切换到"新生录取名单"工作表，并建立其副本，将副本更名为"筛选"，并将"筛选"工作表设置为当前工作表。

① 在工作表中选中任意单元格，在"数据"选项卡中的"排序和筛选"组中单击"筛选"图标，此时在各列标题名后出现了下拉按钮。

② 单击"性别"列标题右侧的下拉按钮打开列筛选器，清除"男"复选框，如图 4-109 所示，单击"确定"按钮。此时工作表中将只显示性别是"女"的相关数据，所有的男生名单则被隐藏，如图 4-110 所示。

	A	B	C	D	E	F
1	准考证号	姓名	性别	户籍所在	录取专业	录取通知书编号
7	13410317150921	张要武	女	新乡	计算机网络技术	24317
8	13410213118031	刘文奇	女	新乡	数字媒体技术	24152
11	13411417151308	倪明坤	女	新乡	物联网应用技术	25614
13	13410813119462	燕士川	女	许昌	计算机应用技术	24723
15	13410215118029	陈晨	女	许昌	数字媒体技术	24215
17	13410111110456	王鑫博	女	郑州	计算机网络技术	24019
20	13411314110234	侯玲磊	女	周口	大数据技术	25256
22	13410316110280	李帅奇	女	周口	计算机网络技术	24300
24	13411114110334	周召帝	女	郑州	计算机应用技术	24895

图 4-109　选择性别是"女"的数据　　　　　图 4-110　女生录取情况的筛选结果

提示： 如果筛选结果不符合我们的预期，则需要将工作表恢复到原始状态，然后检查筛选设置条件是否正确，如果不正确则更改筛选条件后重新进行筛选。在"数据"选项卡中的"排序和筛选"组中再次单击"筛选"图标，将取消对单元格的筛选，此时，各列标题右侧的箭头消失，工作表恢复初始状态。

（2）从新生录取信息表中找出除姓"张"和姓"李"之外的男生名单，隐藏其余学生的名单。

打开"信息工程学院新生录取信息表.xlsx"文件，切换到"新生录取名单"工作表，并建立其副本，将副本更名为"自定义筛选"，并将"自定义筛选"工作表设置为当前工作表。为完成此项操作，除"性别"这个筛选条件外，还需要对"姓名"字段设置条件，排出"张"姓、"李"姓的学生，具体操作步骤如下。

① 对"性别"列进行自动筛选，将男生保留，此时工作表中所有女生的名单被隐藏。

② 单击"姓名"列标题右侧的下拉按钮，在列筛选器中选择"文本筛选"选项，弹出相应的子菜单，如图 4-111 所示，选择"自定义筛选"选项。

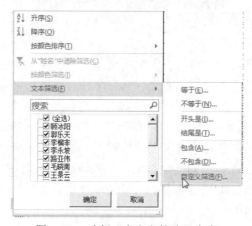

图 4-111　选择"自定义筛选"命令

③ 打开"自定义自动筛选方式"对话框，如图 4-112 所示。在其中设置"录取专业"选项组中的"开头不是"为"张"与"开头不是"为"李"，单击"确定"按钮。

图 4-112　"自定义自动筛选方式"对话框

此时工作表中从剩下的男生中又隐藏了"张"姓和"李"姓的学生，恰好就是任务中所要求查找的，结果如图 4-113 所示。

	A	B	C	D	E	F
1	准考证号	姓名	性别	户籍所在	录取专业	录取通知书编号
3	13411114150043	顾冰阳	男	开封	计算机应用技术	24931
4	13410401110108	郭乐天	男	开封	计算机网络技术	24356
10	13410113111290	路亚伟	男	开封	数字媒体技术	24065
11	13410411158047	毛晓南	男	新乡	计算机网络技术	24402
13	13411416151402	王景云	男	开封	物联网应用技术	25584
14	13411011111725	王秦花	男	许昌	计算机应用技术	24789
16	13411301111004	魏龙培	男	郑州	大数据技术	25184
18	13410214151247	徐万里	男	许昌	数字媒体技术	24183
19	13411419155655	许宏基	男	周口	物联网应用技术	25674
20	13411313150686	许明雷	男	周口	大数据技术	25232
21	13411213110009	杨士浩	男	郑州	计算机应用技术	25136
25	13411416150553	郑超超	男	新乡	物联网应用技术	25578

图 4-113　"自定义筛选"结果

提示：

a. 在图 4-112 中，实际上是用两个条件来控制筛选的结果的（显示行），第一个条件是"'姓名'的开头不是'张'"，第二个条件是"'姓名'的开头不是'李'"，只有同时满足这两个条件的数据记录行才能显示出来，所以在图中必须选中第一个条件与第二个条件之间的单选按钮"与(A)"，"与(A)"就是逻辑运算符 AND。例如，上面第一步把原始数据表中男生筛选出来后，一个名字为"张帅"的男生就是在第二步被"剔除"的，因为"张帅"的开头不是"李"，他只满足第二个条件而不满足第一个条件，所以，"张帅"这一行不会显示。

b. 如果在图 4-112 中选中"或(O)"单选按钮，"或(O)"就是逻辑运算符 OR，表示或者的意思，即只要第一个条件与第二个条件满足其中一个，该行就能显示出来。例如，第一步筛选出所有的男生后，名字为"张帅"的必须在第二步筛选中"剔除"，但如果我们错误地选择了"或(O)"单选按钮，则姓名"张帅"满足第二个条件（"姓名"开头不是"李"），所以"张帅"这个男生的信息全部显示出来。如果这样的话，新生录取表中所有的男生（不论姓什么）都会被显示出来，这个自定义筛选就毫无用途了。

（3）找出新生信息表中所有的女生或户籍所在地是"郑州"的学生，其余名单则被隐藏。

打开"信息工程学院新生录取信息表.xlsx"文件，切换到"新生录取名单"工作表，并建立其副本，将副本更名为"高级筛选"，并将"高级筛选"工作表设置为当前工作表。

要完成此操作，需要设置两个条件。

条件1：性别是"女"

条件2：户籍所在地是"郑州"

其中，条件1和条件2之间是"或"关系。

具体操作步骤如下。

① 设置条件区域并输入筛选条件。在数据区域的下方或右侧设置条件区域，其中条件区域必须有列标签,同时确保在条件区域与原数据区域之间至少留一个空白行或空白列，如图4-114所示。

图4-114 设置条件区域并输入高级筛选条件"或"关系

注意：

a. 若条件写在不同行，则不同行的条件之间的关系是"或"。如图4-114所示，表示性别="女"的记录或户籍所在地="郑州"的记录，只要满足二者之一就能被筛选出来。结合本任务，我们知道任务中需要找出两类人：第一类是新生录取信息表中的所有女生，第二类是户籍所在地为"郑州"的学生。只要满足这两类之一的记录（人）就会被筛选（显示）出来，所以，筛选第一类人与筛选第二类人的条件应该是"或"的关系，这两个筛选条件必须放在两行中。

b. 若条件写在同一行，则同一行的各个条件之间是"与"的关系。如图4-115所示，表示性别="女"并且户籍所在地="郑州"的记录（即户籍所在地是郑州的女生）会被筛选出来。

性别	户籍所在地
女	郑州

图4-115 设置条件区域并输入高级筛选条件"与"关系

----

② 选择数据列表区域、条件区域和目标区域。选中数据区域中的任意单元格，在"数据"选项卡中的"排序和筛选"组中单击"高级"按钮，打开"高级筛选"对话框，如图4-116所示，在"列表区域"文本框中已默认显示了数据源区域$A$1: $F$26。

（a）筛选结果显示在其他位置　　　　（b）筛选结果显示在原有区域

图 4-116　"高级筛选"对话框

③ 在"高级筛选"对话框中单击"条件区域"文本框右侧的选择单元格按钮，在工作表中选择已设置的条件区域$H$1:$I$3，在"方式"选项组中选中"将筛选结果复制到其他位置"单选按钮［见图 4-116（a）］，再单击"复制到"文本框右侧的选择单元格按钮，选择显示筛选结果的目标位置，如$A$29，单击"确定"按钮即可将高级筛选的结果显示在以单元格 A29 为开始的位置，如图 4-117 所示。

	准考证号	姓名	性别	户籍所在地	录取专业	录取通知书编号
29						
30	13410317150921	张要武	女	新乡	计算机网络技术	24317
31	13410213118031	刘文奇	女	新乡	数字媒体技术	24152
32	13411417151308	倪明坤	女	新乡	物联网应用技术	25614
33	13410813119462	魏士川	女	许昌	计算机应用技术	24723
34	13410215118029	陈晨	女	许昌	数字媒体技术	24215
35	13411301111004	魏龙培	男	郑州	大数据技术	25184
36	13410111110456	王鑫博	女	郑州	计算机应用技术	24019
37	13411213110009	杨士浩	男	郑州	计算机应用技术	25136
38	13411314110234	侯帅磊	女	周口	大数据技术	25256
39	13410316110280	李帅奇	女	周口	计算机网络技术	24300
40	13411114110334	周召帝	女	郑州	计算机应用技术	24895

图 4-117　高级筛选结果

提示：

a. 上面高级筛选的两个条件在分别单独进行筛选时，筛选的结果可能有重叠的记录，但高级筛选是同时进行的，它会把重叠的记录只显示一次。如单独进行筛选所有女生时，筛选出来的结果应该包含有户籍所在地是郑州的女生，而单独筛选户籍所在地是"郑州"的学生时，筛选的结果有男生，也可能有女生，而如果有女生的话，她们肯定与单独筛选女生的结果有部分相同的记录（有部分重叠记录）。

b. 从图 4-117 中可以看出，筛选的结果中包含男生，并且户籍所在地是"郑州"的，这些"户籍所在地是郑州的男生"的记录就是高级筛选的"第二个条件"筛选结果（户籍是郑州的学生）的一部分。

c. 高级筛选的结果既可以放在原有数据区域［在图 4-116（b）中选中"方式"选项组

的"在原有区域显示筛选结果"单选按钮，此时"复制到"文本框不可用]，也可以指定新的显示区域［在图 4-116（a）中选中"方式"选项组的"将筛选结果复制到其他位置"单选按钮，此时"复制到"文本框可用并要指定一个单元格作为显示筛选结果的起始位置）]。

3. 统计每个专业的人数及每个专业中男生、女生的人数

打开"信息工程学院新生录取信息表.xlsx"文件，切换到"新生录取名单"工作表，并建立其副本，将副本更名为"分类汇总"，并将"分类汇总"工作表设置为当前工作表。

（1）将"录取专业"作为主关键字、"性别"作为次关键字进行排序。

（2）选中数据区域的任意单元格，在"数据"选项卡中的"分级显示"组中单击"分类汇总"图标，打开"分类汇总"对话框，如图 4-118 所示。

（3）在图 4-118 中设置"分类字段"为"录取专业"，"汇总方式"为"计数"，"选定汇总项"为"录取通知

图 4-118　"分类汇总"对话框

书编号"，同时选中"替换当前分类汇总"和"汇总结果显示在数据下方"复选框，然后单击"确定"按钮，则按录取专业对数据进行一级分类汇总，结果如图 4-119 所示。

	准考证号	姓名	性别	户籍所在地	录取专业	录取通知书编号
1						
2	13411301111004	魏龙培	男	郑州	大数据技术	25184
3	13411313150686	许明雷	男	周口	大数据技术	25232
4	13411314110234	侯帅磊	女	周口	大数据技术	25256
5					大数据技术 计数	3
6	13410401110108	郭乐天	男	开封	计算机网络技术	24356
7	13410411158047	毛晓南	男	新乡	计算机网络技术	24402
8	13410412110001	李榴非	男	周口	计算机网络技术	24404
9	13410317150921	张要武	女	新乡	计算机网络技术	24317
10	13410316110280	李帅奇	女	周口	计算机网络技术	24300
11					计算机网络技术 计数	5
12	13411114150043	顾水阳	男	开封	计算机应用技术	24931
13	13411011111725	王秦花	男	许昌	计算机应用技术	24789
14	13411213110009	杨士浩	男	郑州	计算机应用技术	25136
15	13411012119108	张梦琪	男	周口	计算机应用技术	24796
16	13410813119462	魏士川	女	许昌	计算机应用技术	24723
17	13410111110456	王鑫博	男	郑州	计算机应用技术	24019
18	13411114110334	周召帝	女	郑州	计算机应用技术	24895
19					计算机应用技术 计数	7
20	13410113111290	路亚伟	男	开封	数字媒体技术	24065
21	13410214151247	徐万里	男	许昌	数字媒体技术	24183
22	13410111151789	张帅	男	周口	数字媒体技术	24026
23	13410213118031	刘文奇	女	新乡	数字媒体技术	24152
24	13410215118029	陈晨	女	许昌	数字媒体技术	24215
25					数字媒体技术 计数	5
26	13411416151402	王景云	男	开封	物联网应用技术	25584
27	13411149110319	李永娓	男	新乡	物联网应用技术	25639
28	13411416150553	郑超超	男	新乡	物联网应用技术	25578
29	13411149155655	许宏基	男	新乡	物联网应用技术	25674
30	13411417151308	倪明坤	女	新乡	物联网应用技术	25614
31					物联网应用技术 计数	5
32					总计数	25

图 4-119　一级分类汇总结果（按专业明细显示）

用户可以单击左上角的"2"，结果如图 4-120 所示；用户可以单击左上角的"1"，结果如图 4-121 所示。

图 4-120　一级分类汇总结果（按专业简洁显示）

图 4-121　一级分类汇总结果（整体汇总显示）

（4）在步骤（3）的基础上，再次执行分类汇总。在"分类汇总"对话框中设置"分类字段"为"性别"，"汇总方式"为"计数"，"选定汇总项"为"录取通知书编号"，同时清除"替换当前分类汇总"复选框，单击"确定"按钮即实现了二级分类汇总。

二级分类汇总结果如图 4-122 所示。用户可以单击左上角的"3"，结果如图 4-123 所示；用户可以单击左上角的"2"，结果如图 4-124（a）所示；用户可以单击左上角的"1"，结果如图 4-124（b）所示。

提示：在"分类汇总"对话框中，单击"全部删除"按钮可将工作表恢复到初始状态。

图 4-122　二级分类汇总结果（明细显示各专业男女生人数）

1 2 3 4		A	B	C	D	E	F
	1	准考证号	姓名	性别	户籍所在地	录取专业	录取通知书编号
	4			男 计数			2
	6			女 计数			1
	7					大数据技术 计数	3
	11			男 计数			3
	14			女 计数			2
	15					计算机网络技术 计数	5
	20			男 计数			4
	24			女 计数			3
	25					计算机应用技术 计数	7
	29			男 计数			3
	32			女 计数			2
	33					数字媒体技术 计数	5
	38			男 计数			4
	40			女 计数			1
	41					物联网应用技术 计数	5
	42					总计数	25

图 4-123　二级分类汇总结果（简洁显示各专业男女生人数）

1 2 3 4		A	B	C	D	E	F
	1	准考证号	姓名	性别	户籍所在地	录取专业	录取通知书编号
	7					大数据技术 计数	3
	15					计算机网络技术 计数	5
	25					计算机应用技术 计数	7
	33					数字媒体技术 计数	5
	41					物联网应用技术 计数	5
	42					总计数	25

（a）按专业统计人数

1 2 3 4		A	B	C	D	E	F
	1	准考证号	姓名	性别	户籍所在地	录取专业	录取通知书编号
	42					总计数	25

（b）整体汇总显示

图 4-124　一级分类汇总结果

4.4.4　知识储备

1．数据排序

Excel 2010 可以对一列或多列中的数据按文本（升序或降序）、数字（升序或降序）以及日期和时间（升序或降序）进行排序，还可以按自定义序列或格式（包括单元格颜色、字体颜色或图标集）进行排序。大多数排序操作都是针对列进行的。数据排序一般分为简单排序、复杂排序和自定义排序。

（1）简单排序。

简单排序是指设置一个排序条件进行数据的升序或降序排列。具体方法是：单击条件列字段中的任意单元格，在"数据"选项卡中的"排序和筛选"组中单击"升序"或"降序"按钮即可。

（2）复杂排序。

复杂排序是指按多个字段进行数据排序的方式。具体方法是：在"数据"选项卡中的"排序和筛选"组中单击"排序"图标，打开"排序"对话框，在该对话框中可以设置一个主要关键字、多个次要关键字，每个关键字均可按升序或降序进行排列。

（3）自定义排序。

自定义排序可以使用自定义序列按用户定义的顺序进行排序。具体方法是：在"排序"

对话框中选择要进行自定义排序的关键字，在其对应的"次序"下拉列表中选择"自定义序列"选项，打开"自定义序列"对话框，选择或建立需要的排序序列即可。

2．数据筛选

筛选是指找出符合条件的数据记录，即显示符合条件的记录，隐藏不符合条件的记录。

（1）自定义筛选。

当需要对某字段数据设置多个复杂筛选条件时，可以通过自定义自动筛选的方式进行设置。在该字段的列筛选器中选择"文本筛选"选项的下一级菜单中的"自定义筛选"选项，打开"自定义自动筛选方式"对话框，对该字段进行筛选条件设置，完成后工作表中将显示筛选结果。

提示： 对文本字段进行自定义筛选时，条件中可以使用通配符"？"和"*"，其中"？"代表一个字符，"*"代表多个字符。如筛选条件是"王*"，表示要筛选出所有姓王的记录。

（2）高级筛选。

自动筛选只能对某列数据进行两个条件的筛选，并且在不同列之间同时筛选时，只能是"与"关系。对于其他筛选条件，比如，要在新生录取的工作表中筛选出来自"郑州的男生"与"数字媒体专业的女生"，这一问题无论用自动筛选还是自定义筛选都是无法解决的，必须使用高级筛选才能达到要求。

使用高级筛选时必须建立一个条件区域，一个条件区域至少包含两行、两个单元格，其中第一行中要输入字段名称（与表中字段相同），第二行及以下各行则输入对该字段的筛选条件。具有"与"关系的多重条件放在同一行，具有"或"关系的多重条件放在不同行。

高级筛选结果可以显示在源数据表格中，不符合条件的记录则被隐藏起来，也可以在新的位置显示筛选结果，而源数据表不变。

下面以某单位工资表为例讲解一下通配符在高级筛选中的应用（只讲解如何构造条件，筛选过程不再赘述），其原始数据如图 4-125 所示。

	A	B	C	D	E	F	G
1	姓名	性别	部门	基础工资	岗位工资	奖金	应发合计
2	王楠	男	行政部	1983	2000	2300	6283
3	张伟锋	男	财务部	2900	1200	2300	6400
4	诸葛瑾	男	采购部	2389	1900	1000	5289
5	孙胜男	女	行政部	2400	2100	3200	7700
6	李小萍	女	采购部	3200	2300	3400	8900
7	陈羽玲	女	财务部	2189	2100	2000	6289
8	孙大镇	男	行政部	1278	3200	2300	6778
9	姜大伟	男	采购部	1500	1278	1256	4034
10	范晓迪	女	行政部	2300	1456	1560	5316
11	大张伟	男	采购部	1300	2100	2000	5400

图 4-125　某单位工资表原始数据

在高级筛选中，如果筛选的条件中包含文本型字段，那么在构造条件时也可以使用通配符"？"和"*"（通配符必须在英文方式下输入），可以实现对文本型字段的模糊查询。例如，在工资表中查找姓"李"的员工、查找名字中最后一个字是"伟"的员工、姓名中只有两个字的员工等，这些都必须用通配符来实现。

① 筛选出"姓名"中包含"伟"字的员工或工资表中"应发合计"在 8000 元以上的员工。

因为"伟"字可能出现在名字的不同位置，所以我们用"*伟*"来构造姓名字段的筛选条件。通配符"*"可以代替名字中的零个或多个字符，当高级筛选条件"姓名"="*伟*"与表中每一条记录的"姓名"进行匹配时，就会找到"张伟峰""姜大伟"与"大张伟"等。条件构造区域中"应发合计"的条件">=8000"不能与筛选"姓名"的条件放在同一行，因为这两个条件是"或"的关系（下同，不再详述）。筛选结果如图 4-126 所示。

姓名	性别	部门	基础工资	岗位工资	奖金	应发合计
张伟锋	男	财务部	2900	1200	2300	6400
李小萍	女	采购部	3200	2300	3400	8900
姜大伟	男	采购部	1500	1278	1256	4034
大张伟	男	采购部	1300	2100	2000	5400
		姓名	应发合计			
		=*伟*				
			>=8000			

图 4-126　使用通配符查找后的筛选结果

② 筛选出"姓名"中最后一个字是"伟"的员工或工资表中"应发合计"为 6500～8500 元的员工。

如果仅把图 4-126 中的"*伟*"修改为"*伟"，我们重新对原始数据进行高级筛选后，就会发现此次的筛选结果竟然与上一次的完全相同，显然第一条记录"张伟峰"不是我们期望的结果。在 Excel 中使用通配符时，如果想查找以指定字符为结尾的字段值时，必须在条件中加上等号。筛选结果如图 4-127 所示。

姓名	性别	部门	基础工资	岗位工资	奖金	应发合计
孙胜男	女	行政部	2400	2100	3200	7700
孙大镇	男	行政部	1278	3200	2300	6778
姜大伟	男	采购部	1500	1278	1256	4034
大张伟	男	采购部	1300	2100	2000	5400
		姓名	应发合计	应发合计		
		=*伟				
			>=6500	<=8500		

图 4-127　使用通配符查找后的筛选结果

提示：

a. 在输入条件"=*伟"时一定要在等号前加上英文的单引号（'），否则，Excel 会提示"您键入的公式含有错误"。

b. 该高级筛选的条件区域的字段名"应发合计"使用了两次，条件"应发合计>=6500"与条件"应发合计<=8500"写在同一行，它们是"与"的关系，即表示"应发合计>=6500 AND 应发合计<=8500"，也就是应发合计为[6500, 8500]，正是题目所需。

------

② 筛选"姓名"中只有两个字的员工或工资表中所有财务部的员工。

此处构造高级筛选的条件区域时，在字段"姓名"的下方输入"'=??"。如果在字段"姓名"的下方输入的是"??"，则筛选出的是全部记录。筛选结果如图 4-128 所示。

姓名	性别	部门	基础工资	岗位工资	奖金	应发合计
王楠	男	行政部	1983	2000	2300	6283
张伟锋	男	财务部	2900	1200	2300	6400
陈羽玲	女	财务部	2189	2100	2000	6289
姓名		部门				
=??						
		财务部				

图 4-128　使用问号通配符筛选结果

③ 筛选"李"姓员工或工资表中"奖金"低于 2000 元的员工。

此处构造高级筛选的条件区域时，需要在字段"姓名"的下方输入"李*"。筛选结果如图 4-129 所示。

姓名	性别	部门	基础工资	岗位工资	奖金	应发合计
诸葛瑾	男	采购部	2389	1900	1000	5289
李小萍	女	采购部	3200	2300	3400	8900
姜大伟	男	采购部	1500	1278	1256	4034
范晓迪	女	行政部	2300	1456	1560	5316
姓名	奖金					
李*						
	<2000					

图 4-129　使用星号通配符筛选所有"李"姓员工

（3）清除筛选。

如果需要清除工作表中的自动筛选和自定义筛选，可以在"数据"选项卡中的"排序和筛选"组中单击"清除"按钮，清除数据的筛选状态。如果再单击"筛选"图标，则取消了启用筛选功能，即删除列标题右侧的下拉按钮，使工作表恢复到初始状态。

3．分类汇总

分类汇总是指对某个字段的数据进行分类，并对各类数据进行快速汇总统计。汇总的类型有求和、计数、平均值、最大值、最小值等，默认的汇总方式是求和。

创建分类汇总时，首先要对分类的字段进行排序。创建数据分类汇总后，Excel 会自动按汇总时的分类对数据清单进行分级显示，并自动生成数字分级显示按钮，用于查看各级别的分级数据。

如果需要在一个已经建立了分类汇总的工作表中再进行另一种分类汇总，两次分类汇总时必须使用不同的关键字，即实现嵌套分类汇总，则需要在进行分类汇总操作前对主关键字和次关键字进行排序。进行分类汇总时，将主关键字作为第一级分类汇总关键字，将次关键字作为第二级分类汇总关键字。如果想实现三级分类汇总，则必须在汇总前使用三个关键字对数据记录进行排序。

若要删除分类汇总，只要在"分类汇总"对话框中单击"全部删除"按钮即可。

分类汇总就是先分类后汇总，前面已经讲过分类就是通过排序实现的，而汇总就是对某些字段求和、求平均值、统计个数、求最大值、求最小值等，所以分类汇总的前提就是排序，没有经过排序而直接进行的"分类汇总"不仅杂乱而且毫无意义。

下面以某公司三月份工资表为例（该公司在北京、上海、漯河三地有分公司），如图 4-130 所示，用分类汇总来统计出该公司各个分公司当月的员工工资总额，以及每个分公司不同工作部门当月的员工工资总额。具体操作步骤如下。

姓名	性别	城市	工作部门	基础工资	岗位工资	奖金	应发合计
张伟锋	男	北京	财务部	2900	1200	2300	6400
姜大伟	男	上海	采购部	1500	1278	1256	4034
张全友	男	漯河	财务部	1200	1300	2000	4500
范晓迪	女	北京	行政部	2300	1456	1560	5316
王晓霞	女	漯河	财务部	1300	1800	2300	5400
诸葛瑾	男	漯河	采购部	2389	1900	1000	5289
陈怡心	女	上海	财务部	2400	1900	3490	7790
王楠	男	漯河	行政部	1983	2000	2300	6283
大张伟	男	漯河	采购部	1300	2100	2000	5400
孙胜男	女	上海	行政部	2400	2100	3200	7700
陈羽玲	女	上海	财务部	2189	2100	2000	6289
李小萍	女	北京	采购部	3200	2300	3400	8900
章德江	男	上海	采购部	2500	3000	3900	9400
孙大镇	男	漯河	行政部	1278	3200	2300	6778
宁华辉	男	北京	采购部	3100	3900	3500	10500
邓新鸿	男	北京	行政部	3500	3900	2600	10000
樊芦花	女	北京	财务部	3000	4000	2900	9900
杨晓阳	男	上海	行政部	3000	4000	3000	10000

图 4-130　某公司三月份工资表

（1）在打开的三月份工资表中，按"城市""工作部门"分别作为第一关键字（主要关键字）、第二关键字（次要关键字）对原始数据进行排序，"排序"对话框设置如图 4-131 所示。

图 4-131　"排序"对话框

- -

提示：对原始数据排序后，可以从图 4-132 中看出，同一城市的员工排在一起，而且同一城市的员工是按工作部门排在一起的，以上操作完成了对员工的分类。

- -

（2）选中数据区域的任意单元格，在"数据"选项卡中的"分级显示"组中单击"分类汇总"图标，打开"分类汇总"对话框，如图 4-132 所示。分别设置好"分类字段""汇总方式""选定汇总项"等，单击"确定"按钮，完成第一次分类汇总。

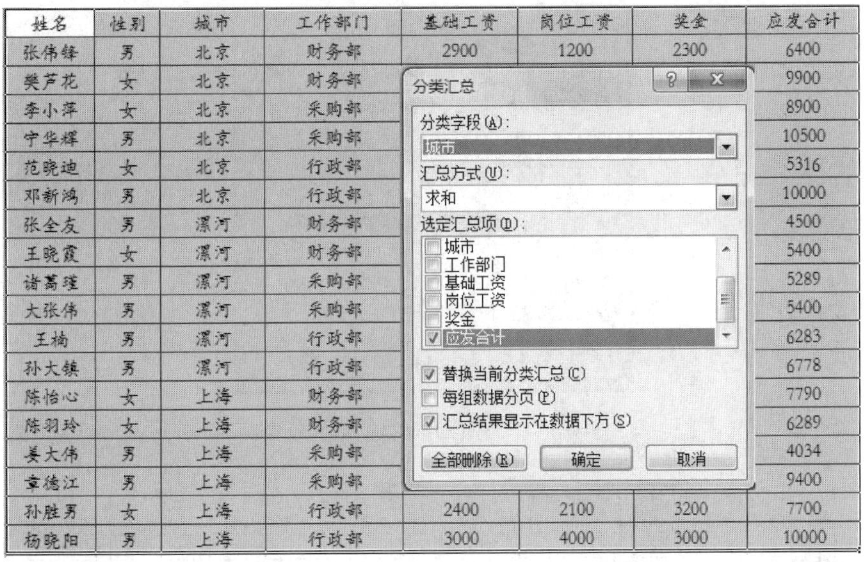

图 4-132 排序结果及第一次"分类汇总"对话框设置

在第一次分类汇总后，可以在结果中看出北京、上海、漯河三地的分公司员工当月的"应发合计"的和已经在右边汇总完毕，结果如图 4-133 所示。

	A	B	C	D	E	F	G	H
1	姓名	性别	城市	工作部门	基础工资	岗位工资	奖金	应发合计
2	张伟锋	男	北京	财务部	2900	1200	2300	6400
3	樊芦花	女	北京	财务部	3000	4000	2900	9900
4	李小萍	女	北京	采购部	3200	2300	3400	8900
5	宁华辉	男	北京	采购部	3100	3900	3500	10500
6	范晓迪	女	北京	行政部	2300	1456	1560	5316
7	邓新鸿	男	北京	行政部	3500	3900	2600	10000
8			北京 汇总					51016
9	张全友	男	漯河	财务部	1200	1300	2000	4500
10	王晓霞	女	漯河	财务部	1300	1800	2300	5400
11	诸葛瑾	男	漯河	采购部	2389	1900	1000	5289
12	大张伟	男	漯河	采购部	1300	2100	2000	5400
13	王楠	男	漯河	行政部	1983	2000	2300	6283
14	孙大镇	男	漯河	行政部	1278	3200	2300	6778
15			漯河 汇总					33650
16	陈怡心	女	上海	财务部	2400	1900	3490	7790
17	陈羽玲	女	上海	财务部	2189	2100	2000	6289
18	姜大伟	男	上海	采购部	1500	1278	1256	4034
19	章德江	男	上海	采购部	2500	3000	3900	9400
20	孙胜男	女	上海	行政部	2400	2100	3200	7700
21	杨晓阳	男	上海	行政部	3000	4000	3000	10000
22			上海 汇总					45213

图 4-133 第一次分类汇总后的结果

（3）仿照第一次分类汇总，在打开的"分类汇总"对话框中，按照图 4-134 所示对各项进行设置，单击"确定"按钮，完成第二次分类汇总，结果如图 4-135 所示。

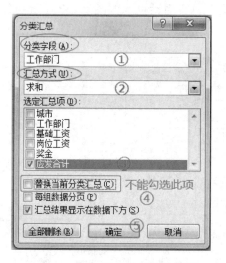

图 4-134　第二次分类汇总的设置

1 2 3 4		A	B	C	D	E	F	G	H
	1	姓名	性别	城市	工作部门	基础工资	岗位工资	奖金	应发合计
	2	张伟锋	男	北京	财务部	2900	1200	2300	6400
	3	樊芦花	女	北京	财务部	3000	4000	2900	9900
	4				财务部 汇总				16300
	5	李小萍	女	北京	采购部	3200	2300	3400	8900
	6	宁华辉	男	北京	采购部	3100	3900	3500	10500
	7				采购部 汇总				19400
	8	范晓迪	女	北京	行政部	2300	1456	1560	5316
	9	邓新鸿	男	北京	行政部	3500	3900	2600	10000
	10				行政部 汇总				15316
	11			北京 汇总					51016

图 4-135　第二次分类汇总的结果（部分数据）

　　从第二次分类汇总结果中可以看到，此时的分级按钮已经由第一次分类汇总后的三级变成了四级。

　　① 单击第一级按钮 1 看到的是公司全部员工"应发合计"的总计。

　　② 单击第二级按钮 2 看到的是第一次分类汇总的简洁结果（各分公司当月"应发合计"的汇总，不显示分公司包含的具体员工的数据），如图 4-136 所示。

1 2 3 4		A	B	C	D	E	F	G	H
	1	姓名	性别	城市	工作部门	基础工资	岗位工资	奖金	应发合计
	11			北京 汇总					51016
	21			漯河 汇总					33650
	31			上海 汇总					45213
	32			总计					129879

图 4-136　分级显示的第二级（第一次分类汇总的简洁结果）

　　③ 单击第三级按钮 3 看到的是第二次分类汇总的简洁结果（各分公司不同部门的员工"应发合计"的总计，不显示具体员工的数据），同时也能看到第一次分类汇总的结果，如图 4-137 所示，可以看到"北京汇总"的值"51016"正是北京分公司中三个部门（财务部、

采购部和行政部）各自汇总员工"应发合计"的值"16300、19400、15316"之和。

④ 单击第四级按钮 **4** 看到的是两次分类汇总的明细显示，如图 4-135 所示，在城市汇总的上方是按各部门汇总的，在各部门汇总的上方是各部门员工的明细信息。

至此，经过两次分类汇总完成了题目中按分公司（城市）汇总员工"应发合计"的总额（单击图 4-136 中的分级按钮 **2**），同时也实现了同一城市按照不同部门来汇总各自员工"应发合计"总额的要求（单击图 4-136 中的分级按钮 **3**）。如果想知道每个城市各个部门统计数据来自哪些员工，则直接单击图 4-136 中的分级按钮 **4** 即可。

		A	B	C	D	E	F	G	H
	1	姓名	性别	城市	工作部门	基础工资	岗位工资	奖金	应发合计
+	4				财务部 汇总				16300
+	7				采购部 汇总				19400
+	10				行政部 汇总				15316
-	11			北京 汇总					51016
+	14				财务部 汇总				9900
+	17				采购部 汇总				10689
+	20				行政部 汇总				13061
-	21			漯河 汇总					33650
+	24				财务部 汇总				14079
+	27				采购部 汇总				13434
+	30				行政部 汇总				17700
-	31			上海 汇总					45213
	32			总计					129879

图 4-137　分级显示的第三级（第二次分类汇总的简洁结果）

4. 按笔画对汉字进行排序

在 Excel 中默认的汉字排序方式是以其拼音的字母顺序排列的，但实际生活中有时需要以汉字的笔画来排序，如公布各省人民代表大会代表名单时就是按姓名笔画排序的。Excel 中对汉字采用笔画排序的具体操作方法是：在"排序"对话框（见图 4-103）中单击"选项"按钮，打开"排序选项"对话框，如图 4-138 所示。在"方法"选项组中选中"笔画排序"[1]单选按钮，然后单击"确定"按钮，即可对指定列的数据以笔画来排序。一些国家名按字母排序与按笔画排序的结果（均按升序排序）对比如图 4-139 所示。

图 4-138　"排序选项"对话框

国家	国家（按字母排序）	国家（按笔画排序）
中国	阿根廷	中国
朝鲜	巴基斯坦	巴西
美国	巴西	巴基斯坦
俄罗斯	朝鲜	印度
巴基斯坦	德国	阿根廷
阿根廷	俄罗斯	英国
印度	美国	俄罗斯
叙利亚	叙利亚	叙利亚
英国	印度	美国
德国	英国	朝鲜
巴西	中国	德国

图 4-139　一些国家名按字母排序与按笔画排序的结果对比

[1] 软件图中"笔划"的正确写法应为"笔画"。

4.4.5 任务强化

根据"职工信息表"工作簿文件，对职工的各项信息进行筛选、排序、分类汇总。职工信息表结构如图 4-140 所示，请按要求完成以下任务。

工号	姓名	性别	面貌	车间	基本工资
HF001	王晓薇	女	党员	第一车间	2000
HF002	冯慧娟	女		第二车间	3000
HF003	李大山	男		第三车间	2300
HF004	钱大鹏	男	团员	第一车间	2500
HF005	樊小辉	男		第二车间	2400
HF006	王丽丽	女	团员	第三车间	3000
HF007	吴囡囡	女		第一车间	3100
HF008	张显亮	男	党员	第三车间	2900
HF009	赵有才	男		第一车间	3000
HF010	郑海涛	男		第三车间	2300
HF011	周海英	女	团员	第一车间	2900
HF012	苏振虎	男		第一车间	3000
HF013	赵浩然	男		第二车间	2100
HF014	杨有为	男		第三车间	2300
HF015	孔福卉	女	党员	第二车间	2400
HF016	刘本帅	男		第四车间	2300
HF017	王莉霞	女		第五车间	2200
HF018	杨立伟	男	党员	第四车间	2100
HF019	郝云飞	男		第三车间	1900
HF020	于帅政	男	团员	第五车间	1800
HF021	张晓婷	女		第四车间	2300
HF022	万行行	男	团员	第三车间	2700
HF023	张哲	女		第一车间	2800
HF024	李彤彤	女	团员	第二车间	2900

图 4-140　职工信息表结构

（1）选择"职工信息表"并为其建立一个副本，命名为"排序"。在"排序"工作表中，按"基本工资"对各个职工记录行升序排列。

（2）选择"职工信息表"并为其建立一个副本，命名为"自定义排序"。在"自定义排序"工作表中，按"第一车间""第二车间""第三车间""第四车间""第五车间"顺序排列各个职工记录行。

（3）选择"职工信息表"并为其建立一个副本，命名为"筛选"。在"筛选"工作表中，筛选出基本工资在 2500 元以上的男职工。

（4）选择"职工信息表"并为其建立一个副本，命名为"高级筛选"。在"高级筛选"工作表中，筛选出基本工资为[2500，3000]或第三车间的职工。

（5）选择"职工信息表"并为其建立一个副本，命名为"分类汇总"。在"分类汇总"工作表中，统计出每个车间职工总人数及每个车间男、女职工的人数。

任务 5　学生成绩等级的统计与图表制作

图表是一种将数据可视化的手段。面对工作表中行列交错的大量数据，用户很难发现其中存在的重要内容或规律。如果将工作表中的数据以图表的形式展现出来，则很容易看出数据之间的某些规律或变化趋势，能给人们的工作带来很大的帮助。

4.5.1　任务描述

2020—2021 学年第一学期考试结束，各班的考试科目、考查科目的成绩在学院教务系统中登录完毕。作为 2020 级电商班的班主任张小青，她把本班学生的各科原始成绩从学校的教务系统中导出到一个工作簿中，存放在名字为"2020 级电商班成绩表"的工作表中，如图 4-141 所示。根据学院领导的有关要求，她必须完成以下工作。

	A	B	C	D	E	F	G	H	I	J
1	2020—2021学年第一学期2020级电商班成绩表									
2	学号	姓名	劳动教育	高等数学	大学英语	信息技术	电商概论	总分	平均分	班级排名
3	2020080201001	刘文奇	优秀	56	62	83	90			
4	2020080201002	张高逢	优秀	75	86	89	87			
5	2020080201003	王浩杰	优秀	69	89	79	45			
6	2020080201004	杨潇辉	不及格	66	80	80	68			
7	2020080201005	尚艳祥	优秀	82	81	90	73			
8	2020080201006	林江龙	良好	79	69	75	75			
9	2020080201007	祝文杰	优秀	80	62	77	73			
10	2020080201008	郑明康	优秀	72	68	70	80			
11	2020080201009	邓亦凡	中等	81	62	48	63			
12	2020080201010	刘聪聪	优秀	92	74	79	57			
13	2020080201011	刘春风	良好	67	70	55	97			
14	2020080201012	杨鹏飞	优秀	62	65	75	80			
15	2020080201013	曹永洁	良好	66	83	82	70			
16	2020080201014	张侄鹏	良好	70	75	78	87			
17	2020080201015	刘进才	良好	61	64	80	66			
18	2020080201016	李刘悦	良好	68	90	90	64			
19	2020080201017	赵赞赞	优秀	75	82	83	71			
20	2020080201018	高冉冉	优秀	62	80	90	60			

图 4-141　2020 级电商班成绩表（部分）

（1）在"2020 级电商班成绩表"工作表中计算出每个学生的总分、平均分和班级排名（"劳动教育"课程是考查课，其他科目是考试课，"劳动教育"课程的成绩不计入总分、平均分与班级排名当中）。

（2）在"2020 级电商班成绩表"工作表后面新建一个名字为"成绩等级统计与图表"的工作表，用来统计每个科目不同等级的人数和制作图表。参照教务部门给出的统计样表（见图 4-142）和考试科目的成绩（百分制分数）与等级的对应关系（见图 4-143），制作一个空表格，最终统计结果如图 4-144 所示。

	A	B	C	D	E	F
1	等级　课程	科目1	科目2	科目3	科目4	科目5
2	优秀					
3	良好					
4	中等					
5	及格					
6	不及格					
7	合计					

图 4-142　教务部门提供的统计样表

分数区间	对应等级
【90，100】	优秀
【80，90）	良好
【70，80）	中等
【60，70）	及格
【0，60）	不及格

等级\课程	劳动教育	高等数学	大学英语	信息技术	电商概论
优秀	33	4	3	6	4
良好	12	6	17	21	11
中等	6	25	13	23	20
及格	1	17	15	2	15
不及格	3	3	7	3	5
合计	55	55	55	55	55

图 4-143　分数与等级的对应关系　　　　　　　　　图 4-144　统计结果

（3）在"成绩等级统计与图表"工作表中依据统计结果制作两个图表：一个是三维簇状柱形图，用来反映该班各科不同等级人数的对比情况，如图 4-145 所示；另一个是三维饼图，用来反映"信息技术"课程不同等级人数所占百分比情况，如图 4-146 所示。

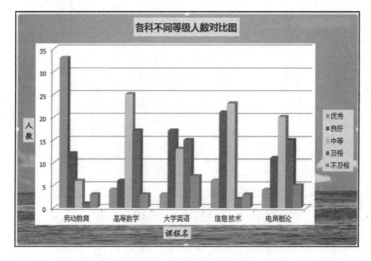

图 4-145　三维簇状柱形图

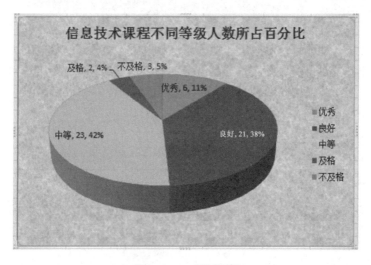

图 4-146　三维饼图

4.5.2　任务分析

本工作任务首先在"2020 级电商班成绩表"中用 SUM、AVERAGE 和 RANK 函数计算出每个学生的总分、平均分及班级排名等，然后在另一个工作表中用 COUNTIF 函数统计出每个科目不同等级的人数，最后用 Excel 2010 图表形象、直观地反映出 2020 级电商班学生各个科目不同等级人数的对比情况和该班信息技术课程不同等级人数所占百分比。要完成本项工作任务，需要进行以下操作。

（1）在"2020 级电商班成绩表"工作表中完成学生总分、平均分、班级排名等项目计算问题。

（2）新建一个工作表并改名为"成绩等级统计与图表"，依照教务部门的样表制作出空表，参见图 4-144。

（3）在"成绩等级统计与图表"工作表中，根据"2020 级电商班成绩表"工作表中各个科目的分数，用 COUNTIF 函数统计出各个科目不同等级的人数。

（4）利用统计出的数据创建图表。由于 Excel 2010 内置了大量图表类型，所以要根据查看的数据的特点来选用不同类型的图表。例如，要查看数据变化趋势可以使用折线图，要进行数据大小对比可以使用柱形图，要查看数据所占比例可以使用三维饼图等。本题目根据任务要求，需要制作两个图表：一个是三维簇状柱形图；另一个是三维饼图。

（5）设计和编辑图表。为了使图表更加立体、直观，一般都要对图表进行二次修改和美化。图表的编辑是指对图表各元素进行格式设置，需要在各个对象（图表元素）的格式对话框中进行设置。

4.5.3　任务实施

1. 在"2020 级电商班成绩表"工作表中完成学生成绩的计算问题

（1）在 Excel 2010 中打开工作簿文件"2020 级电商班成绩表.xlsx"，选择"2020 级电商班成绩表"工作表。

（2）选中 H3 单元格，输入"=SUM(D3:G3)"，按"Enter"键，得到第一个学生的总分。

（3）选中 I3 单元格，输入"=AVERAGE(D3:G3)"，按"Enter"键，得到第一个学生的平均分，将该单元格数值的小数位数设置为"2"。

（4）选中 J3 单元格，输入"=RANK(I3,$I$3:$I$57,0)"，按"Enter"键，得到第一个学生的班级排名。

提示：此时 J3 中的数值为"1"，但它并非最终结果，因为 I4:I57 区域中的数值还未计算出来。

（5）选中"H3:J3"单元格区域，双击该区域右下角的填充柄，得到 H、I、J 这三列的所有数据，结果如图 4-147 所示。

	A	B	C	D	E	F	G	H	I	J
1	2020—2021学年第一学期2020级电商班成绩表									
2	学号	姓名	劳动教育	高等数学	大学英语	信息技术	电商概论	总分	平均分	班级排名
3	2020080201001	刘文奇	优秀	56	62	83	90	291	72.75	31
4	2020080201002	张高逢	优秀	75	86	89	87	337	84.25	2
5	2020080201003	王浩杰	优秀	69	89	79	45	282	70.50	40
6	2020080201004	杨潇辉	不及格	66	80	80	68	294	73.50	27
7	2020080201005	尚艳祥	优秀	82	81	90	73	326	81.50	8
8	2020080201006	林江龙	良好	79	69	75	75	298	74.50	26
9	2020080201007	祝文杰	优秀	80	62	77	73	292	73.00	29
10	2020080201008	郑明康	优秀	72	68	70	80	290	72.50	32
11	2020080201009	邓亦凡	中等	81	62	48	63	254	63.50	48
12	2020080201010	刘聪聪	优秀	92	74	79	57	302	75.50	22
13	2020080201011	刘春风	良好	67	70	55	97	289	72.25	35
14	2020080201012	杨鹏飞	优秀	62	65	75	80	282	70.50	40
15	2020080201013	曹永洁	良好	66	83	82	70	301	75.25	23
16	2020080201014	张佺鹏	良好	70	75	78	87	310	77.50	17
17	2020080201015	刘进才	良好	61	64	80	66	271	67.75	43
18	2020080201016	李刘悦	良好	68	90	90	64	312	78.00	14

图 4-147　工作表中总分、平均分和班级排名计算结果（部分）

2. 在"成绩等级统计与图表"工作表中制作统计成绩等级所用的空表

（1）双击工作簿中"Sheet2"的工作表标签，将之命名为"成绩等级统计与图表"。

（2）在 B1:F1 单元格区域分别输入"劳动教育""高等数学""大学英语""信息技术""电商概论"五门课程的名字，在 A2:A7 单元格区域分别输入"优秀""良好""中等""及格""不及格""合计"文字，如图 4-148 所示。字体均设置为黑体，字号设置为 11 磅。

	A	B	C	D	E	F
1	课程 等级	劳动教育	高等数学	大学英语	信息技术	电商概论
2	优秀					
3	良好					
4	中等					
5	及格					
6	不及格					
7	合计					

图 4-148　带斜线表头的空表

（3）将 A 列至 F 列的列宽均设置为"14"，将第 1 行的行高设置为"30"，其余 6 行的行高设置为"20"。

（4）将单元格 A1 的文本对齐方式设置为：水平方向上为"文本左对齐"，垂直方向上为"顶端对齐"；其余单元格中的文本对齐方式设置为"水平居中"和"垂直居中"。

（5）用前面学过的知识给 A1:F7 区域单元格的内部与外边框添加实线，用图 4-149 所示的斜线按钮给单元格 A1 添加斜线。

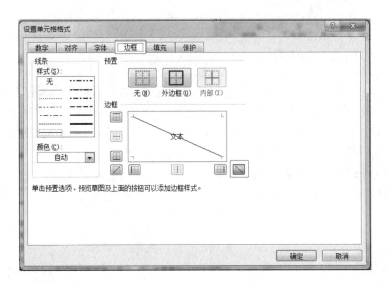

图 4-149　给单元格 A1 添加斜线

（6）在 A1 单元格中输入"课程等级"，然后将光标定位于"课程"两个字后面按"Alt+Enter"组合键，此时"等级"两字换行显示。最后在"课程"的前面加上几个空格，让"课程"两字显示在斜线的右边，效果如图 4-148 所示。

提示：在 Excel 单元格中输入数据时按"Enter"键表示结束输入，同时光标移到该单元格下方的单元格中。在输入数据过程中，如果想强制数据换行显示，可以在需要换行的字符前按"Alt+Enter"组合键。

（7）为了让人们更容易区分表格中不同部分的数据，可以对不同区域的单元格填充不同的背景色，步骤不再详述。

3．在"成绩等级统计与图表"工作表中统计各科不同等级的人数

（1）选中 B2 单元格，输入公式"=COUNTIF('2020 级电商班成绩表'!\$C\$3:\$C\$57,A2)"，按"Enter"键便可得到"劳动教育"课程获得"优秀"的人数。

提示：

① 因为该函数统计的数据区域"C3:C57"来自"2020 级电商班成绩表"，所以需要在"C3:C57"前面加上"定语"——'2020 级电商班成绩表'，否则，Excel 就认为 C3:C57 是当前工作表"成绩等级统计与图表"中的区域。"!"用在工作表名字与单元格名字之间，目的是让 Excel 分辨出工作表名字与单元格区域之间的界线。

② 公式的输入技巧：先在编辑栏中输入"=COUNTIF（，a2）"，然后将光标移动至逗号前；单击"2020 级电商班成绩表"工作表标签，此时编辑栏显示内容为"=COUNTIF('2020 级电商班成绩表'!,a2)"；在感叹号后输入"C3:C57"并选中"C3:C57"，按"F4"键使该单元格区域的引用方式由相对引用变为绝对引用；最后按"Enter"键完成公式的输入。

③ 公式中单元格区域 C3:C57 之所以使用绝对引用的方式 \$C\$3:\$C\$57，是因为后面在统计"劳动教育"课程的"良好""中等"等几种情况的人数时，其统计区域是不能改变的。

④ 公式中的第二个参数可以写成"优秀"，但将 B2 中的公式复制到 B3 时，还要将 B3 中公式的"优秀"修改为"良好"，比较麻烦。为了能借用 A 列中的"优秀""良好"等文本，第二个参数使用单元格相对引用的形式"a2"。

（2）用鼠标拖动单元格 B2 的填充柄至 B6 单元格，"劳动教育"课程不同等级的人数便统计完毕，统计结果参见图 4-144。

（3）选中 C2 单元格，输入公式"=COUNTIF('2020 级电商班成绩表'!D3:D57,">=90")"，按"Enter"键便可得到"高等数学"课程获得"优秀"的人数。

（4）选中 C6 单元格，输入公式"=COUNTIF('2020 级电商班成绩表'!D3:D57, "<60")"，按"Enter"键便计算出"高等数学"课程"不及格"的学生人数。

提示：

每个科目"90 分以上"（等级为"优秀"）的人数与"60 分以下"（等级为"不及格"）的人数的计算公式类似，建议此处先复制 C2 单元格内容（用"Ctrl+C"组合键），然后粘贴（用"Ctrl+V"组合键）到 C6 单元格，最后修改公式内容并按"Enter"键来代替逐个字符输入的方法，可大大提高工作效率。

（5）选中 C3 单元格，输入公式"=COUNTIF('2020 级电商班成绩表'!D3:D57, ">=80")-COUNTIF('2020 级电商班成绩表'!D3:D57, ">=90")"，按"Enter"键便计算出"高等数学"课程等级为"良好"的学生人数。

提示：

① COUNTIF 函数的第二个参数如果用到比较运算符，只能使用六个比较运算符中的一个，因此仅用一个 COUNTIF 函数无法统计出分数在某个区间上的人数。

② 统计分数在[80, 90)区间上的人数可以用两个 COUNTIF 函数来实现：一个统计出 80 分以上（包含 80 分，下同）的人数，另一个统计出 90 分以上的人数，两数相减就是[80, 90)区间上的人数。分析过程可参考图 4-150 所示的示意图。

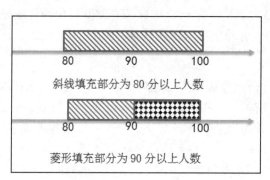

图 4-150　统计某个区间上人数的分析示意图

③ 单元格 C2 中的值即为 90 分以上的人数，所以 C3 中的公式也可以写成"=COUNTIF('2020 级电商班成绩表'!D3:D57, ">=80")-C2"。

（6）选中 C4 单元格，输入公式"=COUNTIF('2020 级电商班成绩表'!D3:D57, ">=70")-COUNTIF('2020 级电商班成绩表'!D3:D57, ">=80")"，按"Enter"键便计算出"高等数学"

课程等级为"中等"的学生人数。

（7）选中 C5 单元格，输入公式"=COUNTIF('2020 级电商班成绩表'!D3:D57, ">=60")−
COUNTIF('2020 级电商班成绩表'!D3:D57, ">=70")"，按"Enter"键便计算出"高等数学"
课程等级为"及格"的学生人数。

（8）选中 C2:C6 单元格区域，拖动选中区域右下角的填充柄至 F6，可完成其他几个科
目不同等级人数的统计工作。

（9）选中 B7:F7 单元格区域，按"Alt+="组合键便可纵向统计出每个科目不同等级人
数之和。

提示：如果纵向统计的结果不等于全班人数（此任务中为 55 人），应该检查该列每一
个公式是否正确。

至此，统计各科不同等级人数的工作完成，最终统计结果如图 4-144 所示。

4．在"成绩等级统计与图表"工作表中制作三维簇状柱形图

（1）选中"成绩等级统计与图表"工作表中 A1:F6 数据区域。

（2）在"插入"选项卡中的"图表"组中单击"柱形图"图标，在其下拉列表中单击
"三维柱形图"选项组中的"三维簇状柱形图"图标，即在当前工作表中生成图 4-151 所示
的三维簇状柱形图，可以方便对比同一科目不同等级的人数。将图表拖动至工作表空白处，
避免图表遮挡工作表数据。

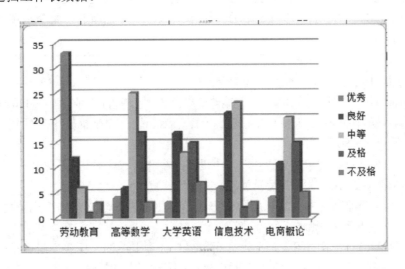

图 4-151　以科目分类的三维簇状柱形图

提示：如果想把不同科目、相同等级的人数集中在一起进行对比，可以在"设计"选
项卡中的"数据"组中单击"切换行/列"图标，此时，横坐标轴就由原来的"科目"变成
了"等级"，结果如图 4-152 所示，此时比较方便比对不同科目、同一等级的人数。

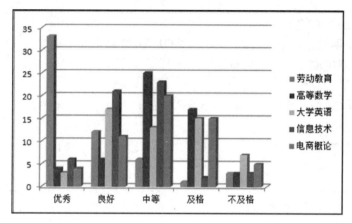

图 4-152 以等级分类的三维簇状柱形图

（3）给图表添加标题。

① 选中图 4-151 所示的图表，在"页面布局"选项卡中的"标签"组中单击"图表标题"图标，在其下拉列表中选择"居中覆盖标题"选项，即在图表上添加一个文本框。

② 删除文本框中的提示文字"图表标题"，输入标题文字"各科不同等级人数对比图"，再对其进行格式设置，将文字的字体格式设置为微软雅黑、14 磅、加粗。

③ 单击"格式"选项卡，在"形状样式"组中单击"形状填充"按钮，给图表标题文本框填充为黄色。

提示：也可以用"开始"选项卡中的"字体"组的"填充颜色"按钮给图表标题框填充所需要的颜色。

（4）添加横坐标轴（分类轴）标题。

① 选中图 4-151 所示的图表，在"页面布局"选项卡中的"标签"组中单击"坐标轴标题"图标，在其下拉列表中选择"主要横坐标轴标题"→"坐标轴下方标题"选项，即在横坐标轴下方添加标题。

② 删除文本框中的提示文字"坐标轴标题"，输入"课程名"，再对其进行格式设置，将文字的字体格式设为楷体、12 磅、加粗。

③ 仿照给图表标题文本框填充颜色的方法给横坐标轴标题文本框填充黄色。

（5）添加纵坐标轴标题。

① 选中图 4-151 所示的图表，在"页面布局"选项卡中的"标签"组中单击"坐标轴标题"图标，在其下拉列表中选择"主要纵坐标轴标题"→"竖排标题"选项，即竖排显示纵坐标轴标题。

② 删除文本框中的提示文字"坐标轴标题"，输入"人数"，再对其进行格式设置，将文字的字体格式设为楷体、12 磅、加粗。

③ 给纵坐标轴标题文本框填充黄色。

（6）给图例框填充颜色，仿照给图表标题框填充颜色的方法给图例框填充黄色。

（7）设置图表格式。

① 设置图表区背景。

双击图表区，弹出"设置图片格式"对话框，图 4-153 所示。

图 4-153　"设置图片格式"对话框

　　切换到"填充"选项卡，选中"图片或纹理填充"单选按钮，然后单击"文件"按钮，弹出"插入图片"对话框，如图 4-154 所示。找到所需背景图片的文件夹后，双击需要填充到图表区的图片，即可将图片插入图表区，最后在"设置图片格式"对话框中调整图片的透明度，单击"关闭"按钮即可完成图表区背景的设置。

图 4-154　"插入图片"对话框

　　提示：利用"设置图片格式"对话框还可以设置图表区的边框样式、边框颜色、阴影及三维格式等多种显示效果。

----

② 设置绘图区背景。

双击绘图区，弹出"设置图表区格式"对话框，如图 4-155 所示。

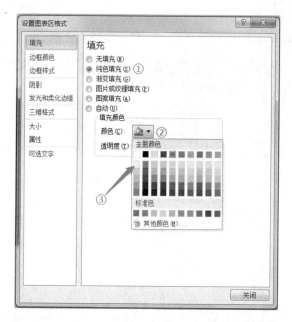

图 4-155 "设置图表区格式"对话框

切换到"填充"选项卡，选中"纯色填充"单选按钮，然后在"填充颜色栏"中设置颜色为"白色"，可适当设置白色填充的透明度，最后单击"关闭"按钮即可完成绘图区背景的设置。

至此，反映 2020 级电商班各科目不同等级人数对比情况的三维簇状柱形图便制作完毕，结果如图 4-145 所示。

5. 在"成绩等级统计与图表"工作表中制作三维饼图

（1）按住"Ctrl"键分别选中两个不连续的数据区域 A1:A6 和 E1:E6。

（2）在"插入"选项卡中的"图表"组中单击"饼图"图标，在其下拉列表中单击"三维饼图"选项组中的"三维饼图"图标，将在当前工作表中生成图 4-156 所示的三维饼图，可方便地看出信息技术课程不同等级的人数及占全班人数的百分比。可将图表拖动至工作表空白处，以避免图表遮挡数据。

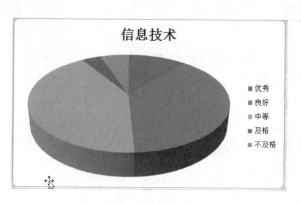

图 4-156 三维饼图

（3）选中图表标题，将图表标题修改为"信息技术课程不同等级人数所占百分比"，标题的字体、字号、颜色等采用系统默认值即可。

提示：在图表标题较长的情况下系统会自动换行，图表标题变为两行显示显然不太美观。在不改变字号的情况下，如果将图表宽度适当扩大，则图表的标题便由两行显示变为一行显示。

（4）设置图表区背景。

① 双击图 4-156 中的图表区，弹出"设置图表区格式"对话框，如图 4-157 所示。

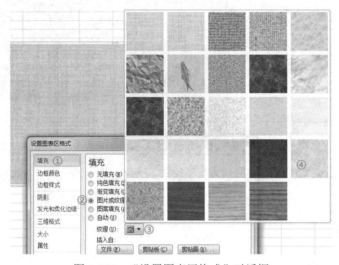

图 4-157　"设置图表区格式"对话框

② 切换到"填充"选项卡，选中"图片或纹理填充"单选按钮。

③ 单击"纹理"按钮，弹出"纹理图片"列表。

④ 单击"花束"纹理即可将选中的纹理图片插入图表区，最后单击"关闭"按钮。结果如图 4-146 所示。

（5）为"信息技术"数据系列设置数据标签格式。

① 选中图 4-156 所示的三维饼图，单击"页面布局"选项卡。

② 单击"标签"组中的"数据标签"图标，在打开的下拉列表中选择"其他数据标签选项"选项。

③ 在弹出的"设置数据标签格式"对话框的左侧栏中选择"标签选项"选项卡，在右侧栏中依次选中"类别名称""值""百分比""显示引导线"四个复选框和"最佳匹配"单选按钮，如图 4-158 所示。最终结果如图 4-146 所示。

提示：

a. 如果将饼图中每一扇区的数据标签拖动至扇区外围，则可看到每一扇区上都有一条引导线。

b. 每一扇区的颜色可以自己填充，每一扇区的位置可以旋转一定的角度进行调整，如图 4-159 所示。

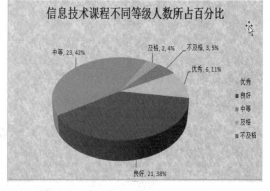

图 4-158　"设置数据标签格式"对话框　　　图 4-159　饼图中扇区颜色及位置的改变

至此，用来反映"信息技术"课程不同等级人数所占百分比的三维饼图创建完成，结果如图 4-146 所示。

4.5.4　知识储备

1. COUNTIF 函数

（1）COUNTIF 函数的语法及作用。

```
COUNTIF (range,criteria)
```

其中，参数 range 是工作表中的区域，参数 criteria 表示条件，条件的形式可以是数字、表达式或文本，甚至可以使用通配符。

COUNTIF 是一个统计函数，它用来统计在指定的单元格区域（用参数 range 表示）内满足某一条件（用参数 criteria 表示）的单元格个数。

（2）COUNTIF 函数应用举例。

某车间员工的基本情况登记表如图 4-160 所示，完成工作表中的一些统计项目。

① 在 C15 单元格中输入公式 "=COUNTIF(D3:D12,"工程师")"，可统计出该车间员工中具有"工程师"职称的人数，C15 中显示的结果为"2"。

② 在 C16 单元格中输入公式 "=COUNTIF(E3:E12,"<30")&"人""，可统计出该车间 30 岁以下的员工的人数，C16 中显示的结果为"4 人"。

提示：此处用文本连接运算符"&"将 COUNTIF 函数的函数值"4"（数值型）与文本型的"人"连接在一起，Excel 自动将它们转变成文本型的数据"4 人"。

----

③ 在 C17 单元格中输入公式 "=COUNTIF(F3:F12, "<" & AVERAGE（F3:F12））"，可统计出工资低于该车间平均工资的员工的人数，C17 中显示的结果为"6"。

	A	B	C	D	E	F
1	车间员工基本情况登记表					
2	工号	姓名	性别	职称	年龄	工资
3	G2801	蒋云杰	女	技术员	23	2500
4	G2802	李晓丹	女	助理工程师	30	3400
5	G2803	王猛	男	工程师	32	3800
6	G2804	赵琦	女		27	3000
7	G2805	孙萌萌	女	技术员	23	2800
8	G2806	范晓华	女	高级工程师	40	4500
9	G2807	赵建军	男		35	3800
10	G2808	赵丽君	女		36	3200
11	G2809	陈立峰	男	工程师	35	4200
12	G2810	张晓彦	男	技术员	23	3000
13				平均年龄	30.4	
14	统计项目		人数			
15	具有工程师职称的人数					
16	30岁以下员工人数					
17	工资低于车间员工平均工资的人数					
18	工资在【3000，4500】之间的人数					
19	年龄超过车间员工平均年龄的人数					

图 4-160　车间员工信息表

提示：此处不能把文本连接运算符“&”后面的 AVERAGE 函数部分放到双引号之中，否则 Excel 将不把“AVERAGE（F3:F12）”当作函数看待，而是当作文本看待，便无法计算出该车间全体员工的平均工资。

---

④ 在C18单元格中输入公式“=COUNTIF(F3:F12, ">=3000") − COUNTIF(F3:F12, ">4500")”，可统计出工资在[3000, 4500]区间上的员工人数，C18 中显示的结果为“8”。

提示：当 COUNTIF 函数的条件中出现比较运算符时，只能用六个比较运算符中的一个，所以如果统计一个区间上的人数则只能分段统计，然后两者相减即可。此处用工资在3000 元以上的人数减去工资大于4500 元的人数就是本例中所求的人数。统计一个区间上的人数时用 COUNTIF 函数会使问题得以简化，感兴趣的读者可以参考 Excel 中有关 COUNTIF 函数的帮助，使用公式“=COUNTIF(F3:F12,">=3000"，F3:F12, "<=4500")”也可得到同样的结果。

---

⑤ 在 C19 单元格中输入公式“=COUNTIF(E3:E12, ">" & E13)，可统计出年龄超过（大于）车间员工平均年龄的人数，C19 中显示的结果为“5”。

提示：此处运算符“&”的用法与单元格 C17 公式中的“&”是一样的，不能把“E13”直接放入双引号内而去掉“&”，因为 E13 是单元格的名字，将它移入双引号后，Excel 就把 E13 当作字符看待，而不是单元格，这样就无法取得车间员工的平均年龄“30.4”。

---

⑥ 如果统计姓名为 3 个字的员工人数，可以用公式“=COUNTIF(B3:B12, "???")”，得到的结果是“8”。

提示：此处条件中的问号（?）是通配符，还有一个通配符是星号（*）。在统计文本型数据时，一个问号可代替文本中的一个字符，一个星号可代替零个或多个字符。问号与星号必须在英文方式下输入。

---

⑦ 如果统计姓"赵"的员工人数，可以用公式"=COUNTIF(B3:B12, "赵*")"，得到的结果是"3"。

⑧ 如果统计姓名中含有"晓"字的员工人数，可以用公式"=COUNTIF(B3:B12, "*晓*")"，得到的结果是"3"。

⑨ 如果统计车间员工的总人数，可以用公式"=COUNTIF(B3:B12, "*")"，得到的结果是"10"。当然，用公式"=COUNTIF(B3:B12)"也可以得到同样的结果。

⑩ 如果统计车间女员工的人数，可以用公式"=COUNTIF(C3:C12, "女")"，得到的结果是"6"。

2．认识图表

一个图表可以由很多部分组成，而在默认情况下创建的图表往往只包含几部分。图4-161 所示的是一个包含了大部分元素的图表，下面分别介绍其构成元素。

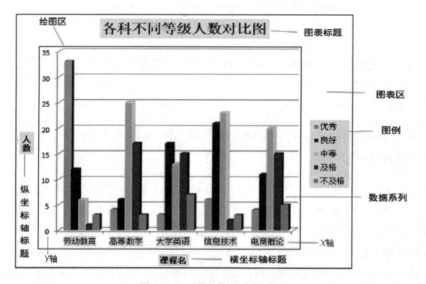

图 4-161　图表的基本组成

（1）图表区。图表区是指图表中最大的白色区域，作为其他图表元素的容器，包括所有的数据系列、坐标轴、标题等。

（2）绘图区。绘图区是指由坐标轴包围的区域，包含了数据系列与数据标签。

（3）图表标题。图表标题是图表顶部的文字，通常用于描述图表的功能或作用。

（4）坐标轴。坐标轴分 X 轴和 Y 轴。X 轴是水平轴，表示分类；Y 轴通常是垂直轴，包含数据。

（5）横坐标轴标题。横坐标轴标题是对分类情况的文字说明。

（6）纵坐标轴标题。纵坐标轴标题是对数值轴的文字说明。

（7）图例。图例是一个方框，显示每个数据系列的标识名称和符号。

（8）数据系列。数据系列是图表中的相关数据点，它们源自数据表的行和列。每个数据系列都有唯一的颜色或图案，在图例中有表示。可以在图表中绘制一个或多个数据系列，而饼图只能绘制一个数据系列。

（9）数据标签。数据标签用来标识数据系列中数据点的详细信息，它在图表上的显示是可选的。

（10）网格线。贯穿绘图区的线条，用于作为估算数据系列所示值大小的参考依据。

除以上图表元素外，在图表中还可以包含数据表。数据表通常显示在绘图区下方，但由于图表区占用区域较大，为节省空间，通常情况下不显示数据表。

3．创建并调整图表

（1）创建图表。

在工作表中选择用来产生图表的数据区域，在"插入"选项卡中的"图表"组中选择要使用的图表类型即可。默认情况下，图表与产生图表的数据在同一工作表中存放。如果要将图表放在单独的工作表中，可以执行下列操作。

① 选中欲移动位置的图表，此时将显示"图表工具"上下文选项卡，其上增加了"设计""布局"和"格式"选项卡。

② 在"设计"选项卡中的"位置"组中单击"移动图表"按钮，打开"移动图表"对话框，如图 4-162 所示。

图 4-162　"移动图表"对话框

在"选择放置图表的位置"选项组中选中"新工作表"单选按钮，则将创建的图表显示在图表工作表（只包含一个图表的工作表）中；选中"对象位于"单选按钮，则创建的是嵌入式图表，并位于指定的工作表中。默认情况下，系统创建的图表都是嵌入式的，即图表与数据共同存放在同一个工作表中。

（2）调整图表大小。

调整图表大小的方法有以下两种。

- 单击图表，然后拖动尺寸控制点，将其调整为所需大小。
- 在"格式"选项卡中的"大小"组中设置"高度"和"宽度"的值即可，如图 4-163 所示。

图 4-163　设置图表大小

4．应用预定义图表布局和图表样式

创建图表后，可以快速为图表应用预定义布局和图表样式，而不必手动添加、更改图表元素或设置图表格式。

快速为图表应用预定义布局的操作步骤是：选中图表，在"设计"选项卡中的"图表布局"组中单击要使用的图表布局即可。快速应用图表样式的操作步骤是：选中图表，在

"设计"选项卡中的"图表样式"组中单击要使用的图表样式即可。

5. 手动更改图表元素的布局

（1）选中图表元素的方法。

① 在图表上单击要选择的图表元素，被选择的图表元素将被选择手柄标记，表示图表元素被选中。

② 单击图表，在"格式"选项卡中的"当前所选内容"组中，单击"图表元素"的下拉按钮，然后选择所需的图表元素即可，如图 4-164 所示。

（2）更改图表布局。

选中要更改布局的图表元素，在"页面布局"选项卡中的"标签""坐标轴"或"背景"组中选择相应的布局选项即可。

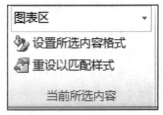

图 4-164　选择图表元素

6. 手动更改图表元素的格式

（1）选中要更改格式的图表元素。

（2）在"格式"选项卡中的"当前所选内容"组中单击"设置所选内容格式"按钮，打开相应的设置格式对话框，在其中设置相应的格式即可。

7. 添加数据标签

若要向所有数据系列的所有数据点添加数据标签，则应单击图表区；若要向一个数据系列的所有数据点添加数据标签，则应单击该数据系列的任意位置；若要向一个数据系列中的单个数据点添加数据标签，则应单击包含该数据点的数据系列后再单击该数据点。然后在"页面布局"选项卡中的"标签"组中单击"数据标签"图标，在其下拉列表中选择所需的显示选项即可。

8. 图表的类型

Excel 2010 一共内置了 11 个图表大类，每个大类里面还包含了数量不等的图表子类型。例如，柱形图包含了 19 种子类型。每种类型的图表有其各自不同的特点，而且也适合于不同的数据结构。用户可以根据需要查看原始数据的特点，选用不同类型的图表。下面介绍应用频率较高的几种图表。

（1）柱形图。柱形图用于显示一段时间内的数据变化或显示各项之间的比较情况，用柱长表示数值的大小。通常沿水平轴组织类别，沿垂直轴组织数值。

（2）折线图。折线图是用直线将各数据点连接起来而组成的图形，用来显示随时间变化的连续数据，因此可用于显示相等时间间隔的数据变化趋势。

（3）饼图。饼图用于显示一个数据系列中各项的大小与各项所占总和的比例。使用该类型图表便于查看主体与个体之间的关系。

（4）条形图。条形图一般用于显示各个相互无关数据项目之间的比较情况。水平轴表示数据值的大小，垂直轴表示类别。

（5）面积图。面积图强调数量随时间而变化的程度，与折线图相比，面积图强调变化量，用曲线下面的面积表示数据总和，可以显示部分与整体的关系。

（6）散点图。主要用于比较成对的数据。散点图具有双重特性，既可以比较几个数据系列中的数据，也可以将两组数值显示在 *XY* 坐标系中的同一个系列中。

除上述几种图表外，Excel 中还有股价图、曲面图、圆环图、气泡图、雷达图等，分别适用于不同类型的数据。

4.5.5　任务强化

2019 年下半年全国汽车（部分品牌）销售情况统计如表 4-4 所示。

表 4-4　2019 年下半年全国汽车（部分品牌）销售情况统计　　　　单位：辆

汽车品牌	7 月	8 月	9 月	10 月	11 月	12 月
大众	228401	248233	294788	277180	319887	319052
丰田	117530	102108	116927	120813	140674	121263
本田	125007	115778	146500	135141	147473	131216
吉利汽车	81681	89065	99035	114577	126647	118159
日产	81128	103165	108184	108089	116303	119953
别克	56296	70321	76977	78000	71344	79278
长安	42701	44866	57285	64505	74213	76282
哈弗	42888	50239	75253	86433	83378	78391
奥迪	53813	55166	62283	63301	66469	60546
宝马	42967	44596	46445	46027	50958	50017

根据表格数据，完成以下具体任务。

（1）创建簇状条形图，比较 2019 年下半年部分品牌汽车的销售情况统计，结果如图 4-165 所示。

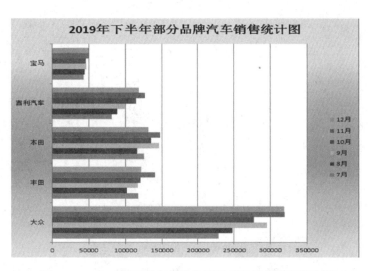

图 4-165　2019 年下半年部分品牌汽车的销售情况统计图

具体要求如下。

● 图表标题：宋体，18 磅，加粗。

● 图表区用渐变填充，预设颜色为"麦浪滚滚"。

（2）制作表格并统计。根据销售数量，统计每月对应销售等级的汽车品牌数量。每月销售数量 10 万辆以上为 A 等，每月销售辆数为[50000，100000）的为 B 等，每月销售量在 5 万辆以下的为 C 等。统计结果如图 4-166 所示。

2019年下半年每月汽车销售等级统计表						
等级 月份	7月	8月	9月	10月	11月	12月
A等	3	4	4	5	5	5
B等	4	4	5	4	5	5
C等	3	2	1	1	0	0

图 4-166　统计每月不同销售等级的汽车品牌数量

（3）创建分离型三维饼图。对 2019 年 9 月份不同销售等级的汽车品牌进行比较，图表中显示等级、数量、百分比等，图表区用"白色大理石"纹理填充，最终效果如图 4-167 所示。

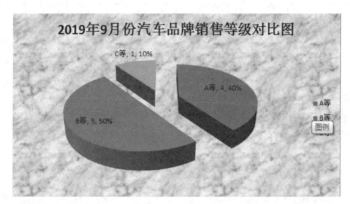

图 4-167　2019 年 9 月份汽车品牌销售等级对比图

项目练习题

一、填空题

1. 在 Excel 2010 中，工作簿文件的文件扩展名为_____，而在 Excel 2003 中工作簿文件的扩展名则是_____。

2. 在一个 Excel 工作表中看到某单元格的公式是"= SUM(C2:E100)"，则该公式是用来计算 C2～E100 矩形区域内的_____个单元格的和。

3. 在 Excel 的工作表中，如果想使用 AX 列、第 10 行的单元格，其绝对引用形式表示为_____，其相对引用形式表示为_____。

4. Excel 的一个工作表中的 B 列存储的是学生的英语成绩，B2～B51 为某班 50 人的分数，那么在单元格 B55 中统计该班英语成绩在[65, 90]区间的人数，B55 中应该输入的公式为=_____。

5．在 Excel 的一个工作表中，B2～F51 存储的是某班高数、哲学、英语、计算机基础、电子商务等四门课程的成绩，Excel 可以将所有 90 分以上的成绩所在的单元格填充为黄色，字符的颜色设为红色、字形设置为加粗并倾斜，该功能在 Excel 中叫作_____。

6．在 Excel 的函数中，AVERAGE()表示_____函数，MIN()表示_____函数，RANK()表示_____函数。

7．在 Excel 的某单元格中直接输入"2/3"，可看到该单元格的内容是_____，若要输入分数形式的数据 2/3，应直接输入_____。

8．在高级筛选操作中，设置筛选条件时，具有_____关系的多重条件放在同一行，具有_____关系的多重条件放在不同行。当筛选条件的字段是文本类型时，可以使用通配符"?"和"*"，其中"?"代表_____，"*"代表_____。

9．在 Excel 排序操作中，若想按姓名的拼音来排序，则在排序选项的"方法"栏中选择_____排序。

10．G3 单元格的公式是"=e3*f3"，若将 G3 单元格中的公式复制到 F8，则 F8 中的公式为_____。

二、选择题

1．关于 Excel 中的分类汇总，下面叙述正确的是（　　　）。
　　A．分类汇总只能按一个字段分类
　　B．只能对数值型数据进行汇总统计
　　C．分类汇总前首先应按分类字段值对记录排序
　　D．汇总方式只能求和

2．在 Excel 2010 公式中，地址引用 E$6 是（　　　）引用。
　　A．绝对地址　　　　　　　　　　　　B．相对地址
　　C．混合地址　　　　　　　　　　　　D．都不是

3．在 Excel 2010 中进行操作时，发现某个单元格中的数值显示变为"##########"，下列哪种操作能正常显示该数值。（　　　）
　　A．重新输入数据　　　　　　　　　　B．调整该单元格行高
　　C．设置数字格式　　　　　　　　　　D．调整该单元格列宽

4．工作表中第 29 列与第 500 行交叉处单元格的名字应该是下面中的哪一个？（　　　）。
　　A．AB500　　　　　　　　　　　　　B．500AD
　　C．AD500　　　　　　　　　　　　　D．AC500

5．在 Excel 2010 中，按"Ctrl + End"组合键，光标将移到（　　　）。
　　A．当前工作表最后一行　　　　　　　B．当前工作表的表头
　　C．最后一个工作表的表头　　　　　　D．当前工作表有效区的右下角

6．在某公式中引用单元格地址"caiwuguanli!A2"，其意义为（　　　）。
　　A．caiwuguanli 为工作簿名，A2 为单元格地址
　　B．caiwuguanli 为单元格地址，A2 为工作表名

C．caiwuguanli 为工作表名，A2 为单元格地址

D．caiwuguanli 为函数名，A2 为工作表的名字

7．Excel 2010 的自动筛选功能将使（　　）。

A．满足条件的记录显示出来，而删除不满足条件的数据

B．不满足条件的记录暂时隐藏起来，只显示满足条件的数据

C．不满足条件的数据用另外一个工作表保存起来

D．满足条件的数据突出显示，不满足条件的记录暂时隐藏起来

8．Excel 2010 的图表类型有多种，其中饼图最适合反映（　　）。

A．数据之间量与量的大小差异

B．数据之间的对应关系

C．单个数据在所有数据构成的总和中所占比例

D．数据之间量随时间的变化趋势

9．在下列选项中，关于 Excel 中对汉字排序的说法中哪一个是错误的？（　　）

A．拼音不能作为排序的依据　　B．排序规则有递增和递减

C．可按日期进行排序　　D．对姓名可按笔画排序

10．假如单元格 X2 的值为 600，单元格 D2 的值为 40，则函数“=IF(X2>800, D2/2, D2*2)&"人" ”的结果为（　　）。

A．20 人　　B．1200　　C．300　　D．80 人

三、操作题

制作表格，原始数据如图 4-168 所示。

	A	B	C	D	E	F	G	H	I
1	某家电连锁商场五·一销售庆功表（金额单位：万元）								
2	销售编号	彩电	冰箱	洗衣机	空调	各店销售	销售评价	销售排名	占总销售额比例
3	分店1	40.3	36.6	37.8	38.6				
4		65.1	45.8	40.2	43.2				
5		45.3	48.6	31.5	39.3				
6		32.6	23.4	22.7	20.5				
7		60.4	40.5	30.8	38.1				
8		28.1	50.3	28.6	40.3				
9	销售总额								
10	平均销售额								
11	最大销售额								

图 4-168　原始数据

要求如下。

（1）用自动填充方法，按效果图填充“销售编号”列，并设置斜线表头。

（2）分别在“各店销售额”数据列中填充各分店的家电销售总额，在“销售总额”行中填充彩电、冰箱、洗衣机、空调的销售总额。

（3）填充“平均销售额”（即各商品平均销售额）行；填充“最大销售额”行。

（4）填充“销售评价”列，相应公式为：若“各店销售额”大于或等于 150 万元，则评价“好”；大于或等于 135 万元且小于 150 万元，评价“较好”；小于 135 万元，评价为“不足”。

（5）按"各店销售额"值，填充"销售排名"的值（从高到低排列）。

（6）用公式填充"占总销额的比例"（即各店销售额在总销售额中所占的比例）。

（7）按图 4-169 所示效果对表格进行修饰，涉及的操作主要有边框、合并、文字方向、水平及垂直居中、数字显示形式、底色、字体、字号、字色等。

（8）对每个商店的各种家电销售额进行"条件格式设置"，设置条件为"销售额小于或等于 30 万元"时，对应单元格以"蓝底、白色加粗字、红色边框"显示。

（9）插入剪贴画，插入艺术字"五·一欢乐购"并设置艺术字效果。

（10）给各类商品的销售总额创建分离型三维饼图，移动到新工作表中，如图 4-169 所示。

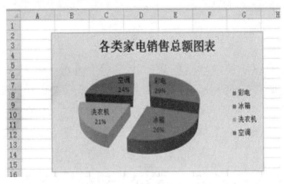

图 4-169　效果图

PowerPoint 2010 演示文稿制作软件的应用

任务 1　制作信息工程系学生会简介演示文稿

日常工作中经常需要设计制作公司新产品展示、学术报告、新员工培训、交通安全知识宣传等幻灯片，利用 PowerPoint 2010 在幻灯片中插入文字、图形、图像、艺术字等各种多媒体元素，形成内容层次清晰、元素丰富多彩的演示文稿，通过各种数码播放产品展示出来，图文并茂、有声有色的演示文稿比单一的媒体形式更引人注目，增强了趣味性，有效地提升了宣传效果。

5.1.1　任务描述

新学期伊始，漯河职业技术学院信息工程系学生会准备招聘新成员。系学生会主席宋慧玲同学为了让大家更有针对性地应聘系学生会的职位，她利用 PowerPoint 2010 制作了"信息工程系学生会简介"演示文稿，通过大屏幕向大家介绍了学生会的组织结构、学生会的规章制度、学生会各部室的工作职责等内容，演示文稿生动形象、一目了然，如图 5-1 所示。

图 5-1　"信息工程系学生会简介"演示文稿

5.1.2　任务分析

本工作任务要求设计制作一份能充分展示学生会组织结构、规章制度及日常开展的一些精彩活动等方面的演示文稿，用于招收新成员时的自我宣传。为了使演示文稿能充分反映学生会的职能及作用，不仅要条理清晰、图文并茂，而且还要让学生感到加入学生会组织能服务学生、锻炼自我、提升才干。这需要做到如下几点：

（1）结合学生会的组织文化，为所有幻灯片确定统一的主题风格。

（2）根据要展示的具体内容确定每张幻灯片的版式。

（3）适当插入文本框、图片、艺术字或自选图形等对象，以提升幻灯片的视觉效果。

5.1.3　任务实施

1．制作并保存第一张幻灯片

（1）打开 PowerPoint 2010 工作界面，默认打开一张空白幻灯片。

制作演示文稿

（2）单击"标题"所在的文本框内部，输入文字"信息工程系学生会简介"，单击"副标题"所在的文本框内部，输入文字"奋发有为　实现自我"。

（3）为这张幻灯片设置背景。切换到"设计"选项卡，可以看到"主题"组中的"其他"按钮，如图 5-2 所示。

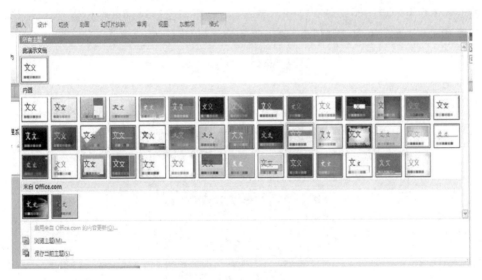

图 5-2　"主题"组

（4）选择"波形"主题，如果不特殊设置，接下来创建的其他幻灯片都要遵从这个主题。添加主题后的幻灯片如图 5-3 所示。

（5）单击"信息工程系学生会简介"文本框内部，选中文字"信息工程系学生会简介"，切换到"开始"选项卡，在"字体"组中设置字体为"方正小标宋简体"，字号为"60"，字体颜色为"黄色"，在"段落"组中设置文字"居中对齐"。

（6）单击"奋发有为　实现自我"文字所在的文本框内部，切换到"开始"选项卡，在"字体"组中设置字体为"黑体"，字号为"40"，字体颜色为"红色"，在"段落"组中设置文字"居中"对齐。这样第一张幻灯片就制作完成了，效果如图 5-3 所示。

图 5-3　添加"波形"主题后的幻灯片

（7）保存演示文稿。单击快速工具栏中的"保存"按钮，打开"另存为"对话框，选择保存位置，并命名为"信息工程系学生会简介.pptx"。

2. 制作第二张幻灯片

（1）切换到"开始"选项卡，在"幻灯片"组中单击"新建幻灯片"图标，在弹出的下拉列表中选择"仅标题"选项，如图 5-4 所示。创建只有标题的第二张幻灯片。在"标题"文本框中输入文字"信息工程系学生会组织结构图"，选中该行文字，在"开始"选项卡中的"字体"组中单击组按钮，打开"字体"对话框，在该对话框中设置字体为"宋体"，字号为"40"，字体颜色为"红色"，单击"确定"按钮。

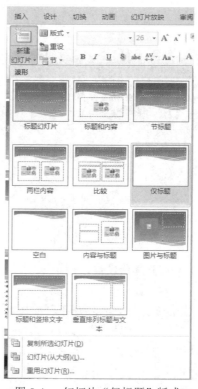

图 5-4　幻灯片"仅标题"版式

（2）利用 PowerPoint 2010 SmartArt 组件制作学生会组织结构图。在"插入"选项卡中的"插图"组中单击"SmartArt"图标，如图 5-5 所示。

图 5-5　"SmartArt"图标

（3）在打开的"选择 SmartArt 图形"对话框中，选择"层次结构"中的"组织结构图"类型，如图 5-6 所示，单击"确定"按钮。

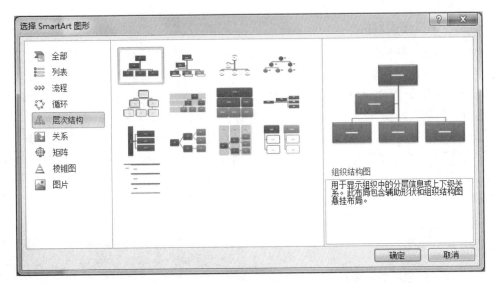

图 5-6　选择"层次结构"中的"组织结构图"类型

（4）这样就在第二张幻灯片中插入了组织结构图的模板，可以直接在组织结构图中输入相关文字。

（5）默认情况下，组织结构图只显示三层结构，结构中的分类数目通常也不能满足需求，需要手动添加或删除。此处需要删除第二层。选中第二层文本框，按"Delete"键即可删除第二层的文本框。

（6）右击"宿管部"文本框，在弹出的快捷菜单中选择"添加形状"→"在下方添加形状"选项，然后在添加的文本框中输入"生活部"。接下来用同样的方法添加"学习部""文宣部""体育部""信息部"文本框。

（7）设置各个文本框的效果：切换至"开始"选项卡，设置字体为"华文楷体"，字号为"20"，字体颜色为"黑色"，字体效果为"加粗"显示。切换至"SmartArt 工具"，单击"SmartArt 样式"组，设置为"强烈效果"。最终效果如图 5-7 所示。

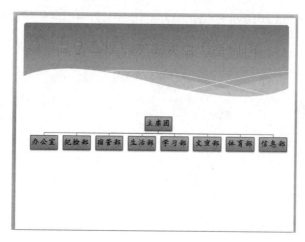

图 5-7　第二张幻灯片效果

3. 制作第三张幻灯片

（1）切换到"开始"选项卡，在"幻灯片"组中单击"新建幻灯片"图标，在其下拉列表中选择"标题和内容"选项，创建第三张幻灯片。在"标题"文本框中输入文字"学生会规章制度"，设置文字对齐方式为居中，字体为"方正小标宋简体"，字号为"44"，字体颜色为"红色"。

（2）在下方文本框中输入相应的文字说明，每输入一项制度按"Enter"键结束。设置字号为"24"，在"开始"选项卡中的"段落"组中单击"对齐文本"按钮，如图 5-8 所示。

（3）在弹出的下拉列表中更改文本框中文字对齐方式为"居中"对齐，设置后的效果如图 5-9 所示。

图 5-8　"段落"组中的"对齐文本"按钮

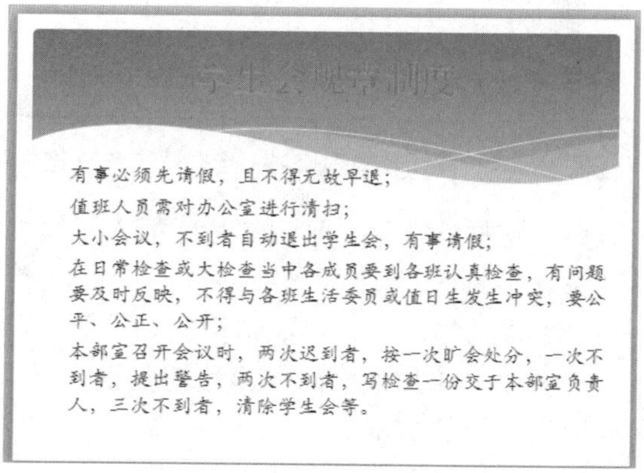

图 5-9　文字居中对齐方式效果图

（4）设置项目符号。切换到"开始"选项卡，在"段落"组中单击"项目符号"右侧的下拉按钮，在弹出的下拉列表中选择"项目符号和编号"选项，弹出"项目符号和编号"对话框，如图 5-10 所示。选择所需的项目符号，设置项目符号颜色为"红色"。

（5）调整好各行之间的距离，第三张幻灯片制作后的效果如图 5-11 所示。

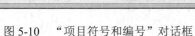

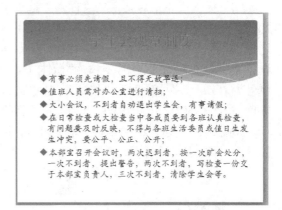

图 5-10　"项目符号和编号"对话框　　　　　图 5-11　第三张幻灯片效果

（6）设置动画。单击文本框，切换到"动画"选项卡，单击组按钮，如图 5-12 所示，选择动画效果为"强调"中的"加粗展示"。

4. 制作第四张幻灯片

（1）切换到"开始"选项卡，在"幻灯片"组中单击"新建幻灯片"图标，在其下拉列表中选择"仅标题"选项，创建第四张幻灯片。在"标题"文本框中输入文字"各部室精彩活动"，设置文字对齐方式为居中，字体为"华文行楷"，字号为"44"，字体颜色为"红色"。

（2）插入图片。切换到"插入"选项卡，在"图像"组中单击"图片"图标，如图 5-13 所示。

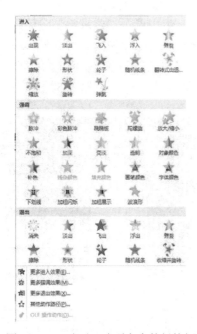

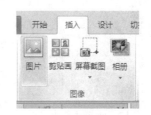

图 5-12　"动画"选项卡中的组按钮　　　　　图 5-13　插入图片操作

（3）在弹出的对话框中选择需要的图片（图片1）。

（4）插入文本框。切换到"插入"选项卡，在"文本"组中单击"文本框"图标，如图5-14所示。选择"垂直文本框"选项，输入文字"纪检部值班"，设置文字对齐方式为居中，字体为"楷体_GB2312"，字号为"32"，字体颜色为"红色"，选中图片和文本框，右击，在弹出的快捷菜单中选择"组合"选项，如图5-15所示，将图片和文本框组合，组合后的效果如图5-16所示。

图5-14　插入文本框

图5-15　选择"组合"选项

图5-16　图片与文本框组合后的效果

（5）继续插入图片，切换到"插入"选项卡，在"图像"组中单击"图片"图标，在弹出的对话框中选择需要的图片（图片2），在"文本"组中单击"艺术字"图标，在其下拉列表中选择"填充–强调文字颜色6，暖色粗糙棱台"选项，如图5-17所示，输入文字"文宣部演讲比赛"，设置字号为"32"，文本填充色为"红色"。选中图片和文本框，右击，在弹出的快捷菜单中选择"组合"选项，将图片和文本框组合，效果如图5-18所示。

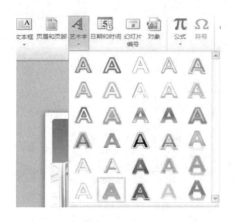

图5-17　选择"艺术字"类别

图5-18　插入艺术字后的效果

（6）继续插入图片，切换到"插入"选项卡，在"图像"组中单击"图片"图标，在弹出的对话框中选择需要的图片（图片 3），切换至图片工具的"格式"选项卡，如图 5-19 所示。在"图片样式"组中选择"椭圆形"，对所插入图片进行修饰。切换至"插入"选项卡，在"文本"组中单击"艺术字"图标，在其下拉列表中选择"填充–强调文字颜色 2，暖色粗糙棱台"选项，输入文字"学院运动会"，设置字号为"54"，文本填充色为"红色"，选中图片和文本框，右击，在弹出的快捷菜单中选择"组合"选项，将图片和文本框组合，第四张幻灯片效果如图 5-20 所示。

图 5-19　图片工具"格式"选项卡

图 5-20　第四张幻灯片效果

（7）设置动画。单击图片 1，切换到"动画"选项卡，单击组按钮，选择动画效果为"形状"；单击图片 2，切换到"动画"选项卡，单击组按钮，选择动画效果为"轮子"；单击图片 3，切换到"动画"选项卡，单击组按钮，选择动画效果为"缩放"。

5．制作第五张幻灯片

（1）切换到"开始"选项卡，在"幻灯片"组中单击"新建幻灯片"图标，在其下拉列表中选择"空白"选项，选择空白版式，创建第五张幻灯片。

（2）切换到"插入"选项卡，在"文本"组中单击"文本框"图标，在其下拉列表中选择"横排文本框"选项，输入文字"学生会是释放个体与群体能量的组织，学生会存在的意义就是她具有释放每一个莘莘学子的能量的机制。水本无波，相荡而起涟漪，石本无华，相撞而起火花。能量在相荡相击中释放，学生会创造性活动就是这种结合最好方式，使个体和群体能量迸发出来。师生们可以看到文化节的红火，迎新活动的亲情，迎新春晚会的热烈，都在充分体现学生会的组织作用。"，设置字体为"华为行楷"，字号为 28，字体颜色为"蓝色"。

（3）第五张幻灯片制作完成，效果如图 5-21 所示。

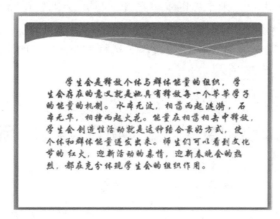

图 5-21　第五张幻灯片效果

6．制作第六张幻灯片

（1）单击左侧"幻灯片/大纲"浏览窗格中的第五张幻灯片，按"Enter"键，生成一张空白幻灯片。

（2）插入艺术字"海阔凭鱼跃 天高任鸟飞"，设置样式为"填充-强调文字颜色 2，暖色粗糙棱台"。

（3）改变艺术字形状。选中艺术字，单击绘图工具中的"格式"选项卡，接着单击功能区中的"文本效果"按钮，选择"转换"选项，在其列表中选择"弯曲"中的"朝鲜鼓"，如图 5-22 所示。完成后的艺术字效果如图 5-23 所示。

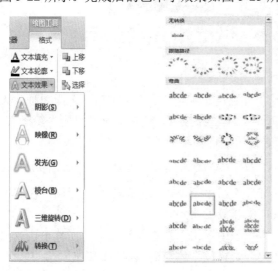

图 5-22　改变艺术字形状　　　　　　　　　　图 5-23　艺术字效果

（4）插入艺术字"信息工程系学生会给你一个锻炼自我、展示才华、提升才干的大舞台，期待您与我们一路同行！"，样式自己设置，文字用红色，为了增强效果，自己可以尝试着设置动画效果。

至此，"信息工程系学生会简介"演示文稿全部制作完成了。

7．设置幻灯片切换效果

切换到"切换"选项卡，在"切换到此幻灯片"组中单击下拉按钮，如图 5-24 所示。分别设置各张幻灯片的切换效果，第一张幻灯片设置切换效果为"推进"，第二张幻灯片设置切换效果为"百叶窗"，第三张幻灯片设置切换效果为"平移"，第四张幻灯片设置切换效果为"轨道"，第五张幻灯片设置切换效果为"立方体"。

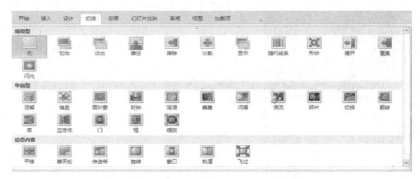

图 5-24　设置幻灯片的切换效果

5.1.4　知识储备

1．PowerPoint 2010 的窗口

PowerPoint 2010 的窗口由快速访问工具栏、标题栏、工具选项卡、功能区、幻灯片大纲选项、幻灯片编辑区、备注栏区、状态栏等组成，如图 5-25 所示。

PowerPoint 基础知识

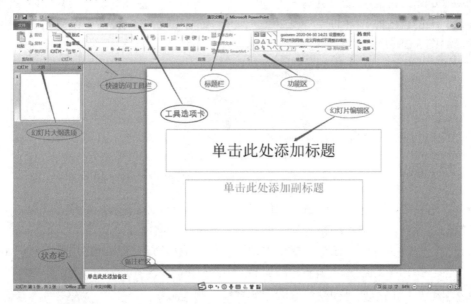

图 5-25　PowerPoint 2010 的窗口组成

2．创建演示文稿的方法

（1）选择"开始"→"所有程序"→"Microsoft Office"→"Microsoft PowerPoint 2010"命令。

（2）在桌面或文件夹空白处右击，在弹出的快捷菜单中选择"新建"→"Microsoft PowerPoint 演示文稿"命令，如图 5-26 所示。

（3）打开已有的演示文稿，在"文件"选项卡中选择"新建"→"空白演示文稿"命令，如图 5-27 所示。

图 5-26　通过快捷菜单新建演示文稿　　　　图 5-27　新建演示文稿

3．PowerPoint 2010 的视图

PowerPoint 2010 的视图方式有普通视图、幻灯片浏览、备注页及阅读视图四种。在更改幻灯片文稿的视图时，可通过"视图"选项卡中的"演示文稿视图"组来完成切换视图的操作，如图 5-28 所示。

图 5-28　"演示文稿视图"组

（1）普通视图。这是 PowerPoint 2010 的默认视图，能够预览幻灯片整体情况，可切换到相应的幻灯片下对其进行编辑，易于展示演示文稿的整体效果。

（2）幻灯片浏览。能够在一个窗口中预览文稿中的所有幻灯片，并且可以对演示文稿进行编辑，包括调整幻灯片的顺序、添加/删除幻灯片中的备注。

（3）备注页。有利于对幻灯片中的备注进行编辑。

（4）阅读视图。可将幻灯片在 PowerPoint 2010 窗口中最大化显示，通常用于在幻灯片制作完成后对其进行简单预览。

4. 演示文稿的基本操作

（1）插入幻灯片。

第一种方法：打开新建的或要编辑的演示文稿，在确定插入新幻灯片的位置单击，然后在"开始"选项卡中的"幻灯片"组中单击"新建幻灯片"图标，在弹出的下拉列表中选择一种版式即可。

幻灯片的选择等操作

第二种方法：按"Ctrl+M"组合键。

第三种方法：在"幻灯片"窗格中右击，在弹出的快捷菜单中选择"新建幻灯片"命令。

（2）复制幻灯片。

第一种方法：通过组合键复制，选中要复制的幻灯片→按"Ctrl+C"组合键选择"复制"命令→光标定位在要粘贴位置的前一张幻灯片上→按"Ctrl+V"组合键选择"粘贴"命令即可，如图 5-29 所示。

第二种方法：通过快捷菜单复制，右击要复制的幻灯片→在弹出的快捷菜单中选择"复制"命令→右击要粘贴位置的前一张幻灯片→在弹出的快捷菜单中选择"粘贴选项"区域中的"使用目标主题"按钮，如图 5-30 所示。

图 5-29　通过选项卡添加幻灯片

图 5-30　通过快捷菜单复制幻灯片

（3）移动幻灯片。

第一种方法：通过组合键移动，选中要移动的幻灯片→按"Ctrl+X"组合键选择"剪切"命令→光标定位在要粘贴位置的前一张幻灯片上→按"Ctrl+V"组合键选择"粘贴"命令即可。

第二种方法：通过快捷菜单移动，右击要移动的幻灯片→在弹出的快捷菜单中选择"剪切"命令→右击要粘贴位置的前一张幻灯片上→在弹出的快捷菜单中单击"粘贴选项"选项组中的"使用目标主题"按钮。

第三种方法：选择要移动的幻灯片并按下鼠标左键→拖动鼠标至目标位置释放鼠标即可。

（4）删除幻灯片。

第一种方法：选中要删除的幻灯片→按"Delete"键。

第二种方法：选中要删除的幻灯片→右击→在弹出的快捷菜单中选择"删除幻灯片"命令即可。

（5）添加备注。

在幻灯片备注窗格中可添加注释信息供演讲者参考，放映过程中不会显示，如图 5-31 所示。

图 5-31　备注窗格

5. 美化演示文稿

（1）主题和版式。

主题包含颜色设置、字体选择、对象效果设置，有时还包含背景图形，控制整个演示文稿的外观。而版式主要用于确定占位符的类型和它们的排列方式，只能控制一张幻灯片，每张幻灯片的版式可以互不相同。

（2）占位符。

占位符是创建新幻灯片时，应用了一种版式后出现的虚线方框。右击占位符，在弹出的快捷菜单中可以设置占位符的大小、位置和形状格式。

（3）插入表格、图表、SmartArt 图形、来自文件的图片、剪贴画和媒体剪辑。

PowerPoint 提供的版式中提供了以上 6 种对象，与旧版本相比，PowerPoint 2010 新增的 SmartArt 图形使用了 80 余套图形模板，以图形、概念上有意义的方式展示文本信息，可以设计出各式各样的专业图形。

（4）更改背景。

背景是应用于整个幻灯片的颜色、纹理、图案或图片，其他内容位于背景之上。

① 应用背景样式。切换到"设计"选项卡，在"背景"组中单击"背景样式"按钮，打开样式库，选择所需样式即可将其应用到整个演示文稿；或者右击所需样式，在弹出的快捷菜单中选择"应用于所选幻灯片"选项。

② 应用背景填充。在"设计"选项卡中的"背景"组中单击"背景样式"按钮，在其下拉列表中选择"设置背景格式"选项，打开"设置背景格式"对话框，在该对话框中可设置填充类型。

6. 放映演示文稿

（1）幻灯片切换。

① 手动切换与自动切换。切换是指整张幻灯片的进入和退出，分为手动切换和自动切换两种。默认情况下，使用手动切换，可以单击幻灯片或按方向键切换幻灯片。使用自动切换，可以为所有的幻灯片设置相同的切换时间，也可以为每张幻灯片设置不同的切换时间。为每张幻灯片单独指定时间的最有效方法是排练计时。

② 选择切换效果。演示文稿制作完成后，如果不需要设置幻灯片切换效果，则在放映过程中就会在前一张幻灯片消失后出现下一张幻灯片；如果需要设置幻灯片切换效果，那么选择要应用效果的幻灯片并切换到"切换"选项卡，在"切换到此幻灯片"组中设置切换效果，在"计时"组中设置切换声音和自动换片时间，如图 5-32 所示。

图 5-32　"切换到此幻灯片"组和"计时"组

（2）设置放映方式。

放映幻灯片时应切换到"幻灯片放映"选项卡，根据需要在"开始放映幻灯片"组中单击"从头开始"或"从当前幻灯片开始"图标。如果需要设置循环放映，则可以在"设置"组中单击"设置幻灯片放映"图标，在打开的"设置放映方式"对话框中选中"循环放映，按 ESC 键终止"复选框，如图 5-33 所示。

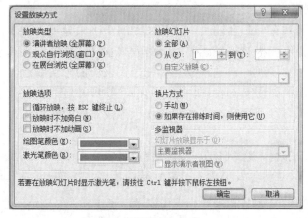

图 5-33　设置放映方式

幻灯片的设置及放映

7. 主题使用技巧

制作演示文稿时，选定了一个主题后默认情况下所有幻灯片都会应用这个主题。如果要使选定的幻灯片应用新的主题，可以在"普通视图"或"幻灯片浏览视图"中选中要应用新主题的幻灯片，切换到"设计"选项卡，右击采用的新主题，在弹出的快捷菜单中选择"应用于选定幻灯片"选项即可，如图 5-34 所示。

图 5-34 主题选择

8. 表格、图片、文本框、艺术字等的插入

制作演示文稿时，如果在选定的幻灯片中插入表格、图片、文本框、艺术字等元素，可以在"插入"选项卡中单击"表格""图片""文本框""艺术字"等图标，如图 5-35 所示。

图 5-35 "插入"选项卡

5.1.5 任务强化

在学校一年一度的"五四"表彰活动中，计算机系软件 101 班获得了"五四红旗团支部"称号。该班团支部书记将在表彰大会中介绍经验，需要设计制作一份"团支部简介"演示文稿。内容需包含标题、团支部基本情况、特色工作、组织机构、所获荣誉等。具体内容包括以下几项。

标题：展望未来，豪情满怀。

团支部基本情况：本团支部共有 34 名团员，在校团委的正确领导下，在支部委员会的共同努力下，组织全班团员青年积极参加校团委组织的爱国主义、集体主义和社会主义等教育活动，引导团员树立科学发展观，自觉地成为"三个代表"的忠实践行者。

特色工作：组织建设方面，加强团支部管理，分工明确，积极开展"推优"活动；社会实践方面，组织了一次全班实习参观活动，许多同学积极寻找兼职或实习，部分同学已找到。

组织机构：团支部由团支部书记、组织委员、宣传委员组成。

所获荣誉：曾获先进团支部、"科学发展观"征文比赛组织奖、"三好班级"和"精神文明单位"称号。

任务 2　制作难忘的大学生活演示文稿

大学生活是人生最重要的经历，必然会给我们留下不可磨灭的记忆。经历了大学生活，我们不仅掌握了工作必需的知识和技能，而且提高了个人综合素质，同时也结识了许多良师益友……这些都为人生积累了重要的财富。大学毕业之际，人们可以用微电影、录像、照片集等多种形式展现难忘的大学生活。今天我们就用 PowerPoint 2010 来制作一个图文并茂、有声有色的演示文稿，从多个层面展示自己难忘的大学生活。

5.2.1　任务描述

小夏今年是大三的在校大学生，马上就要毕业了，他对自己的大学生活很留恋，想把自己丰富多彩的大学生活展示给其他小伙伴来欣赏。于是，他就用大一时所学的 PowerPoint 2010 制作了"难忘的大学生活"演示文稿，如图 5-36 所示。

图 5-36　"难忘的大学生活"演示文稿（部分）

5.2.2　任务分析

本任务要求制作的演示文稿主要用来展现丰富多彩的大学生活，例如，大学中的军训、宿舍生活、教室中学习及课外参与社团活动等。既然必须体现出大学生活的方方面面，就必然需要选用很多图片、动画、音频、视频等素材来展示。完成此任务的操作步骤如下。

（1）定好内容主题，选取相应图片，选取合适的背景音乐，增添演示文稿的多样性。

（2）利用动画功能为幻灯片中的各个对象创建动画效果，设置动画的开始、速度及属性，控制好动画效果发生的先后顺序等环节。

（3）选用合适的幻灯片切换效果，强化演示文稿的播放效果。

5.2.3　任务实施

1．制作第一张幻灯片

（1）设置幻灯片大小。

第一张幻灯片效果如图 5-37 所示。启动 PowerPoint 2010，默认打开一张空白幻灯片，在"设计"选项卡中的"页面设置"组中单击"页面设置"图标，弹出如图 5-38 所示的"页面设置"对话框，设置"幻灯片大小"为"全屏显示（4:3）"，"宽度"为"25.4"厘米，"高度"为"19.05"厘米。在"开始"选项卡中的"幻灯片"组中单击"版式"按钮，在其下拉列表中选择"标题幻灯片"选项，新建一张幻灯片。设置幻灯片的切换效果为"推进"。

以下幻灯片如果没有特别说明切换效果都为"推进"。

图 5-37　第一张幻灯片效果

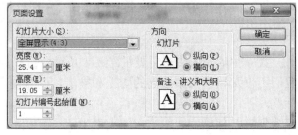

图 5-38　"页面设置"对话框

（2）插入图片并设置动画。

在"插入"选项卡中的"图像"组中单击"图片"图标，在打开的"插入图片"对话框中选择图片，即在幻灯片中插入了图片。依次将图 5-37 所示的图片插入，首先插入幻灯片中间的图片，然后插入幻灯片左上角各方框图片，最后插入幻灯片下方线条图片。幻灯片中间图片首先清除"锁定纵横比"复选框，图片"高度"为"3.5 厘米"，"宽度"为"5.2厘米"，如图 5-39 所示。动画效果为"浮入"，"计时"组中的"开始"为"上一动画之后"，以下幻灯片如果没有特别说明均与此处设置相同，如图 5-40 所示。幻灯片左上角各方框图片动画效果为"飞入"，效果选项为"自左侧"。幻灯片下方线条图片动画效果为"擦除"。

图 5-39　"设置图片格式"对话框

图 5-40　动画设置

（3）设置标题及副标题。

在标题栏中输入"难忘的大学生活"，设置字体为"微软雅黑"，字号为"55"，加粗，设置动画效果为"挥鞭式"，"计时"组中的"开始"为"上一动画之后"，"持续时间"为01.25 秒。在副标题栏中输入"2015 级网络技术（1）班　夏天"，设置字体为"微软雅黑"，字号为"20"，加粗，设置动画效果为"浮入"。在"插入"选项卡中的"文本"组中单击"日期和时间"图标，弹出"页眉和页脚"对话框，插入动态日期，具体设置如图 5-41 所示。

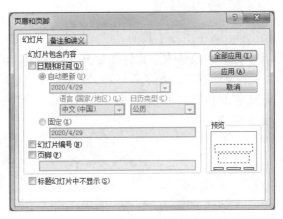

图 5-41　"页眉和页脚"对话框

（4）插入音频。

在幻灯片编辑区域外的左下角插入音频文件"我是一只小小鸟.mp3"，依次打开"音频工具"→"播放"选项卡，把"音频选项"组中的"开始"设置为"跨幻灯片播放"。

2．制作第二张幻灯片

（1）设置母版。

第二张幻灯片制作后效果如图 5-42 所示。插入一张空白幻灯片，在"视图"选项卡中的"母版视图"组中单击"幻灯片母版"进入母版视图，在左侧窗口选择"空白"版式，在编辑区插入文本框输入"难忘的大学生活"，设置字体为"微软雅黑"，字号为"25"。插入图片"线条 2.png"，在编辑区右下角插入图片"logo5.jpg"，设置位置及大小。在编辑区的左下角插入三个动作按钮，分别为"上一页""返回"和"下一页"，"上一页"和"下一页"的设置取默认值，"动作设置"对话框如图 5-43 所示，并选择返回到第二张幻灯片。最后关闭母版视图。

图 5-42　第二张幻灯片效果　　　　　　图 5-43　"动作设置"对话框

（2）处理图片。

插入图片"美丽校园1.jpg"，在图片工具的"格式"选项卡中的"大小"组中单击"裁剪"图标，在其下拉列表中选择"裁剪为形状"选项并选择椭圆，清除"锁定纵横比"复选框，"宽度"和"高度"都设置为"2 厘米"，使其成为圆形。最后设置图片动画效果为"浮入"，其他图片设置方法与此相同。

（3）插入文本框，设置超链接。

在"插入"选项卡中的"文本"组中单击"文本框"图标，在其下拉列表中选择"横排文本框"选项，在幻灯片中绘制一个文本框，输入文字"美丽校园"，设置字体为"微软雅黑"，字号为"28"，加粗，设置动画效果为"浮入"，其他文本框设置与此相同。选中"美丽校园"文本框，在"插入"选项卡中的"链接"组中单击"超链接"图标，打开"插入超链接"对话框，具体设置如图 5-44 所示。其他文字超链接设置方法与此相同。

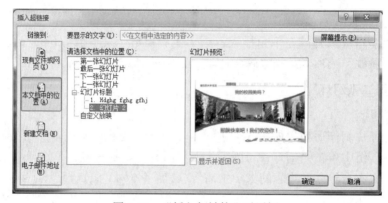

图 5-44   "插入超链接"对话框

3．制作第三张幻灯片

（1）插入"目录"。

第三张幻灯片效果如图 5-45 所示。新建空白幻灯片，切换效果为"缩放"。在幻灯片上方插入横排文本框，输入文字"美丽校园 难忘军训 教室文化 宿舍文化 课外活动"，设置字体为"微软雅黑"，字号为"22"，字体颜色为"灰色"，选中文字"美丽校园"，设置字体颜色为"红色"，加粗。其他幻灯片此处设置方法相同，只把相应标题设置为"红色"、加粗，其他标题均设置为"灰色"、不加粗。

图 5-45   第三张幻灯片效果

（2）处理图片并设置动画。

插入图片"线条 3.jpg"，复制该图片并旋转 180°，调整到图 5-45 所示的位置，设置动画效果为"浮入"。选择"开始"选项卡中的"绘图"组中的矩形，画出矩形，去掉形状轮廓，用图片"美丽校园 1.jpg"来填充图形，选中图片"美丽校园 1.jpg"，在绘图工具中的"格式"选项卡中的"编辑形状"组中选择"编辑顶点"选项，调整图片形状使其嵌入两条弧线之间，然后双击"排列"组中的"下移一层"按钮，使图片置于弧线下方，设置图片动画效果为"淡出"。其他图片设置方法与此相同。

（3）插入艺术字。

插入艺术字"我的校园美吗？"和"那就快来吧！我们欢迎你！"，格式及动画自己设置，效果如图 5-45 所示。

4．制作第四张幻灯片

第四张幻灯片效果如图 5-46 所示。新建空白幻灯片，用第三张幻灯片所述方法插入"目录"。绘制矩形，蓝色填充、无边框，输入文字。插入图片，效果如图 5-46 所示。图片及矩形动画效果均为"飞入"，顺序自定一样设置。

图 5-46　第四张幻灯片效果

5．制作第五张幻灯片

第五张幻灯片效果如图 5-47 所示。新建空白幻灯片，依次插入图片、矩形及文字，动画效果同第四张幻灯片。

图 5-47　第五张幻灯片效果

6．制作第六张幻灯片

第六张幻灯片效果如图 5-48 所示。新建空白幻灯片，切换效果为"库"。插入图片"夹子 1.jpg"，动画效果设置为"飞入""自左侧"。插入图片"教室 2.jpg"，旋转一定的角度，清除"锁定纵横比"复选框，设置"高度"为"4.9 厘米"，"宽度"为"7.3 厘米"，在图片工具中的"格式"选项卡中的"图片样式"组中选择"简单框架，白色"选项，动画效果为"飞入"，其他图片设置与此相同。插入文本框输入文字，动画效果为"飞入"。

图 5-48　第六张幻灯片效果

7．制作第七张幻灯片

第七张幻灯片效果如图 5-49 所示。新建空白幻灯片，依次插入图片，大小位置如图 5-49 所示，设置图片进入动画为"基本缩放"。在"动画"选项卡中的"高级动画"组中单击"添加动画"图标为图片添加自定义路径动画，路径及动画顺序参照"难忘的大学生活样稿.pptx"。

图 5-49　第七张幻灯片效果

8．制作第八张幻灯片

第八张幻灯片效果如图 5-50 所示。新建空白幻灯片，在幻灯片下方插入矩形，设置填充为灰色、无轮廓。插入图片"画框.jpg"，设置动画效果为"自定义路径""直线"，在"计时"组中选择"开始"为"上一动画之后"选项，"持续时间"为"10"秒。依次插入幻灯片上其他图片，设置动画效果为"淡出"，在"计时"组中选择"开始"为"与上一动画同时"选项，"持续时间"分别为1秒、2秒、3秒、4秒、5秒、6秒。

图 5-50　第八张幻灯片效果

9. 制作第九张幻灯片

第九张幻灯片效果如图 5-51 所示。新建空白幻灯片，依次插入图片，设置动画效果为"飞入"。插入文本框，输入文字，为文字添加项目符号，动画效果设置为"挥鞭式"。

图 5-51　第九张幻灯片效果

10. 制作第十张幻灯片

第十张幻灯片效果如图 5-52 所示。新建空白幻灯片，依次插入图片，设置动画效果为"浮入"。箭头及文字文本框动画效果设置为"挥鞭式"。

图 5-52　第十张幻灯片效果

11．制作第十一张幻灯片

第十一张幻灯片效果如图 5-53 所示。新建空白幻灯片，依次插入图片，设置动画效果为"曲线向上"。绘制 4 个矩形，分别填充不同颜色，并在矩形上添加文字，设置字体为"微软雅黑"，字号为"30"，设置动画效果为"擦除"。

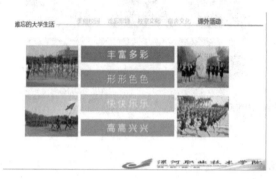

图 5-53　第十一张幻灯片效果

12．制作第十二张幻灯片

第十二张幻灯片效果如图 5-54 所示。新建空白幻灯片，在"插入"选项卡中的"媒体"组中单击"视频"图标，在其下拉列表中选择"文件中的视频"选项，插入视频"漯河职院运动会表演.wmv"，在视频工具"播放"选项卡中的"视频选项"组中将"开始"设置为"自动"，选中"播完返回开头"复选框。在视频工具"格式"选项卡中的"视频样式"组中选择样式"简单框架，黑色"。插入图片"鸽子.gif"，设置动画效果为"自定义路径""直线"。

图 5-54　第十二张幻灯片效果

13．插入第十三张幻灯片，输入文字"谢谢观赏！"

至此，"难忘的大学生活"演示文稿全部制作完成。

5.2.4　知识储备

1．插入多媒体对象

（1）插入图片和剪贴画对象。

插入图片的方法是：在"插入"选项卡中的"图像"组中单击"图片"图标，在打开的"插入图片"对话框中可以插入来自文件的图片。

插入剪贴画的方法是：在"插入"选项卡中的"图像"组中单击"剪贴画"图标，窗口右侧将出现"剪贴画"窗格。通过设置搜索文字和结果类型，可以将需要的剪贴画插入幻灯片，包括绘图、影片、声音或库存照片等。

（2）插入艺术字。

在"插入"选项卡中的"文本"组中单击"艺术字"图标，可以在幻灯片中插入某种样式的艺术字。该艺术字的样式是填充颜色、轮廓颜色和文本效果的预设组合，内置于 PowerPoint 2010 中，不能自定义或添加。

选中艺术字后，可以在绘图工具的"格式"选项卡中的"艺术字样式"组中设置艺术字的填充颜色、轮廓颜色和文本效果。在"文本效果"选项组中还可以进行阴影、映像、发光、棱台、三维旋转和转换的设置。

（3）插入声音。

在"插入"选项卡中的"媒体"组中单击"音频"图标，可以根据需要选择不同类型的声音文件，如图 5-55 所示。然后在音频工具中的"播放"选项卡中的"音频选项"组中进行音量、放映方式的设置，如图 5-56 所示。

图 5-55　声音类型

图 5-56　"音频选项"组

当声音文件的大小小于指定大小时将被嵌入，大于指定大小时将被链接。如果链接某个声音文件，需要把它和演示文稿存放在同一目录下。

2. 设置动画效果

在幻灯片中插入影片或插入 GIF 图像，并不是 PowerPoint 真正意义上的动画。动画是指单个对象进入幻灯片、退出幻灯片或在幻灯片停留期间展现的动作。在 PowerPoint 中创建动画效果可以使用预设动画和自定义动画。

动态设计幻灯片

（1）预设动画。

PowerPoint 2010 提供的预设动画有"淡出""擦除"和"飞入"等，如图 5-57 所示。应用预设动画，可以先选择要应用预设动画的对象，在"动画"选项卡中的"动画"组中单击"其他"下拉按钮，从中选择一种预设效果即可。

图 5-57　预设动画

（2）自定义动画。

使用自定义动画不仅可以为每个对象设定动画效果，还可以指定对象出现的顺序以及与之相关的声音。

① 自定义动画类型。自定义动画效果共有 4 种类型：进入、强调、退出、动作路径。每种类型有不同的图标颜色和用途。

a．进入（绿色）：设置对象在幻灯片上出现时的动画效果。

b．强调（黄色）：以某种方式更改已经出现的对象，如缩小、放大、摆动或改变颜色。

c．退出（红色）：设置对象从幻灯片上消失时的效果，可以指定以某种不寻常的方式退出。

d．动作路径（灰色）：对象在幻灯片上根据预设路径移动。

② 应用自定义动画。若要为某一对象创建动画效果，需要先选中对象，在"动画"选项卡中的"动画"组中单击组按钮，在打开的对话框中设置对象的动画效果，动画启动时间、速度等。

在"开始"下拉列表中，可以设置"单击时""与上一动画同时""上一动画之后"3种方式控制动画启动时间。

③ 删除动画效果。当对设置的动画效果不满意时，可以在"动画窗格"中的动画列表中，右击某一对象的动画效果，然后在弹出的快捷菜单中选择"删除"选项删除动画效果，其他动画效果自动排序。若要删除整张幻灯片的全部动画效果，可以将动画效果全部选中并右击，在弹出的快捷菜单中选择"删除"选项即可。

④ 重新排序动画效果。默认情况下，动画效果按照创建顺序进行编号。若要改变动画效果出现的顺序，可以在"动画窗格"中的动画效果列表中，选中要改变位置的动画效果，单击窗格下面的"重新排序"箭头按钮，向上或向下移动该动画的位置。也可以将鼠标指针悬停在要改变位置的对象上，拖动动画效果来改变它在动画列表中的位置。

3．母版的使用

（1）母版种类。

PowerPoint 2010 包含 3 种母版，分别是幻灯片母版、讲义母版和备注母版。

① 幻灯片母版。幻灯片母版是幻灯片层次结构中的顶级幻灯片，它存储着有关演示文稿的主题和幻灯片版式的所有信息，决定着幻灯片的外观。它是已经设置好背景、配色方案、字体的一个模板，在使用时只要插入新幻灯片，就可以把母版上的所有内容继承到新添加的幻灯片上。

② 讲义母版。讲义母版是为制作讲义而准备的，通常需要打印输出。它允许设置一页讲义中包含几张幻灯片，设置页眉、页脚、页码等基本信息。在讲义母版中插入新的对象或更改版式时，新的页面效果不会反映在其他母版视图中。

③ 备注母版。备注母版主要用来设置幻灯片的备注格式，一般用来打印输出，多和打印页面有关。

（2）管理幻灯片母版。

① 幻灯片母版视图的进入与退出。要进入"幻灯片母版"视图，只要在"视图"选项卡中的"母版视图"组中单击"幻灯片母版"按

应用幻灯片的母版

钮，则可进入"幻灯片母版"视图，转到"幻灯片母版"选项卡，如图 5-58 所示。要退出"幻灯片母版"视图，在"幻灯片母版"选项卡中的"关闭"组中单击"关闭母版视图"图标或从"视图"选项卡中选择另一种视图即可。

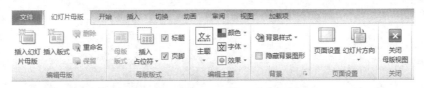

图 5-58　"幻灯片母版"选项卡

② 设计母版版式。在幻灯片母版视图中，可以按照需要设置母版版式，如改变占位符、文本框、图片、图表等内容在幻灯片中的大小和位置，编辑背景图片，设置主题颜色和背景样式，使用页眉和页脚在幻灯片中显示必要的信息等。

③ 创建和删除幻灯片母版。要创建新的幻灯片母版，可在"幻灯片母版"选项卡中的"编辑母版"组中单击"插入幻灯片母版"图标，新的幻灯片母版将在左侧窗格的现有幻灯片母版下方出现。然后可以对该幻灯片母版进行自定义设置，如为其应用主题、修改版式和占位符等。

删除一个幻灯片母版时，先选中要删除的幻灯片母版，按"Delete"键即可。而应用了该母版版式的幻灯片会自动转换为默认幻灯片母版的对应版式。

④ 保留幻灯片母版。要保证新创建的幻灯片母版即使在没有任何幻灯片使用它的情况下仍然存在，可以在左侧窗格中右击该幻灯片母版按钮，在弹出的快捷菜单中选择"保留母版"选项，如图 5-59 所示。要取消保留，可再次选择"保留母版"选项，取消该选项前的"√"即可。

幻灯片母版一定在构建各张幻灯片之前创建，而不要在创建了幻灯片之后再创建，否则幻灯片上的某些项目不能遵循幻灯片母版的设计风格。

（3）页眉和页脚的设置。

在幻灯片母版视图中，日期、编号和页脚的占位符会显示在幻灯片母版上，默认情况下它们不会出现在幻灯片中。

图 5-59　选择"保留母版"选项

如果需要设置日期、编号和页脚，可以在"插入"选项卡中的"文本"组中单击"页眉和页脚"图标（"日期和时间"图标或"幻灯片编号"图标），可打开相同的对话框，如图 5-60 所示，在该对话框中可进行页眉和页脚的设置。

在该对话框中有以下选项。

① 日期和时间。在该复选框下有"自动更新""固定"两个单选按钮。"自动更新"是指从计算机时钟自动获取当前时间，"固定"是指可以输入固定的日期和时间。

② 幻灯片编号。默认情况下，幻灯片编号从 1 开始。如果需要设置从其他编号开始，可以先关闭"幻灯片母版"视图，在"设计"选项卡中的"页面设置"组中单击"页面设置"图标，打开"页面设置"对话框，在"幻灯片编号起始值"微调框中设置幻灯片的起

始编号，如图 5-61 所示。

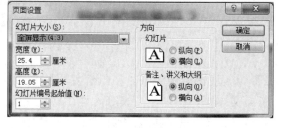

图 5-60 "页眉和页脚"对话框   图 5-61 "页面设置"对话框

在"页面设置"对话框中还可以设置幻灯片大小、宽度、高度、方向等。

③ 页脚。默认情况下，幻灯片母版上不显示页脚，如果需要，可以先选中该复选框，然后输入所需文本，接下来在幻灯片母版中设置格式。

④ 标题幻灯片中不显示。该复选框用来控制演示文稿中标题幻灯片显示或隐藏的日期和时间、编号和页脚，从而避免信息重复。

4．母版的使用技巧

（1）从已有的演示文稿中提取母版再利用。

① 打开已有的演示文稿。

② 选择"视图"选项卡中的"母版视图"组的"幻灯片母版"图标，进入演示文稿的幻灯片母版视图，选中窗口左侧第一张"Office 主题幻灯片母版"。

③ 单击"文件"按钮，在其下拉菜单中选择"另存为"命令，打开"另存为"对话框。在"保存类型"下拉列表中选择"PowerPoint 模板（*.potx）"选项，在"文件名"文本框中输入模板名字"1.potx"，单击"保存"按钮即可。

一定不要修改模板保存路径。

创建新的演示文稿时，可单击"文件"按钮，在其下拉菜单中选择"新建"命令，打开"可用的模板和主题"和"空白演示文稿"界面，选择"我的模板"选项，在打开的"新建演示文稿"对话框中选择保存过的模板文件"1.potx"，单击"确定"按钮后，模板文件"1.potx"中的幻灯片全部被加载到新创建的演示文稿中，新创建的演示文稿即应用了之前保存的母版。

（2）忽略母版灵活设置背景。

如果希望某些幻灯片背景和母版不一样，可以右击幻灯片，在弹出的快捷菜单中选择"设置背景格式"选项，打开"设置背景格式"对话框。在"填充"选项卡中选中"隐藏背景图形"复选框，如图 5-62 所示，接下来就可以为幻灯片设置新背景了。

设置新背景后单击"关闭"按钮，不要单击"全部应用"按钮。

图 5-62　"设置背景格式"对话框

5．在幻灯片中插入表格

方法一：在"插入"选项卡中的"表格"组中单击"表格"图标，在其下拉列表中选择"插入表格"选项，打开"插入表格"对话框，然后指定表格的行数和列数。使用"插入表格"的方法创建的表格会自动套用表格样式。

方法二：在"插入"选项卡中的"表格"组中单击"表格"图标，在其下拉列表中选择"绘制表格"选项，此时鼠标指针变成铅笔形状，可以根据需要绘制出不同行高和列宽的表格。

利用"表格工具"选项卡可以对表格进行设计和格式化。

6．在幻灯片中插入图表

在 PowerPoint 2010 中，图表工具界面以 Excel 图表界面为基础，创建、修改和格式化图表不需要退出 PowerPoint 2010。

在 PowerPoint 2010 中创建新图表时，没有可以提取的数据表，而必须在 Excel 窗口中输入数据创建图表。默认情况下，包含示例数据，可以用实际数据替换示例数据。

如果幻灯片的某占位符中有"插入图表"图标，可以单击该图标创建图表，否则在幻灯片中，可以通过"插入"选项卡中的"插图"组中的"图表"图标，打开"插入图表"对话框，选择图表类型后创建图表，同时打开图表设计窗口，根据需要修改 Excel 窗口图表数据区域的数据。

若关闭了 Excel 窗口，选中图表后，在"图表工具"的"设计"选项卡中的"数据"组中选择"编辑数据"图标，可以再次打开 Excel 窗口。

利用"图表工具"选项组可以对图表进行设计和格式化。

7．创建超链接

超链接是指从当前正在放映的幻灯片转到当前演示文稿的其他幻灯片或文件、网页的操作。

在"插入超链接"对话框中，当要创建指向其他文件或网页的链接时，可以选择"现有文件或网页"选项，同时设置文件的位置或网页的地址，如图 5-63 所示。

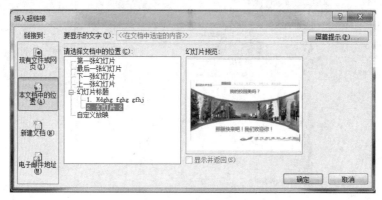

图 5-63 "插入超链接"对话框

若要创建指向本演示文稿的其他幻灯片，可以选择"本文档中的位置"选项，同时指定具体的幻灯片。

8．打印演示文稿

打印演示文稿时，可以根据需要进行打印范围、打印份数、打印内容和颜色／灰度等选项的设置，如图 5-64 所示。

图 5-64 设置打印机选项

9．演示文稿打包功能

PowerPoint 演示文稿通常包含各种独立的文件，如音乐文件、视频文件、图片文件和动画文件等，具体应用时需要将这些文件保存在一起。为此，PowerPoint 2010 提供了打包功能，用于将分散的文件集成在一起，生成一种独立于运行环境的文件，可以在没有安装PowerPoint 等软件的环境下运行。

打包演示文稿常用的方法是使用 PowerPoint 的 CD 数据包功能,可以读取全部链接的文件和相关联的对象,并保证它们同主要演示文稿一起传递,方法如下。

(1) 打开演示文稿,检查保存方式。单击"文件"按钮,在其下拉菜单中选择"保存并发送"→"将演示文稿打包成 CD"命令,打开"将演示文稿打包成 CD"界面,如图 5-65 所示。

幻灯片的打包

图 5-65　"将演示文稿打包成 CD"界面

(2) 添加文件。单击"打包成 CD"按钮,在打开的"打包成 CD"对话框中找到该演示文稿涉及的外部文件和链接到的各种文件的路径和名称,逐一或批量添加。

(3) 单击"复制到文件夹"按钮,打开"复制到文件夹"对话框,设置存放集成文件的文件夹名称,单击"确定"按钮,在弹出的提示框中询问"是否要在包中包含链接文件",单击"是"按钮,演示文稿开始打包。

10. PowerPoint 文件与 Word 文件的互相转换

(1) 把 PowerPoint 文件中的内容输出到 Word 文件中。

如果希望把 PowerPoint 文件中的内容输出到 Word 文件中,可单击"文件"按钮,在其下拉菜单中选择"保存并发送"→"创建讲义"命令,打开"使用 Microsoft Word 创建讲义"窗口,如图 5-66 所示,在该窗口中单击"创建讲义"按钮,打开"发送到 Microsoft Word"对话框,如图 5-67 所示。在该对话框中可以选中"只使用大纲"单选按钮创建仅带有文字的文档;选中"空行在幻灯片旁"单选按钮可创建一系列带有注释行的幻灯片缩略图,选择好版式之后单击"确定"按钮即可。

图 5-66　"使用 Microsoft Word 创建讲义"窗口　　　　图 5-67　"发送到 Microsoft Word"对话框

（2）向 PowerPoint 文件中导入 Word 文件的内容。

如果在 PowerPoint 中要使用的内容已存在于 Word 文件中，使用下面介绍的方法可以将 Word 文件中的内容快速导入 PowerPoint 文件中。

① 打开 Word 文档并将其全部选中，选择"复制"命令。

② 启动 PowerPoint，在窗口左侧包含"大纲"和"幻灯片"选项卡中的窗格中，切换到"大纲"选项卡，单击第一张幻灯片，选择"粘贴"命令，这样 Word 文档中的全部内容就插入到第一张幻灯片中。

③ 根据需要进行文本格式的设置，包括字体、字号、颜色和对齐方式等。

④ 将光标定位到需要划分为下一张幻灯片处，按"Enter"键即可创建一张新的幻灯片。如果需要插入空行，按"Shift + Enter"组合键即可。

⑤ 在"大纲"选项卡中右击幻灯片，在弹出的快捷菜单中选择"升级""降级""上移""下移"等选项可进一步调整幻灯片。

5.2.5 任务强化

（1）制作一份具有动画效果的"中秋节"电子贺卡，要求使用图片、艺术字、背景音乐等多媒体素材。

（2）创建一个"诗词欣赏"演示文稿。要求有首页、目录页和至少 4 首诗词的页面，整体布局合理，图文并茂，界面友好，幻灯片之间能够交互，给人以美的享受。

① 首页标题幻灯片中标题为"诗词欣赏"，副标题为"制作人：XXX"。

② 目录页包含全部诗词标题，单击时能够链接到具体诗词所在的幻灯片。

③ 一张幻灯片只能输入一首诗词，根据需要选择版式。

④ 具体诗词所在幻灯片能够通过文字或图片链接到诗词目录页。

⑤ 设置幻灯片切换和动画效果。

项 目 练 习 题

一、填空题

1．在 PowerPoint 中，创建演示文稿最简单的方法是采用_____方法。

2．在 PowerPoint 中，如果希望在放映过程中退出幻灯片放映，则随时可以按下的终止键是_____ 。

3．在 PowerPoint 2010 中，删除演示文稿中的一张幻灯片的方法可以是：单击要删除的幻灯片，再按下_____键，即可删除该张幻灯片。

4．在 PowerPoint 2010 中，幻灯片切换默认的方式是_____切换到下一张幻灯片。

5．在 PowerPoint 2010 中，若要改变文本的字体，应使用_____选项卡。

二、选择题

1. 启动 PowerPoint 2010 的正确操作方法是（　　）。

    A. 选择"开始"→"所有程序"→"Microsoft Office"→"Microsoft PowerPoint 2010"命令

    B. 选择"开始"→"查找"→"Microsoft Office"→"Microsoft PowerPoint 2010"命令

    C. 选择"开始"→"所有程序"→"Microsoft PowerPoint 2010"命令

    D. 选择"开始"→"设置"→"Microsoft PowerPoint 2010"命令

2. 默认情况下，在 PowerPoint 2010 和 PowerPoint 2003 中，创建的演示文稿的文件扩展名分别是（　　）。

    A. .potx 与.ppt   B. .ppt 和.pptx

    C. .dotx 和.ppt   D. .pptx 和.ppt

3. 在 PowerPoint 2010 中，在当前幻灯片中添加动作按钮是为了（　　）。

    A. 增加幻灯片文稿中内部幻灯片中转的功能

    B. 让幻灯片中出现真正的动画

    C. 设置交互式的幻灯片，使得观众可以控制幻灯片的放映

    D. 让演示方式中所有幻灯片有一个统一的外观

4. 对于演示文稿的描述正确的是（　　）。

    A. 演示文稿中的幻灯片版式必须一样

    B. 使用模板可以为幻灯片设置统一的外观式样

    C. 只能在窗口中同时打开一份演示文稿

    D. 可以使用"文件"按钮中的"新建"命令为演示文稿添加幻灯片

5. 在 PowerPoint 2010 中，可以修改幻灯片内容的视图是（　　）。

    A. 普通   B. 幻灯片浏览

    C. 幻灯片放映   D. 备注页

6. PowerPoint 2010 不能实现的功能是（　　）。

    A. 文字编辑   B. 绘制图形

    C. 创建图表   D. 数据分析

7. 下列说法正确的是（　　）。

    A. 在幻灯片中插入的声音用一个小喇叭图标表示

    B. 在 PowerPoint 中可以录制声音

    C. 在幻灯片中插入播放 CD 曲目时，显示为一个小唱盘图标

    D. 以上 3 种说法都正确

8. 在 PowerPoint 2010 中，如果要对多张幻灯片进行同样的外观修改，那么（　　）。

    A. 必须对每张幻灯片进行修改   B. 只需要在幻灯片母版上做一次修改

    C. 只需要更改标题母版的版式   D. 没办法修改，只能重新制作

9. 在 PowerPoint 2010 中，为当前幻灯片的标题文本占位符添加边框线，首先要（　　）。

    A. 使用"颜色和线条"命令   B. 选中标题文本占位符

C．切换至标题母版　　　　　　　　　D．切换至幻灯片母版

10．在 PowerPoint 2010 中，下列说法正确的是（　　　）。

    A．一个对象一次可以使用多种动画效果

    B．动画序号按钮只是显示动画播放顺序，不能用来更改动画播放顺序

    C．每个对象都可以设置随机动画效果

    D．以上说法全部错误

11．放映幻灯片有多种方法，在默认状态下，以下方法中可以不从第一张幻灯片开始放映的是（　　　）。

    A．单击"幻灯片放映"选项卡中的"从头开始"图标

    B．单击状态栏中的"幻灯片放映"按钮

    C．单击"视图"选项卡中的"幻灯片放映"图标

    D．按"F5"键

三、操作题

制作毕业论文答辩的演示文稿，简单介绍论文题目、研究目的和意义、研究方法与过程、功能实现与应用、存在的问题和结论等内容，可以参照图 5-68 所示的样文制作。

图 5-68　样文

具体要求如下。

（1）确定合适的模板，毕业论文演示文稿要求模板清晰、简洁，在素材中有下载的主题，可以应用到演示文稿中，也可以自己选择合适的主题模板。

（2）根据论文展示内容的需要为每张幻灯片选择适当的版式，插入文本框、自选图形，从而更有效地体现论文内容的讲解。

（3）设置字体、字号、文字颜色、段落格式，插入图片和艺术字，使文稿更加美观。

（4）设置恰当的动画效果，从而使演示过程更加生动。

（5）为第二张幻灯片（论文框架）下面的文字设置超链接，能链接到内容相对应的幻灯片。

Internet 基础与应用

任务 1　接入 Internet

计算机网络是利用通信设备和线路将地理位置不同的、功能独立的多个计算机系统连接起来，通过功能完善的网络软件实现网络的硬件、软件及资源共享和信息传递的系统。

Internet 是一个由不同类型、不同规模、独立运行和管理的计算机网络组成的全球性计算机网络。通过普通电话线、高速率专用线路、卫星、微波和光纤等通信介质把不同国家的大学、公司、科研部门以及政府部门等组织的网络连接起来，形成一个世界规模的信息和服务资源。通过使用 Internet，人们可以获取知识、互通信息、游戏娱乐等。

6.1.1　任务描述

小张参加工作以后，发现他负责的很多工作都需要使用 Internet，因此，他决定办理 Internet 接入业务，这样在家中既能工作又可娱乐。于是，他咨询了当地的 Internet 服务提供商（Internet Service Provider，ISP），即提供综合 Internet 接入业务、信息业务和增值业务的电信运营商，了解到目前家庭接入 Internet 最常用的方式是使用 ADSL。随后他办理了相关接入业务，并正确建立了相应的网络连接，这样他便可以在家网上冲浪了。

6.1.2　任务分析

要完成本项工作任务，需要进行以下操作。

（1）安装信号分离器。

（2）连接 ADSL Modem。

（3）连接个人计算机。

（4）创建宽带的虚拟拨号连接。

（5）登录 Internet。

该工作任务的实施，要求操作人员必须了解 ADSL 接入 Internet 的基本知识，掌握 ADSL 设备的接入方法，并掌握宽带连接的创建操作，这样才能将个人计算机接入 Internet。

6.1.3 任务实施

小张向 ISP 申请 ADSL 宽带接入后，ISP 技术人员为小张提供了两个设备，分别是 ADSL 调制解调器（ADSL Modem）和信号分离器（Spliter）。单机 ADSL 接入的连接拓扑结构如图 6-1 所示。

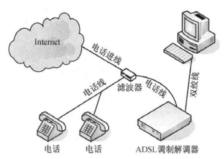

图 6-1　单机 ADSL 接入的连接拓扑结构

1．安装信号分离器

如图 6-2 所示，信号分离器共有 3 个电话线接口。其中，LINE 接口连接外面进户的电话线路，PHONE 接口连接通往室内电话的电话线路，Modem 接口连接通往 ADSL 调制解调器的电话线路。

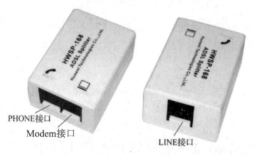

图 6-2　信号分离器

信号分离器一般安装在电话线入户的地方，将上述 3 根电话线路的接头（RJ-11）分别插入相应接口即可。

2．连接 ADSL Modem

ADSL Modem 接口如图 6-3 所示。在选好的房间内，用电话线将信号分离器的 Modem 接口与 ADSL Modem 调制解调器的 ADSL 接口相连。然后接通电源，即可完成 ADSL 设备的物理连接。

图 6-3　ADSL Modem 接口

3．连接个人计算机

若家庭只有 1 台计算机上网，则直接用直通双绞线将个人计算机的网卡与图 6-3 中的 ADSL Modem 的 Ethernet 接口相连即可完成所有的硬件连接。

4．创建宽带的虚拟拨号连接和登录 Internet

现在的家庭 ADSL 接入，一般采用虚拟拨号方式登录 Internet。因此，在设备安装完成后，还需要在主机上建立拨号连接，其操作步骤如下。

（1）在控制面板中打开"网络和共享中心"窗口，如图 6-4 所示。

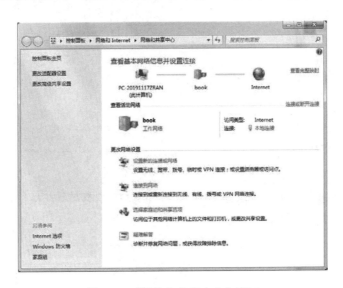

图 6-4　"网络和共享中心"窗口

（2）单击"设置新的连接或网络"链接，打开"设置连接或网络"窗口，如图 6-5 所示。

图 6-5　"设置连接或网络"窗口

（3）选中"连接到 Internet"选项，单击"下一步"按钮，打开"连接到 Internet"窗口，如图 6-6 所示。

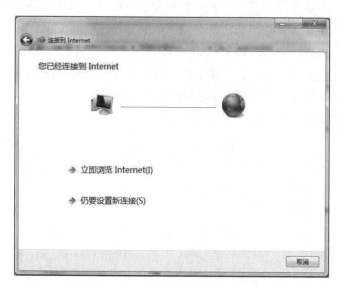

图 6-6　"连接到 Internet"窗口

（4）如果要创建一个新连接，则选中"否，创建新连接"单选按钮，然后单击"下一步"按钮，打开如图 6-7 所示的窗口。

图 6-7　设置如何连接

（5）单击"宽带(PPPoE)(R)"链接，打开如图 6-8 所示的窗口。

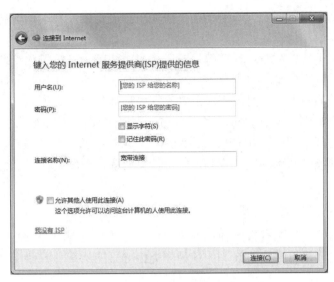

图 6-8　输入用户名和密码

（6）输入 Internet 服务提供商提供的用户名和密码后，单击"连接"按钮，打开如图 6-9 所示的窗口，完成后关闭该窗口即可。

图 6-9　正在连接

6.1.4　知识储备

1. 计算机网络基础

计算机网络是计算机技术与通信技术高度发展、紧密结合的产物。在计算机网络发展过程的不同阶段，人们对计算机网络提出了不同的定义。当前较为准确的定义为"以能够相互共享资源的方式互连起来的自治计算机系统的集合"，即分布在不同地理位置上的具有独立功能的多个计算机系统，通过通信设备和通信线路互相连接起来，实现数据传输和资源共享的系统。从资源共享的角度理解计算机网络，需要把握以下两点。

（1）计算机网络提供资源共享的功能。资源包括硬件资源和软件资源及数据信息。硬件包括各种处理器、存储设备、输入／输出设备等，如打印机、扫描仪、刻录机等。软件包括操作系统、应用软件和驱动程序等。对于越来越依赖于计算机化管理的公司、企业和政府部门而言，更重要的是共享信息，共享的目的是让网络上的每个人都可以访问所有的程序、设备和特殊的数据，并且让资源的共享摆脱地理位置的束缚。

（2）组成计算机网络的计算机设备是分布在不同地理位置的独立的"自治计算机"。每个计算机核心的基本部件，如 CPU、系统总线、网络接口等都要求存在且独立。这样，互连的计算机之间没有明确的主从关系，每个计算机既可以联网使用，也可以脱离网络独立工作。

2．计算机网络的分类

计算机网络的分类标准有很多种，主要的分类标准有根据网络所使用的传输技术、根据网络的拓扑结构、根据网络协议等。各种分类标准只能从某一方面反映网络的特征。根据网络覆盖的地理范围和规模分类是普遍采用的分类方法，它能较好地反映网络的本质特征。由于网络覆盖的地理范围不同，它们所采用的传输技术也就不同，因此形成不同的网络技术特点与网络服务功能。根据这种分类标准，可以将计算机网络分为三种：局域网、城域网和广域网。

（1）局域网。

局域网（Local Area Network，LAN）是一种在有限区域内使用的网络，在这个区域内的各种计算机、终端与外部设备互连成网，其传送距离一般在几千米之内，最大距离不超过 10km，因此适用于一个部门或一个单位组建的网络。典型的局域网如办公室网络、企业与学校的主干局域网、机关和工厂等有限范围内的计算机网络。局域网具有高数据传输速率（10Mb/s～1Gb/s）、低误码率、成本低、组网容易、易管理、易维护、使用灵活方便等优点。

（2）城域网。

城域网（Metropolitan Area Network，MAN）是介于广域网与局域网之间的一种高速网络，它的设计目标是满足几十千米范围内的大量企业、学校、公司的多个局域网的互连需求，以实现大量用户之间的信息传输。

（3）广域网。

广域网（Wide Area Network，WAN）又称远程网，所覆盖的地理范围要比局域网大得多，从几十千米到几千千米，传输速率比较低。广域网覆盖一个国家、地区，甚至横跨几个洲，形成国际性的远程计算机网络。广域网可以使用电话交换网、微波、卫星通信网或它们的组合信道进行通信，将分布在不同地区的计算机系统互连起来，达到资源共享的目的。

3．网络拓扑结构

按照拓扑学的观点，将主机、交换机等网络设备单元抽象为"点"，网络中的传输介质抽象为"线"，那么计算机网络系统就变成了由点和线组成的几何图形，它表示通信介质与各节点的物理连接结构。这种结构称为计算机网络拓扑结构。

按照网络中各节点位置和布局的不同，计算机网络可分为总线拓扑、星状拓扑、环状拓扑、树状拓扑和网状拓扑等网络类型，如图 6-10 所示。

（a）总线   （b）星状   （c）环状   （d）树状   （e）网状

图 6-10 网络基本拓扑结构图

在现今网络中，Internet 和广域网都采用网状拓扑结构；而大多数局域网都采用树状拓扑结构，也就是由多个层次的星状网络纵向连接而成的。

4．网络硬件

与计算机系统类似，计算机网络系统也由网络硬件和网络软件两部分组成。下面介绍常见的网络硬件设备。

（1）传输介质。

局域网中常用的传输介质有双绞线和光纤。双绞线是目前使用广泛、价格低廉的一种有线传输介质。其内部由 4 对两两按一定比率相互缠绕的包着绝缘材料的细铜线组成，共 8 芯线，每对互相缠绕的两根芯线由一条染有某种颜色的芯线加上一条相应颜色和白色相间的芯线组成。4 条全色芯线的颜色为橙色、绿色、蓝色、棕色，对应的 4 条花色芯线的颜色为橙白、绿白、蓝白、棕白。双绞线是使用压线钳工具将双绞线两端与 RJ-45 接头（俗称"水晶头"）压接到一起形成的线缆。线缆的制作采用 ANSI EIA/TIA-568 国际标准，该标准有 A、B 两种线序，一般采用 568B 标准。568B 标准表示为：橙白-1，橙-2，绿白-3，蓝-4，蓝白-5，绿-6，棕白-7，棕-8。使用最广泛的直通双绞线就是线缆两端采用相同的线序，即都采用 568B 标准制作而成，其最大传输距离为 100m。

到目前为止，EIA/TIA 已颁布了 7 类（Cat）线缆标准。其中，现今常用的标准如下。

a．Cat5：适用于 100Mb/s 的数据传输。

b．Cat5e：既适用于 100Mb/s 的数据传输，又适用于 1000Mb/s 的数据传输。

c．Cat6：适用于 1000Mb/s 的数据传输。

d．Cat7a（扩展 6 类）：既适用于 1000Mb/s 的数据传输，又适用于 10GMb/s 的数据传输。

光纤的全称为光导纤维。光纤通信是以光波为载频，以光导纤维为传输介质的一种通信方式。光纤是数据传输中最有效的一种传输介质，它具有较宽的频带、电磁绝缘性能好、传输距离长等优点。光纤主要有两大类，即单模光纤和多模光纤。其中，单模光纤传输频带宽，传输容量大，传输距离较远，可达几 km 甚至几十 km。多模光纤的传输性能相对较差，传输距离一般为 300～2000m。

（2）网络接口卡。

网络接口卡（简称网卡）是构成网络必需的基本设备，用于将计算机和通信电缆连接起来，以便经电缆在计算机之间进行高速数据传输。因此，每个连接到局域网的计算机都需要安装一块网卡。

（3）交换机。

交换概念的提出是对于共享工作模式的改进，而交换式局域网的核心设备是局域网交换机。共享式局域网在每个时间片上只允许有一个节点占用公用的通信信道。交换机支持端口连接的节点之间的多个并发连接，从而增大网络带宽，改善局域网的性能和服务质量。

（4）无线 AP。

无线 AP（Access Point）也称无线访问点或无线桥接器，是传统的有线局域网络与无线局域网络之间的桥梁。通过无线 AP，任何一个装有无线网卡的主机都可以连接有线局域网络。无线 AP 含义较广，不仅提供单纯性的无线接入点，也同样是无线路由器等类设备的统称，兼具路由、网管等功能。单纯性的无线 AP 就是一个无线交换机，仅提供无线信号发射的功能，其工作原理是将网络信号通过双绞线传送过来，无线 AP 将电信号转换成无线电信号发送出来，形成无线网的覆盖。不同的无线 AP 型号具有不同的功率，可以实现不同程度、不同范围的网络覆盖，一般无线 AP 的最大覆盖距离可达 300m，非常适合于在建筑物之间、楼层之间等不便于架设有线局域网的地方构建无线局域网。

（5）路由器。

处于不同地理位置的局域网通过广域网进行互连是当前网络互连的一种常见的方式。路由器是实现局域网与广域网互连的主要设备。路由器检测数据的目的地址，对路径进行动态分配，根据不同的地址将数据分流到不同的路径中。如果存在多条路径，则根据路径的工作状态和忙闲情况，选择一条合适的路径，动态平衡通信负载。

5．网络软件

计算机网络的设计除了硬件，还必须考虑软件，目前的网络软件都是高度结构化的。为了降低网络设计的复杂性，绝大多数网络都通过划分层次，每一层都在其下一层的基础上，每一层都向上一层提供特定的服务。提供网络硬件设备的厂商有很多，不同的硬件设备如何统一划分层次，并且能够保证通信双方对数据的传输理解一致，这些就要通过单独的网络软件——通信协议来实现。

通信协议就是通信双方都必须遵守的通信规则，是一种约定。打个比方，当人们见面，某一方伸出手时，另一方也应该伸手与对方握手表示友好，如果后者没有伸手，则违反了礼仪规则，那么他后面的交往可能就会出现问题。计算机网络中的协议是非常复杂的，因此网络协议通常都按照结构化的层次方式来进行组织。TCP/IP 是当前最流行的商业化协议，被公认为是当前的工业标准或事实标准。1974 年，出现了 TCP/IP 参考模型，图 6-11 给出了 TCP/IP 参考模型的分层结构，它将计算机网络划分为 4 个层次。

应用层
传输层
互连层
主机至网络层

图 6-11　TCP/IP 参考模型的分层结构

（1）应用层（Application Layer）：负责处理特定的应用程序数据，为应用软件提供网络接口，包括 HTTP（超文本传输协议）、Telnet（远程登录）、FTP（文件传输协议）等协议。

（2）传输层（Transport Layer）：为两个主机间的进程提供端到端的通信。主要协议有 TCP（传输控制协议）和 UDP（用户数据报协议）。

（3）互连层（Internet Layer）：确定数据包从源端到目的端如何选择路由。互连层主要的协议有 IPv4（互联网协议第 4 版）、ICMP（网际网控制报文协议）及 IPv6（IP 第 6 版）等。

（4）主机至网络层（Host-to-Network Layer）：规定了数据包从一个设备的网络层传输到另一个设备的网络层的方法。

6. IP 地址

（1）IP 地址的作用。

TCP/IP 要求连入网络的计算机都必须有唯一的逻辑地址才能相互通信，这个逻辑地址就是 IP 地址。另外，一个计算机可以有多个 IP 地址，但是不能与其他计算机的 IP 地址重复，否则将发生地址冲突，不能进行网络通信。

（2）IP 地址的组成。

IP 地址从功能上讲由两部分组成，即网络号（网络 ID）和主机号（主机 ID），如图 6-12 所示。其中，网络 ID 用来标识互联网中的一个特定网络，而主机 ID 用来标识该网络中某个主机的一个特定连接。同一物理网络中的主机一般都使用同一网络 ID。一个网络 ID 代表一个网段，一个网段内所有主机 ID 必须是唯一的，不得重复。因此，IP 地址包含了主机本身和主机所在网络的地址信息。

网络 ID	主机 ID

图 6-12　IP 地址结构

（3）IP 地址的表示方法。

在 IPv4（互联网通信协议第 4 版）中，IP 地址是一个 32 位的二进制数。为了方便表示，它采用点分十进制表示法，即将 32 位的二进制数按字节分成 4 段，每个字节用十进制表示，中间用 "，" 隔开，每部分的取值范围是 0～255，如 192.168.1.1。

提示：IPv4 中使用了 32 位地址，地址空间中有 2^{32} 个地址。IPv6 中使用了 128 位地址，因此新增的地址空间支持 2^{128} 个地址。

（4）子网掩码。

子网掩码是 TCP/IP 用来区分 IP 地址的 4 部分是如何划分网络 ID 和主机 ID 的。在简单的 IP 地址分配中，子网掩码主要由两个数（0 和 255）构成，也分为 4 部分，如 255.255.0.0，其中，255 对应的部分为网络号，0 对应的部分为主机号。假设一个 IP 地址为 172.16.1.2，子网掩码为 255.255.255.0，表示 IP 地址的前 3 部分为网络号，最后一部分为主机号，则该主机的网络 ID 为 172.16.1.0，其主机 ID 为 2。

网络 ID 相同的主机，即在同一个网段内的主机可以直接通信，不同网段中的计算机通信时，需要通过网关或者路由器。

（5）私有地址。

Internet 管理委员会在 IP 地址中规划出一组地址，专为组织机构内部使用，这组地址称为私有地址。私有地址共有 3 块 IP 地址空间，分别是 10.0.0.0～10.255.255.255，172.16.0.0～172.31.255.255 和 192.168.0.0～192.168.255.255。

（6）IP 地址的分配。

IP 地址的分配有静态 IP 地址分配和动态 IP 地址分配两种方式。

静态 IP 地址分配由网络管理员或用户手动设置 IP 地址。在使用静态地址分配时，网络管理员需要首先设计一张 IP 地址资源使用表，将所有主机和特定 IP 地址一一对应，然后手动设置。这种方法适用于小型网络系统。

动态 IP 地址分配是在网络中必须提供动态主机配置协议（DHCP）服务，即事先配置一个 DHCP 服务器并时刻运行，自动获取 IP 地址的主机在启动时，就能从 DHCP 服务器获得一个临时的 IP 地址。

7. 网关

网关又称 IP 路由器，它可以将数据发送到不同网络地址的目的主机。在局域网中，有内部网关和外部网关。内部网关用来实现内部不同子网之间的数据通信。外部网关是局域网负责连接外部互联网的路由器或代理服务器，是局域网内部与外部互联网之间的一道通信闸门，所有内网与外网的数据通信都经过它转发，是内网主机通向外网的网络接口。网关地址就是网关在其局域网内部的 IP 地址。在配置某个主机的 TCP/IP 参数时，若没有指定默认网关，则表示该主机只能在内网通信。

8. 域名系统

互联网上的主机资源非常丰富，每个主机都有唯一的 IP 地址。网络用户在访问主机时，需要提供主机的 IP 地址，但要记住大量的 IP 地址非常困难。因此，为了方便人们记忆使用 IP 地址，互联网采用一种分层次结构的名字来表示主机，这个名字称为域名。例如，搜狐网站主机的域名为 www.sohu.com。主机域名在互联网中是需要向指定管理部门申请注册后才能得到的。但是，在网络的数据传输过程中，还是需要知道主机的 IP 地址的，为此，互联网提供了 DNS 服务器。DNS 服务器中记录了互联网上的主机域名与其 IP 地址的对应关系，当用户需要时，它负责实现域名与 IP 地址之间的相互转换，并提供给网络用户。这样，网络用户在访问互联网主机时，就可以使用域名进行访问了。

9. Internet 简介

（1）Internet 的产生与发展。

19 世纪 60 年代，美国国防部高级研究计划局（Advance Research Projects Agency，ARPA）计划投资建立阿帕网（ARPANET）。直到 1969 年 12 月，ARPANET 正式投入运行，在美国 4 所大学之间建成了一个实验性的计算机网络。1983 年，ARPANET 已连接了 300 多个计算机，供美国各研究机构和政府部门使用，可以进行数据通信和资源共享。由于这个网络是由许多不同网络互连而成的，所以被称为 Internet，ARPANET 就是 Internet 的前身。

1986 年，美国国家科学基金会（National Science Foundation，NSF）建立了自己的计算机通信网络 NSFNET，它允许美国各地的科研人员访问分布在美国不同地区的超级计算机中心，并将按地区划分的计算机广域网与超级计算机中心相连（实际上它是一个三级计算机网络，分为主干网、地区网和校园网，覆盖了全美国主要的大学和研究所）。1989—1990 年，NSFNET 逐渐取代了 ARPANET 在网络中的地位，并且成为 Internet 的主要部分。同时，鉴于 ARPANET 的实验任务已经完成，在历史上起过重要作用的 ARPANET 正式宣布关闭。

随着 NSFNET 的建设和开放，网络节点数和用户数量迅速增加。以美国为中心的 Internet 网络互连也迅速向全球发展，世界上的许多国家纷纷接入 Internet，使网络的通信量急剧增大。Internet 的迅猛发展始于 20 世纪 90 年代。由欧洲原子核研究组织（CERN）

开发的万维网（WWW）被广泛应用在 Internet 上，大大方便了广大非网络专业人员对网络的使用，成为 Internet 发展的指数级增长的主要驱动力，WWW 的站点数与上网用户数都急剧增长。

近 10 年来，随着计算机网络技术和通信技术的发展，人类社会从工业社会向信息社会过渡的趋势越来越明显，人们对开发和使用信息资源的重视程度逐渐增强，从而促使 Internet 得到迅猛发展，使连入这个网络的主机和用户数目急剧增加。如今，Internet 已不仅是计算机人员和军事部门进行科研的领域，还是一个开发和使用信息资源的覆盖全球的信息海洋。

（2）我国的 Internet 发展。

Internet 在我国的发展起步于 1986 年，北京市计算机应用技术研究所实施的国际联网项目——中国学术网（Chinese Academic Network，CANET）启动。1987 年 9 月，CANET 正式建成我国第一个国际 Internet 电子邮件节点，并于 1987 年 9 月 14 日发出我国第一封电子邮件——"Across the Great Wall we can reach every corner in the world."（越过长城，走向世界），揭开了中国人使用 Internet 的序幕。1988 年年初，我国第一个 X.25 分组交换网 CNPAC 建成，实现了计算机国际远程联网，以及与欧洲和北美地区的电子邮件通信。

1989 年 10 月，中国国家计算机与网络设施（NCFC）工程正式立项启动，到 1992 年底，NCFC 工程的院校网，即中国科学院院网（CASNET，连接了中关村地区 30 多个研究所及三里河中国科学院院部）、清华大学校园网（TUNET）和北京大学校园网（PUNET）全部建设完成。

1994 年 4 月 20 日，NCFC 工程通过美国 Sprint 公司连入 Internet 的 64K 国际专线开通，实现了与 Internet 的全功能连接，开启了中国 Internet 发展的新篇章。

此后，我国又建成中国教育和科研网（CERNET）、中国公用计算机互联网（CHINANET）、中国金桥信息网（CHINAGBN），为公众提供 Internet 服务。

随着我国 Internet 发展进入商业应用阶段，各地 ISP 也如雨后春笋般地蓬勃兴起。目前，国内主要有 3 大基础运营商：中国电信、中国移动和中国联通。各地的有线电视运营商也提供 Internet 接入服务。

10．Internet 接入方式

目前，ISP 提供的可供选择的接入方式主要有 ISDN、DDN、ADSL、Cable-Modem、FTTx 和无线上网等。

（1）综合业务数字网（ISDN）接入技术俗称一线通，其特点是采用数字传输和数字交换技术，使用户利用一条用户线路即可在上网的同时拨打电话、收发传真，就像两条电话线一样，其极限带宽为 128kb/s。

（2）DDN（数字数据网）专线是面向集团企业的高速度、高质量的通信环境，可以向用户提供点对点、点对多点透明传输的数据专线出租电路，为用户传输数据、图像、声音等信息。DDN 的通信速率可根据用户需要在 $N \times 64kb/s$（$N-1$，…，32）之间进行选择，速度越快租用费用也越高。

（3）非对称数字用户环路（ADSL）是一种能够通过普通电话线提供宽带数据业务的技术，也是目前应用广泛并极具发展前景的一种接入技术。

（4）Cable-Modem（线缆调制解调器）利用有线电视网络接入 Internet。

（5）FTTx（光纤接入）是 ISP 接入服务发展的趋势，其中包括 FTTC（光纤到小区）、FTTB（光纤到大楼）、FTTH（光纤到家）、FTTD（光纤到桌面）。尤其是正在推行的三网融合（电信网、计算机网和有线电视网），将完全在光纤接入的基础上完成。

（6）无线上网是利用 ISP 提供的 GPRS（115kb/s）或 CDMA（230kb/s）上网，还有 3G 网络，也就是移动的 TD-SCDMA、电信的 CDMA 2000 或联通的 WCDMA。

11．ADSL 技术

ADSL 是一种新的数据传输方式。它采用频分复用技术把普通的电话线分成了电话、上行和下行 3 个相对独立的信道，从而避免了相互之间的干扰。即使边打电话边上网，也不会发生上网速率和通话质量下降的情况。通常 ADSL 在不影响正常电话通信的情况下可以提供最高 3.5Mb/s 的上行速率和最高 24Mb/s 的下行速率。由于受到传输高频信号的限制，ADSL 需要电信服务提供商端接入设备和用户终端之间的距离不能超过 5km，也就是用户的电话线连到电话局的距离不能超过 5km。

ADSI 是一种非对称的 DSL 技术，所谓非对称是指用户线的上行速率与下行速率不同，上行速率低，下行速率高，特别适合传输多媒体信息业务，如视频点播（VOD）、多媒体信息检索和其他交互式业务。

网络互联设备

ADSL 通常提供 3 种网络登录方式：桥接、基于 ATM 的端对端协议（PP Pover ATM，PPPoA）、基于以太网的端对端协议（PP Pover Ethernet，PPPoE）。桥接直接为用户提供静态 IP 地址接入，而后两种通常是动态地给用户分配网络 IP 地址。在个人家庭接入时，主要采用的是 PPPoE 方式。

12．ADSL 调制解调器的工作状态

ADSL 调制解调器工作的指示灯共有 5 个（以华为某款 Modem 为例），如图 6-13 所示。

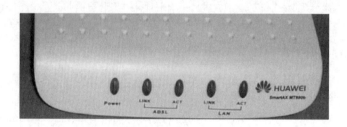

图 6-13　ADSL 调制解调器指示灯

其中，Power 表示电源；ADSL 一对指示灯指示 ADSL 线路的通信状态，LINK 表示连接，ACT 表示访问；LAN 一对指示灯指示局域网的连接状态，LINK 表示连接，ACT 表示访问。

ADSL 调制解调器在正常工作时，Power、ADSL-LINK、LAN-LINK 3 个指示灯常亮。当有数据通信时，ADSL-ACT 和 LAN-ACT 指示灯会不断闪烁。

上网过程中，若 ADSL-LINK 指示灯灭了表示 ADSL 掉线了，需要重新拨号；若 LAN-LINK 指示灯灭了表示局域网内连接出现问题。

6.1.5　任务强化

某办公室有 3 台台式计算机、3 台笔记本电脑，均已安装 Windows 7 系统，并且笔记本电脑支持无线连接。现要求用 ADSL 方式将 6 台计算机同时接入 Internet，请设计并实现以下功能。

（1）设计接入 Internet 的网络拓扑图。

（2）规划设计各计算机的 IP 地址、子网掩码和默认网关。

（3）连接各设备与计算机，并配置参数，实现接入 Internet。

任务 2　在 Internet 上搜索产品信息

Internet 是一个集各种信息资源为一体的超级信息资源网。凡是加入 Internet 的用户，都可以通过各种工具访问资源，获取所需的信息资料。

6.2.1　任务描述

因为工作需要，公司准备购置一批笔记本电脑，小张在 Internet 上搜索价格在 6 000 元左右的笔记本电脑的品牌与型号，对它们的性价比进行了分析，提出了购置意见，为公司的采购提供依据。

6.2.2　任务分析

要完成本项工作任务，需要进行以下操作。

（1）使用浏览器访问 Internet。

（2）使用搜索引擎搜索资料。

（3）保存搜索到的信息。

要完成本工作任务，小张需要了解 Internet 的构成，掌握使用浏览器的方法，记住常用网站的网址，学会搜索引擎的使用方法等。

6.2.3　任务实施

1. 认识 IE 浏览器

浏览器是用于访问 Internet 的工具软件。Windows 操作系统自身携带了一款浏览器软件 Internet Explorer，简称 IE 浏览器。IE 浏览器随 Windows 操作系统捆绑安装到主机中，因此，它也是使用广泛的浏览器软件。本任务以 Internet Explorer 8（简称为 IE 8）为例，介绍 Internet 的浏览与访问。

默认情况下，IE 浏览器的快捷方式放置在桌面、任务栏的快速启动栏和"开始"菜单中，选择任意一种启动方式均可。

IE 浏览器窗口的组成如图 6-14 所示，主要包括标题栏、菜单栏、命令栏、地址栏、搜索栏、状态栏和浏览区。

网页浏览器使用

图 6-14　IE 浏览器窗口的组成

各部分的主要功能如下。

（1）标题栏：显示目前正在访问的 Web 页名称。

（2）菜单栏：有 6 个菜单项，IE 浏览器提供的所有操作命令都可以在菜单栏中找到。

（3）命令栏：提供若干操作按钮给用户，以快速使用 IE 浏览器的常用功能。

（4）地址栏：用于输入和显示 Web 页的地址。

（5）搜索栏：用于搜索网页上的信息。

（6）状态栏：显示当前访问的一些状态信息，如统一资源定位符（URL）等。

（7）浏览区：显示正在访问的 Web 文件内容。

2. 使用 IE 浏览器访问搜索引擎

在 IE 浏览器的地址栏中输入要访问网站的网址，按"Enter"键即可进入该网站提供的主页。再单击网站主页上的各个网页链接进一步打开欲浏览的网页。例如，要浏览搜狐网站的新闻信息，首先在 IE 浏览器的地址栏中输入搜狐网站的网址 www.sohu.com，按"Enter"键后，将显示搜狐网站的主页。再单击主页上的新闻链接即进入新闻页面。

搜索引擎是搜索信息网址的服务工具，可以提供信息搜索服务。常见的搜索引擎有的以独立专题网站的形式存在，主要有百度、谷歌等，还有一些综合网站也提供搜索引擎服务，如搜狐的搜狗、网易的有道等，它们一般都能够提供网页、视频、图片等多种资源的信息查询服务。目前，人们常用的中文搜索引擎的网址如下。

- 百度：http://www.baidu.com/
- 搜狗：http://www.sogou.com/
- 有道：http://www.youdao.com/
- 谷歌：http://www.google.com.hk/
- 360 搜索：http://www.so.com/

例如，在 IE 浏览器的地址栏中输入百度的网址 www.baidu.com，按"Enter"键，打开百度网站的主页，如图 6-15 所示。

图 6-15　百度网站的主页

3. 使用搜索引擎查找所需的信息

利用搜索引擎查找信息时，需要在搜索文本框中输入要搜索信息的关键字，关键字可以是一个中心词汇，也可以由多个词汇（中间用空格分隔）构成，还可以是一个句子。搜索产生的结果往往很多，一般将搜索到的网页链接及网页摘要依次分页显示出来，供用户选择。

在本任务中，小张在百度的搜索文本框中输入关键字"笔记本　价格　6000 元"，使用默认的搜索类型——网页，然后单击"百度一下"按钮，即可看到搜索产生的查询结果，如图 6-16 所示。在搜索结果中，选择感兴趣的链接进一步打开访问，即可找到所需要的信息。单击网页下方的分页链接可以显示下一组搜索结果。

图 6-16　百度搜索结果

4．保存所需的信息

小张可以通过保存 Web 页的方式保存所需要的信息。保存 Web 页的操作步骤如下。

（1）打开要保存的 Web 页。

（2）按"Alt"键显示菜单栏，选择"文件"→"另存为"命令，打开"保存网页"对话框，或者按"Ctrl+S"组合键。

（3）选择要保存文件的盘符和文件夹。

（4）在"文件名"文本框中输入文件名"笔记本信息"。

（5）在"保存类型"下拉列表中根据需要可以从"网页，全部""Web 档案，单个文件""网页，仅 HTML""文本文件"4 类中选择一种。文本文件占用的存储空间较小，只能保存文字信息，不能保存图片等多媒体信息。

（6）单击"保存"按钮完成保存。

6.2.4 知识储备

1．Internet 提供的服务

Internet 提供了丰富的信息资源和应用服务，它不仅可以传送文字、声音、图像等信息，而且人们还可以通过 Internet 实现点播、即时对话、在线交谈等。目前 Internet 提供的服务主要有以下几项。

（1）WWW 服务。

WWW（World Wide Web）的含义是环球信息网，俗称万维网或 3W 或 Web，这是一个基于超文本（hypertext）方式的信息查询工具。它是由位于瑞士日内瓦的欧洲粒子物理实验室（European Laboratory for Particle Physics，CERN）最先研制的，并在 Internet 中得以迅速推广应用。WWW 服务是把位于全世界不同地方的 Internet 上的数据信息有机地组织起来，形成一个巨大的公共信息资源网供人们浏览和使用。

（2）电子邮件服务。

电子邮件（E-mail）是指 Internet 上或常规计算机网络上的各用户之间，通过电子信件的形式通信的一种现代通信方式。由于 E-mail 采用了先进的网络通信技术，又能传送多种形式的信息，与传统的邮政通信相比，具有传输速度快、费用低、效率高、全天候全自动服务等优点，同时其信息的传送不受时间、地点、位置的限制，发送者和接收者可以随时进行信件交换，因此，E-mail 迅速得以普及。

（3）FTP 服务。

文件传输协议（File Transfer Protocol，FTP）是 Internet 文件传送的基础。通过该协议，用户可以从一个 Internet 主机向另一个 Internet 主机复制文件。在 FTP 的使用过程中，用户经常遇到两个概念：下载（Download）和上传（Upload）。下载文件就是从远程主机复制文件至自己的计算机上；上传文件就是将文件从自己的计算机复制至远程主机上。

（4）远程登录服务。

远程登录服务（Telnet）是 Internet 的远程登录协议的意思，是 Internet 为用户提供的原始服务之一。Telnet 允许用户通过本地计算机登录到远程计算机，不论远程计算机是近在咫尺，还是远在千里之外，只要用户拥有远程计算机的合法账号与口令，成功登录远程

计算机后，用户的计算机就仿佛是远程计算机的一个终端，可以直接操纵远程计算机的各种资源，包括程序、数据库和其上的各种设备，享受远程计算机本地终端同样的权力。

（5）电子公告板系统。

电子公告板系统（Bulletin Board System，BBS），在国内一般称之为网络论坛。在计算机网络中，BBS 是一个能让用户参与讨论、交流信息、张贴文章、发布消息、交换软件的网络信息系统。

2．WWW 服务简介

（1）工作模式。

WWW 服务采用客户端 / 服务器工作模式，它以超文本标记语言（HTML）与超文本传输协议（HTTP）为基础，为用户提供界面一致的信息浏览系统。

在 WWW 服务系统中，信息资源以页面（也称网页或 Web 页）的形式存储在 WWW 服务器（通常称为 Web 站点）中，这些页面采用超文本方式组织信息，并且通过超链接将这些网页链接成一个有机的整体供用户访问浏览，页面到页面的链接信息由统一资源定位符维持。WWW 服务器不但要保存大量的 Web 页面，还要随时接收和处理客户端的访问请求。

WWW 的客户程序称为 WWW 浏览器，它是通过 HTTP 来浏览 WWW 服务器中 Web 页面的软件。在 WWW 服务系统中，WWW 浏览器负责接收用户的访问请求（用户输入的网址），并将用户的 URL 请求传送给 WWW 服务器，服务器根据客户端发来的 URL 找到某个页面，并将它返回客户端，然后客户端的浏览器把它显示给用户，如图 6-17 所示。

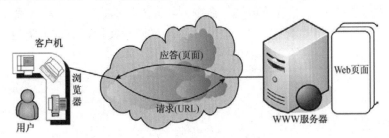

图 6-17　WWW 系统的工作模式

（2）页面地址。

Internet 中有众多的 WWW 服务器，而且每个 WWW 服务器中都保存着大量的 Web 页面，那么用户如何指明要访问的页面呢？这就需要使用 URL 了。利用 URL，用户可以指定要访问什么协议类型的服务器，Internet 上的哪个服务器，以及服务器中的哪个文件。URL 一般由 3 部分组成：协议类型、主机域名、路径及文件名。例如，新浪新闻的一个网页的 URL 如下：

https://news.sina.com.cn/c/xl/2020-01-13/doc-iihnzahk3871779.shtml

协议类型|　　　主机域名　|　　路径及文件名

3．浏览器软件

个人计算机上常见的网页浏览器包括微软的 Internet Explorer、Mozilla 的 Firefox、Apple

的 Safari、Google Chrome 以及 360 安全浏览器等。

4．IE 浏览器的使用

（1）收藏夹的使用。

IE 浏览器中的"收藏夹"功能是专门用于保存用户访问过的网页地址的。用户可以将经常使用的网页地址保存在"收藏夹"中，以后再次访问该网页时，可以直接在"收藏夹"中选取该网页的地址，达到直接访问的目的。

以 IE 8 为例，收藏网页的具体操作为：打开要收藏的网页，在浏览器中选择"收藏夹"→"添加到收藏夹"命令，打开"添加收藏"对话框，如图 6-18 所示。单击"添加"按钮后，该网页的地址就保存到"收藏夹"中了。以后访问该网页时，打开"收藏夹"菜单，单击该网页地址即可访问该网页。

当收藏夹中含有较多的 Web 页时，收藏夹的列表会很长，不便于用户查找。此时，可以建立子文件夹来分类保存收藏的 Web 页地址。用户可以根据个人爱好来组织收藏的 Web 页，通常按主题将 Web 页分类收集到子文件夹中。例如，创建"新闻"文件夹来保存所有与新闻时事有关的网页地址，创建"音乐"文件夹来保存经常访问的音乐网站等。设置网址分类的方法有如下两种。

① 在收藏网址时，可以在"添加收藏夹"对话框中单击"新建文件夹"按钮，建立子文件夹，并将网址保存在其中。

② 为了方便用户管理收藏夹中的 Web 页地址，IE 浏览器提供了一个"整理收藏夹"功能。选择"收藏夹"→"整理收藏夹"命令，打开"整理收藏夹"对话框，如图 6-19 所示。在该对话框中，利用"新建文件夹"和"移动"两个按钮可完成分类收集操作，也可使用"删除"按钮将保存的不再需要的网址删除。

图 6-18　"添加收藏"对话框　　　　　图 6-19　"整理收藏夹"对话框

（2）设置访问主页。

IE 浏览器启动后，在默认情况下会自动打开一个网页，该网页称为 IE 主页。若想让自己最常访问的网页在 IE 浏览器启动后自动打开，则可以调整 IE 浏览器的主页设置。很多 Internet 用户都喜欢将网址导航类网站的主页设置为自己的 IE 浏览器的主页。

以 IE 8 为例，设置 IE 访问主页的方法为：打开某网址导航类网站，选择"工具"→"Internet 选项"命令，打开"Internet 选项"对话框，如图 6-20 所示。在"常规"选项卡中的"主页"选项组中单击"使用当前页"按钮，则该网址导航网站的主页地址出现在"地址"列表框中（图 6-20 所示是将 http://www.hao123.com/设置为默认主页），单击"应用"按钮或"确定"按钮即可完成 IE 主页的调整。这样，以后启动 IE 浏览器时就会自动打开该网址导航网站的主页。

（3）删除浏览的历史记录。

若需要对使用 IE 访问 Internet 的浏览记录进行保护，可以采取删除所有的历史访问记录的方法。具体操作方法为：选择"工具"→"删除浏览历史记录"命令或单击工具栏中的"安全"下拉按钮，在其下拉菜单中选择"删除浏览历史记录"命令，打开"删除浏览历史记录"对话框，如图 6-21 所示，选中需要删除的选项后，单击"删除"按钮完成操作。

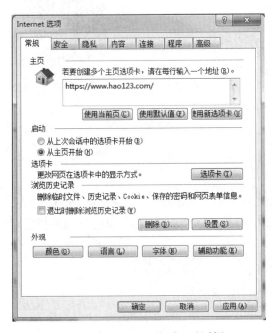

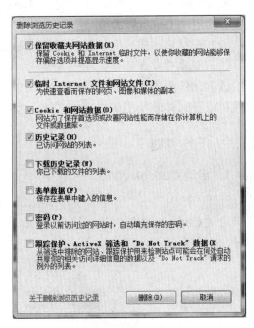

图 6-20　"Internet 选项"对话框　　　　图 6-21　"删除浏览历史记录"对话框

6.2.5　任务强化

（1）选择一位喜爱的歌手，搜索其个人信息、工作现状、作品介绍及歌曲作品，并将其部分歌曲作品下载到本地计算机。

（2）搜索一款音乐播放软件，下载后安装在本地计算机上进行音乐播放。

任务3 给客户发合同文本

电子邮件是一种用电子手段提供信息交换的通信方式。通过网络的电子邮件系统，用户可以用非常低廉的价格以快速方式（几秒钟即可）发送到世界上任何指定的目的地，与世界上任何一个角落的网络用户联系，可以传送文字、图片、图像、声音、文档等各种多媒体信息。

6.3.1 任务描述

小张在一次业务洽谈中，与一位客户经过网上交流后，确定了交易合作的意向。客户提出需要两天的时间对交易进一步确认，并要求小张将交易的合同文本通过电子邮件发给他。于是，小张在得到部门主管的同意后，将公司拟定的交易合同电子稿发给了客户。

6.3.2 任务分析

要完成本项工作任务，需要进行以下操作。

（1）启动 Outlook 2010。

（2）根据启动向导完成首次运行的配置。

（3）创建并发送邮件。

电子邮件收发

该工作任务的实施是以 Outlook 2010 为例的。操作人员必须掌握电子邮件服务的基本原理和电子邮件收发的基本操作方法，才能顺利地给客户发送电子邮件。

6.3.3 任务实施

1. 启动 Outlook 2010

选择"开始"→"所有程序"→"Microsoft Office"→"Microsoft Outlook 2010"命令，即可启动 Outlook 2010。第一次启动 Outlook 2010 时，Outlook 2010 系统会自动运行启动向导，如图 6-22 所示。

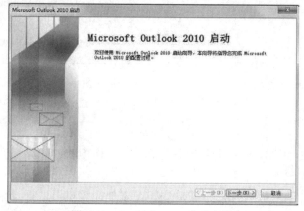

图 6-22 Outlook 2010 启动向导

2. 按启动向导完成初次运行的配置操作

（1）在 Outlook 2010 向导对话框中，单击"下一步"按钮，打开"账户配置"对话框，如图 6-23 所示。

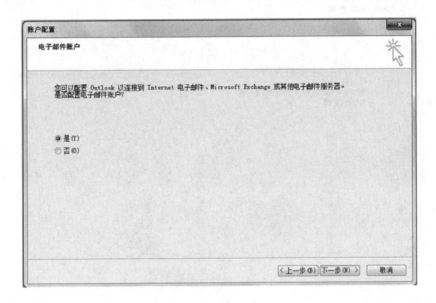

图 6-23　"账户配置"对话框

（2）因为要进一步配置电子邮件账户实现对电子邮箱的管理，所以选中"是"单选按钮，并单击"下一步"按钮，打开"添加新账户"对话框，如图 6-24 所示。

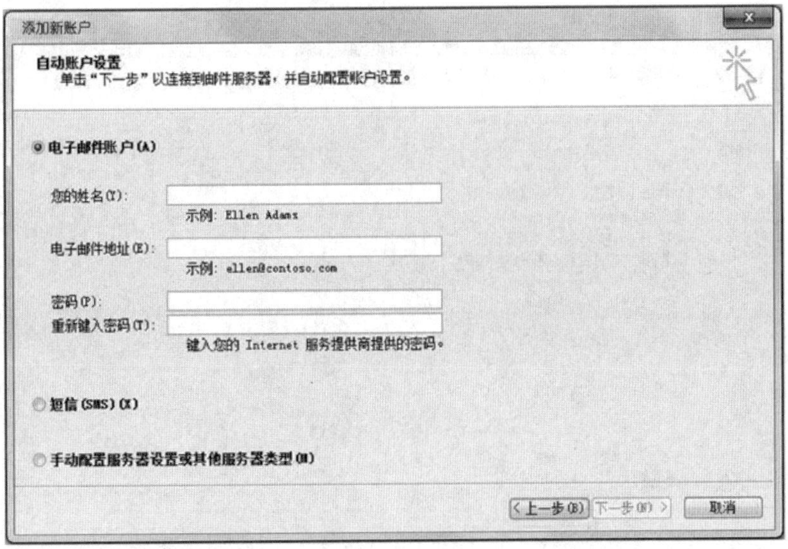

图 6-24　"添加新账户"对话框

（3）在"添加新账户"对话框中输入姓名、注册申请的电子邮件地址、服务器信息和登录信息。其中，服务器信息可以通过邮件服务器提供的帮助信息或个人邮箱的设置信息等方式获得。单击"下一步"按钮，Outlook 2010 开始自动配置，如图 6-25 所示。

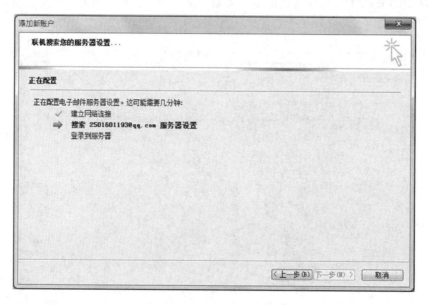

图 6-25　进行自动配置

（4）配置完成后打开如图 6-26 所示的对话框，选中"手动配置服务器设置"复选框，单击"下一步"按钮，在弹出的如图 6-27 所示的对话框中单击"其他设置"按钮，打开"Internet 电子邮件设置"对话框，选中"我的发送服务器（SMTP）要求验证"复选框，如图 6-28 所示，单击"确定"按钮。

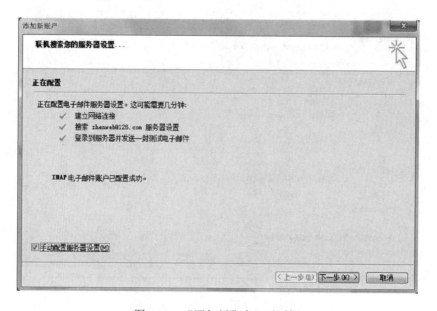

图 6-26　"添加新账户"对话框

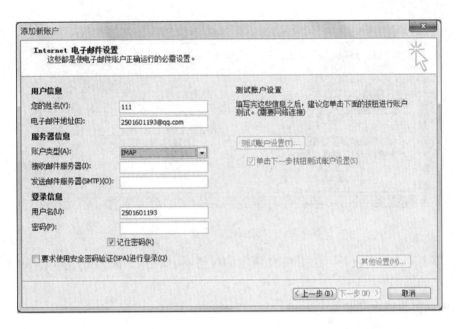

图 6-27　Internet 电子邮件设置

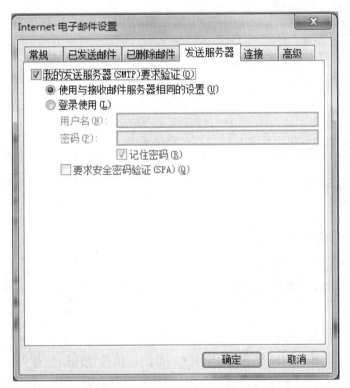

图 6-28　"Internet 电子邮件设置"对话框

（5）返回图 6-27 所示的对话框，单击"测试账户设置"按钮，测试成功后系统显示相应的信息，如图 6-29 所示。

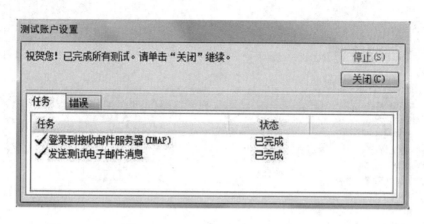

图 6-29 "测试账户设置"对话框

（6）单击"关闭"按钮，在图 6-27 所示的对话框中单击"下一步"按钮，就完成了电子邮件账户的添加操作。

3. 创建并发送电子邮件

在 Outlook 2010"开始"选项卡中的"新建"组中单击"新建邮件"按钮，即可打开新邮件窗口，如图 6-30 所示。

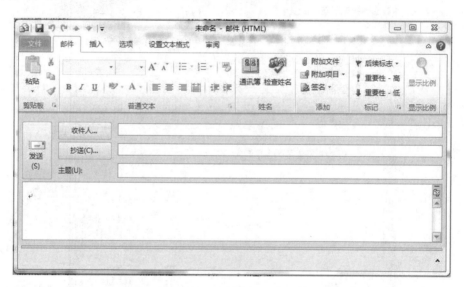

图 6-30 创建新邮件

在新邮件中，用户要填写"收件人"的电子邮件地址和邮件"主题"的内容。"抄送"及下方的邮件具体内容有时可以省略。"抄送"是指将邮件发送给收件人的同时，也发送给抄送人。在"邮件"选项卡中的"添加"组中单击"附加文件"按钮可添加附件。

新邮件创建完成后，单击"发送"按钮，则 Outlook 2010 将邮件先保存到"发件箱"中，然后将其发送到 SMTP 邮件服务器，并传送到收件人的电子邮箱中。

至此，小张完成了发送合同的任务。

6.3.4　知识储备

1．电子邮件服务简介

（1）电子邮件服务系统简介。

电子邮件服务系统是基于客户端／服务器工作模式的。电子邮件服务器是电子邮件服务系统的核心，它的作用与人工邮递系统中邮局的作用相似。电子邮件服务器一方面负责接收用户发送的邮件，并根据邮件的收件人地址，将其传送到对方的邮件服务器中；另一方面负责接收从其他邮件服务器发来的邮件，并根据收件人的地址将邮件分发到各自的电子邮箱中。

在电子邮件系统中，用户发送和接收邮件需要在客户机上使用电子邮件客户程序来完成。Microsoft Outlook 2010 就是电子邮件客户程序的一种。电子邮件客户程序一方面负责为用户创建邮件，并将用户发送的邮件传送到邮件服务器；另一方面负责检查用户在邮件服务器中的邮箱，并读取及管理邮件。

（2）电子邮件地址。

电子邮件地址就是电子邮箱地址。电子邮箱实际上是邮件服务器为每个用户开辟的一个存储用户邮件的存储空间，它需要用户在邮件服务器上注册申请得到，具备账号与口令。只有合法的用户才能打开电子邮箱中的邮件。

电子邮件地址的一般形式为：用户邮箱名@邮件服务器域名。其中，用户邮箱名是用户在邮件服务器上注册的账号。例如，电子邮件地址 test@163.com 表示用户在域名为163.com 的邮件服务器中注册的邮箱 test。

2．电子邮件传输协议

在 TCP/IP 互联网中，邮件服务器之间使用简单邮件传输协议（SMTP）相互传递电子邮件。而电子邮件客户程序使用 SMTP 向邮件服务器发送邮件，使用第三代邮局协议（POP3）或交互式电子邮件存取协议（IMAP）从邮件服务器的邮箱中读取邮件。

3．企业邮箱

（1）企业邮箱的定义。

企业邮箱是指企业自己开设电子邮局，为企业员工提供以企业域名作为电子邮件地址后缀的电子邮箱，即一个企业的所有员工的邮箱地址均为"用户名@企业域名"。

（2）企业邮箱的优点。

① 建立及推广企业形象。以企业域名为后缀的企业邮箱，其重要性不亚于一个企业网站，有助于宣传企业形象。通过企业邮箱跟客户联系，客户可通过邮箱后缀名得知企业网站，并可登录网站了解更多的企业资讯。同时，以整齐划一的企业邮箱对外交流时，可给人以规模化和专业化的感觉，从而可增加客户的信任度。

② 便于管理。企业可以自行设定管理员来分配和管理内部员工的邮箱账号，根据员工部门、职能的不同来设定邮箱的空间、类别和所属群体，并且可以根据企业的发展状况随时添加、删除用户。当员工离职时，企业可回收邮箱并保存邮箱内的业务通信信息，从而保证业务活动的连贯性。

③ 安全性高。企业邮箱服务商都具有专业的设备和专业的技术队伍，都能为企业邮

箱设立非常安全的防护体系，可以使通信过程中涉及的企业资料和商务信息得到最大程度的保护。例如，提供专业的杀毒和反垃圾系统软件，从而保证企业获得绿色邮件通信的服务。

（3）企业邮箱的建立与管理。

目前，国内的企业邮箱服务商有很多，比较知名的有 263（www.263.net）、万网（www.net.cn）、网易（www.163.com）、搜狐（www.sohu.com）等。到企业邮箱服务商相应的网站注册申请即可得到企业邮箱，企业邮箱服务一般都是收费的。然后，企业自行设立企业邮箱管理员，在企业邮箱下为所属的员工建立相应的邮箱账号即可。

6.3.5 任务强化

在自己所知道的电子邮件服务网站完成一个电子邮箱的申请工作，然后为班级申请一个公共邮箱。另外，要求每个学生向班级公共邮箱发送一封电子邮件，要求主题为"学号+姓名"，并插入一个附件，附件命名为"自我简介.txt"。"自我简介.txt"文件中包含学号、姓名和 100 字左右的自我介绍。

项 目 练 习 题

一、选择题

1．学校的校园网络属于（　　　）。
   A．局域网　　　　　　　　　　　　B．城域网
   C．广域网　　　　　　　　　　　　D．电话网

2．计算机网络的主要目标是（　　　）。
   A．分布处理　　　　　　　　　　　B．将多个计算机连接起来
   C．提高计算机可靠性　　　　　　　D．共享软件、硬件和数据资源

3．在 Internet 中使用的网络协议是（　　　）。
   A．IPX/SPX　　　　　　　　　　　B．TCP/IP
   C．IEEE 802.3　　　　　　　　　　D．NetBEUI

4．下列 IP 地址中书写正确的是（　　　）。
   A．568.192.0.1　　　　　　　　　　B．325.255.231.0
   C．192.168.1.2　　　　　　　　　　D．255.255.255

5．下列（　　　）不是局域网能采用的拓扑结构。
   A．星状　　　　　　　　　　　　　B．环状
   C．树状　　　　　　　　　　　　　D．网状

6．在 Internet 中，（　　　）负责实现域名与 IP 地址之间的相互转换。
   A．FTP 服务器　　　　　　　　　　B．DNS 服务器
   C．WWW 服务器　　　　　　　　　D．DHCP 服务器

7．在 IP 网络中，（　　　）设备可以将数据发送到不同网络地址的目的主机。

　　A．交换机　　　　　　　　　　　B．集线器

　　C．路由器　　　　　　　　　　　D．网卡

8．下列 4 项中，合法的电子邮件地址是（　　）。

　　A．hou-em.Hxing.com.cn　　　　　B．Em.hxing.com,cn-zhou

　　C．em.hxing.com.cn@zhou　　　　　D．zhou@em.Hxing.com.cn

9．在下列软件中，（　　）不是反病毒软件。

　　A．AutoCAD　　　　　　　　　　B．360 杀毒

　　C．Symantec　　　　　　　　　　D．Kaspersky

10．下面的软件中哪一个不属于浏览器软件？（　　）

　　A．FrontPage　　　　　　　　　　B．Firefox

　　C．Internet Explorer　　　　　　　D．Safari

二、填空题

1．计算机网络是计算机技术与_____相结合的产物。

2．按照网络覆盖范围和计算机之间互连距离的不同，计算机网络可分为三类，分别是_____、_____和_____。

3．从逻辑功能上来看，计算机网络划分为_____和_____两部分。

4．有线网络采用的传输介质主要有_____、同轴电缆及_____。

5．IP 地址从功能上划分由两部分组成，即_____和_____。

6．电子邮件地址的一般形式为：_____。

7．_____就是网络中的计算机和设备之间通信时必须遵循的事先制定好的规则标准。

8．IE 浏览器在启动后，会自动打开一个网页，该网页称为_____。

9．最新版本的 IE 浏览器的名字是_____，谷歌浏览器的名字是 Google_____。

10．由于网络的迅速发展，IPv4 协议规定的 IP 地址已经分配完毕，_____将成为新一代的网络协议标准。

三、操作题

1．打开网易网站的主页地址（www.163.com），进入体育频道，浏览任意一条新闻，并将新闻内容以文本文件的格式保存到硬盘某文件夹下，命名为"sportnews.txt"。

2．在网易网站为自己注册一个 163 免费邮箱，登录该免费邮箱将硬盘上"sportnews.txt"文件作为附件发送给杨老师的邮箱：yxfang2004@sina.com，邮件主题填写"网络应用作业"，邮件正文简单写一句话"请杨老师查收我的网络应用作业。"，落款上写上自己的名字及发送邮件时的日期。

3．打开 Outlook，接收来自 yxfang2004@sina.com 的邮件，并回复该邮件，正文为：信已收到，祝好！

参 考 文 献

[1]　应英. 大学计算机基础实训与习题教程[M]. 北京：清华大学出版社，2009.

[2]　柳青. 计算机应用基础（基于 Office 2010）[M]. 北京：中国水利水电出版社，2013.

[3]　吴华，兰星. Office 2010 办公软件应用标准教程[M]. 北京：清华大学出版社，2012.

[4]　谢昌兵，戴成秋，曾勤超. 计算机应用基础（Windows 7 + Office 2010）[M]. 上海：上海交通大学出版社，2015.

[5]　教育部考试中心. 全国计算机等级考试一级教程——计算机基础及 MS Office 应用（2017 年版）[M]. 北京：高等教育出版社，2016.

[6]　宋豫军. 计算机实用基础[M]. 广州：中山大学出版社，2013.